公式を暗記したくない人のための

高校物理がスッキリわかる本

池末翔太

秀和システム

はじめに

「物理は公式がいっぱい出てくる暗記科目」

「公式に数を当てはめてテクニック的に計算ばっかりするもの」

あなたは、そんなイメージを持っていませんか？

もし、そう思い込んでいて、そのために物理に苦手意識を持っているのだとしたら……それはとても、もったいないです。

なぜなら本当は、物理の公式を暗記するなんて、ほとんど意味のないことなんですから！

*　　　　　*　　　　　*

こんにちは。予備校講師で受験モチベーターの池末翔太です。

僕はいま、予備校や塾で物理を教えていますが、上記のように「物理は暗記科目」と思い込んでいる生徒が非常にたくさんいます。特に、「物理が苦手」「物理が嫌い！」という生徒ほど、そう思い込んでいるようです。

しかし、その思い込みは、大きな間違いです。

確かに、物理には多くの「公式」と呼ばれる式が登場します。しかし、実はその1つ1つに「なぜこの式が重要なのか、どこからこの式は生まれたのか」というストーリーがあるのです。

そのストーリーを理解すれば、公式なんて暗記しなくても、自分でカンタンに導き出せるようになります。そして、どんな問題も、すらすら解けるようになります。

実際、僕が授業でそうしたストーリーを教えてあげると、生徒たちはこういいます。

「物理って、いったん理解しちゃえば、問題を解くなんてカンタンですね！」

「物理は、問題をたくさん解けばわかるようになるものでもないってことに気づきました！」

あなたも、この本を読めば、そう思えるようになるはずです。

＊　　　＊　　　＊

「それって本当なの？」と思うかもしれませんね。

その気持ち、わかります。

なぜなら、かくいう自分も、高校生時代には「物理は暗記科目だ」と思い込んでいたクチだったからです。

その原因は、教科書にあります。

物理が嫌いという高校生は多いですが、その原因の1つは教科書にあると、私は思っています。

確かに検定教科書はよく整理されまとめられていると思いますが、それは「物理をある程度しっかり学んだ人」から見てそう思えるだけなのです。

初心者にとっては、残念ながら、いまの教科書では、公式の導出背景が書かれておらず、結果の公式だけがポンッと何もないところから出てきたように見えてしまいます。そのために、「物理は暗記もの」と誤解する生徒が多いのです。

2008年にノーベル物理学賞を受賞した小林誠博士も、「教科書はもう少し式の発見に至るまでのエピソードやストーリーを入れた方が、理科に興味を持てるようになる」と語っています。この言葉は、物理を教えるすべての人の気持ちを代弁しているものだと感じました。

高校生の中には「受験科目だから解かなきゃ！」と上っ面の解法やテクニックに終始する人もいますが、その前に腰を据えてしっかりじっくりと理解するという段階が、物理の学習においては絶対に必要なのです。その部分を強く意識して、この本を執筆しました。

＊　＊　＊

物理の木というものを考えましょう。

教科書にある「公式」というのはいわば葉っぱです。

葉っぱをたくさん集めて接着剤でくっつけても、大きな木にはなれません。まずはしっかりと「幹」を作ることが大事です。そこから枝を伸ばし、最後に葉っぱが出てくるのです。

葉っぱばかりに気をとられてはいけません。

本書を読むと、いままでと違った角度で物理が見えてくると思います。決して公式暗記の無味乾燥な学問でないことを感じ取ってください。

この本を読み終えたとき、あなたはきっといままでとは違った物理とのお付き合いができる人になっていると思います。

「物理の教科書を読んでもよくわからない」

「物理を勉強したいけど、どうも公式に苦手意識がある」

そう思っている人が、物理を基本から学び直す助けになれば幸いです。

2016年4月

池末　翔太

高校物理がスッキリわかる本

第2教室 直線運動以外の運動はどう扱えばいい？【力学②】

第3教室 熱を力学的に考えるとどうなる？ 【熱力学】

第4教室 振動を力学的に考えるとどうなる？ 【波動①】

第5教室 音や光はどう伝わる？ 【波動②】

第6教室 電気の世界も力学的に表現できる？ 【電磁気学①】

第8教室 ミクロの世界ではこれまでの常識が通用しない？ 【原子物理学】

第0教室
そもそも物理ってどんな学問？

物理に限ったことではないですが、何かを学ぶというときには、まずはじめにその「全体図」を俯瞰して見てみることが大事です。そこで、いきなり高校物理の内容に入る前に、「そもそも物理ってどんな学問なのか？」「どう勉強していくとよいのか？」ということについてお話しておきたいと思います。

物理学はすごく欲深い学問

➔化学も生物も地学も、実は物理の一部だった

高校の理科では、大きく4つの分野が登場します。

「物理」「化学」「生物」「地学」です。

この4つの科目から理科選択を行う学校が多いので、ほとんどの人は、この4つは「並列」な関係性だと思っています。

しかし、本当は「化学」「生物」「地学」は、「物理の一部」なのです(こういうと化学選択や生物選択の人から怒られるのかな……)。

というのも、「化学」「生物」「地学」の3つの分野は、突き詰めていくと、いずれは「物理」の守備範囲にたどり着くからです。

学問にはそれぞれ、その学問が扱う守備範囲というものがあります。

その中で、「物理」は他の学問と比べその守備範囲がとてつもなく巨大なのです。

なので、すべての科学は「物理」からスタートするといっても過言ではないのですね。

➔物理学は、この世のすべてを研究対象とするよくばりな学問

「物理学」は、かつては「究理学」と呼ばれていました(江戸時代後期から明治時代くらいまで)。その名の通り、「自然現象に存在する理を究める」ことを最終目標に置いている学問です。

つまり、原子レベルのミクロなものから、天体レベルのマクロなものまで、この世に存在するものすべてが研究対象となります。こんなに幅広く、究明しようとする学問は他に例がありません。物理は、よくばりな学問なのです。

高校物理の範囲だけでも、「熱運動などの原子・分子の運動」から「天体の万有引力」まで扱うので、他の学問にはなかなか見られない「スケールの大きさ」に触れていただきたいと思います。

もちろん、平易な言葉で、かつ真芯を捉えた解説をしていくので、安心していてください。

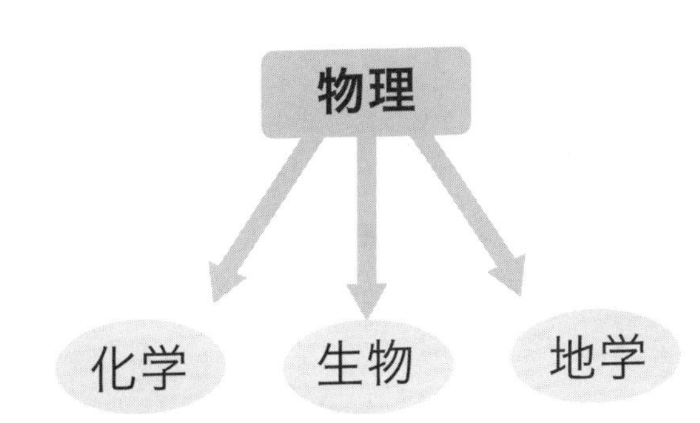

2 物理学はめんどくさがり屋に向いた学問

➔ 物理が得意な人は、ちまちま計算するのが大嫌い

「物理」というと、何か「めんどくさい計算をちまちまやる科目でしょ？」と思われているふしがあります。

確かに、入試問題の中でも「なんでこんな変な計算ばっかやらせるんだろ？」と思うものも実際存在します。

ただ、ここに面白い関係があって、物理が得意な人たちってものすごく「めんどくさがり」が多いんです。

正直、計算なんてパパッとやってしまいたいんです。

➔ 「どうすれば最短で欲しい情報が手に入るのか」を考える

なので、問題や課題を見たときに、いきなり解きはじめずに、まずは「どうすれば最短でゴール（正解）にたどり着ける？」と思考する――これが、物理ができる人の考え方です。

ですから、解答の「はじめの1文の記述」で、もうほぼ勝負は決定しています。予備校で、生徒の確認テストの回答を見ていても、「最初に何を書いているか」でだいたい正誤が見えてしまうのです。

数式のいじり方も、どういじればすぐにいま欲しい情報が手に入るのか、という質問を常に自分に投げかけているのが、得意になるかどうかの分かれ道だと思います。ぜひ、「めんどくさがり」になって物理の世界を楽しんでみてください。

3 物理学は数式で記述する学問

→ 物理が好きな人でも、数学が大好きとは限らない

「物理」は「数学」みたいなものだよ。

こういう人がたまにいます。

これは、基本的にウソだと思います。

意外と思われるかもしれませんが、物理が好きな人で、数学も大好きという人ってあんまりお見かけしたことがないです。

物理を学んでいる人は、数式をあくまで表現方法の1つとしてしか見ていません。

みなさん、日本語って好きですか？

もちろん、バリバリの文系で大学は文学部に進む人などは、日本語の奥深さなどに興味を持っているかもしれませんが、多くの人は「日本語大好き！」と日常思うことは少ないでしょう。でも、日本語は普通に話せるし、コミュニケーションはとれているわけです。それと似てますよね。

僕たち物理屋は、数式を言葉の1つとしてみていて、必ずしも数式そのものが好きであるわけではないのです。

→ 自然現象をきっちり説明するためには、正確な言語が必要

では、なぜ物理では数式を使わなければならないのか……。

それは、物理の目的が「自然現象をすべてきっちり説明すること」

だからです。

きっちり説明するためには、できるだけ明確であり、正確である言語が必要不可欠になりますよね。誰が見ても納得できるものであるべきで、人によって異なった解釈をさせてはいけません。

つまり、普段使っている話し言葉では、曖昧さが含まれるので、物理学には適さないということなのです。

そして、いま現在人間が持ちうる言葉で、もっとも正確さが高いのが……「数式」なのです。だから、物理では「数式」を使って説明していくのです。

あのガリレオ＝ガリレイも「自然という書物は、数学の言語によって書かれている」と語ったといいます。

➔いまのところ「数式」以上のものがないので使ってるだけ

もちろん、数式が完璧とはいえない部分もあります。今後、人間は「数式」以上に正確性を有した言語や表現方法を開発するかもしれません。もしそうなれば、物理の記述はそちらの言語にとってかわられるでしょう。

しかし、いまのところ「数式」以上のものがないので「数式」を使ってるだけに過ぎないんですよ。

どうですか？　けっこうイメージが変わったのではないでしょうか。

アメリカの文化を知りたいなら、英語を使って理解することは必須です。日本の文化を知りたいなら、日本語はやはり使っていく必要があります。同じように、自然や宇宙全体の文化を知りたいなら、数式を使うことは避けられない、ということなのです。

➔物理学の数式はすべて和訳できる

さて、数式というものが、英語や日本語と同じ「言語」という顔を持っていることは理解していただけましたか？

ということはですよ、英語→日本語、日本語→英語のように訳すことができるはずです。

言語に互換性があることは、みなさんご存じの通りですよね。ならば、数式だって日本語に訳すことができるはずです。

数式→日本語へ訳すことを「数文和訳」といったりします。

物理には確かに、数式が登場しますが、すべて和訳できるのです。

例えば、物理の力学という分野で「運動方程式$ma=F$」という式が登場しますが、僕は受験生の物理のできを見るとき次のように質問をよくします。

「運動方程式$ma=F$って何を表している式なの？」

このとき、「え、いやいや、運動方程式なんてカンタンじゃないですか。mとaのかけ算がFってことですよね」と答える人は、まだまだ物理のできは未熟です。

確かに「数学的に」いってることは正しいですが、「物理的な」和訳ができていないのです。

和訳するとどうなるかは、まだここではいいませんよ？（笑）

「運動方程式$ma=F$」の和訳は本書の中でしっかり行うので、読みすすめてみてくださいね。

4 物理学は公式を丸暗記してはいけない学問

高校物理で登場する式は覚える必要がない

「物理は公式を暗記すればなんとかなる科目だよ」ということをいう方がいます。実際僕自身も、高2の理科選択で「生物」か「物理」かどっちをとるか迷っていたとき、塾の先生にいわれた覚えがあります。

でも、こういう人って、たいがい物理をたいして勉強していなかったり、文系の人だったりするんですよね。

本当に物理をしっかり学んだ人は、決して「公式丸暗記」なんて表現はしないはずです。

いや、むしろ「公式丸暗記なんて愚行だ」と思っているはずです。

なぜなら高校物理で登場する式は、そのほとんどが定義や、ある法則から導出できるものだからです。

「これ公式だから覚えといてね〜」では成績は上がらない

僕自身、予備校で教えているときに「公式」という言葉はなるべく使わないようにしています。

「公式」って表現を使うと、教える側にとってはすごくラクなんですよね。だって、「これ公式だから覚えといてね〜」で授業は終われるのですから。

困るのは生徒たち、学ぶ側なんです。

物理に出てくる式には、必ずストーリーが存在します。なぜそのような式の形になるのかの理由があるわけです。

僕は、高2の理科選択で物理を選択しました（僕が通っていた高校は、高2から物理の授業がはじまるのです）。

物理という学問の雰囲気が気に入り、物理に対して嫌悪感などを抱いたことは一度もないのですが、なかなか成績が上がらない日々が続きました。

その原因は、「物理は公式を使って解くもの」と思い込んでいたからです。

公式丸暗記で勉強していくと、いずれ限界がきます。

➔公式よりも導出の仕方が大事

この本では、何の脈絡もなしに、みなさんにいわゆる「公式」というものを紹介することはありません。導出できるものはしっかりして、導出しづらいものには必ずイメージを付加して紹介します（本当は、導出できるものはすべて導出したいのですが、一般的な高校生が扱える数学の能力では導出が厳しいものもあるのも事実ですね）。

なので、公式の丸暗記は、この本では0です。

5 物理学は正しいイメージが大事な学問

➔イメージとは、経験則による感覚のことではない

先ほど、「公式と呼ばれるものの中で、数学的に導出しづらいものにはイメージを付加する」と書きましたが、この「イメージする」という言葉を曲解している学生が多いように感じます。

昔からいまにかけて、教える人が「イメージが大事！」「イメージすればOK！」といいすぎてしまってきたのも、原因だと思いますけどね。

科学の学習において「イメージ」する、ということは非常に大切です。しかし、この「イメージ」という言葉を何か、曖昧模糊とした、単なる経験則の「なんとなくの感覚」だと思ってしまっている人が多いのですね。

例えば、棒磁石ありますよね。それのN極、S極のちょうど中間でポキッと折ったらどうなると思いますか？

「え〜、半分にしたから、たぶんN極だけ、S極だけの磁石になるんじゃない？」というのは「間違ったイメージ」なのです。

➔イメージは、定義や法則を理解して構築するもの

「正しいイメージ」というのは、「N極のみ、S極のみの磁石（磁荷）って存在しないのが、電磁気学の大事な法則の1つだよな。だっ

たら半分に折ったなら、その折ったところに新たにS極、N極が生まれ、2つの棒磁石になるのでは？」と、このように正しい理解のもとに少しずつ作り上げていくものなのです。

「イメージ」というものは、正しい「定義」や「法則」を理解していく中で、少しずつ構築されるものです。決して、「たぶんこんな感じになる」という漠然とした実態のつかめない感情ではないのです。

ここのところを間違えないようにしてください。

公式を暗記したくない人のための

高校物理

がスッキリわかる本

第1教室
物体はどんな運動をしている？
【力学①】

高校物理の中でも、もっとも大きな割合を占める分野「力学」について学んでいきましょう。物体の運動を知ることが、物理学の第一歩になります。ニュートンが発見した、運動を支配しているルールに触れて、この世界のシンプルさを感じ取ってみましょう。

そもそも力学ってどんな学問？【力学の目的】

➔ 力学の目的は、「位置」や「速度」を「時刻の関数」として扱うこと

力学の目的は、「物体の運動」を完璧に把握することにあります。

つまり、物体が「いつ（時刻）」「どこ（位置）で」「どんな速度で」運動しているのかを知りたいのです。

これは、いいかえると、「位置」や「速度」を「時刻の関数」として扱いたい、ということになります。

➔ 「1つの数を決めると、もう一方の数も決まる」のが関数

さあ、ちょっと難しい言葉が出てきましたね。「関数」です。「関数」とはどんなものかわかりますか？

下の式を見てください。

$$y = 3x + 5$$

これは中学校のときに学んだ1次関数ってやつですね。

では、いまxに適当に値を代入してみましょう。

まずは、1を代入してみます。そうするとyの値は次のようになりますね。

$$y = 3 \times 1 + 5 = 8$$

では、次はxに6とか代入しましょうか。そうすると今度は、yは次のようになります。

$$y = 3 \times 6 + 5 = 23$$

つまり、$x = 1$のとき$y = 8$、$x = 6$のとき$y = 23$なのですね。

いま、僕はxの値しか決めていません。しかし、自動的にyの値も決まってしまいましたね。

これが関数なのです。

1つの数を決めると、もう一方の数も自動的に決まる、というこの関係性を数式で表現したものを「関数」と呼ぶのです。

➔ 関数がゲットできれば、物体の運動を手にとるように予言できる

つまり、力学で「位置」や「速度」を「時刻の関数」として扱いたい、ということは、要は、「時刻を決めると、位置が決まる」「時刻を決めると、速度が決まる」というような数式がゲットできれば嬉しいわけですね。

そうすれば、好きな時刻（任意の時刻という）の位置や速度が求めることができます。つまり、物体の運動を手にとるように予言できるようになれるのです。

では、そのような式を見つけてみましょう。

2 物体は1秒でどれくらい進む？【速度v】

➔ 速度とは「単位時間あたりの変位」のこと

物理では、とにかく厳密性、正確性が重要になります。そして、そうなってくると、日常的に使う言葉だけでは足りなくなり、学術用語を新たに発明することがしばしばあります。なので、新しい言葉には注意していきましょう。

まず、「速度」という物理量について考えてみましょう（物理量とは、物理の世界に出てくる単語のことだと理解してください）。

何事もスタートは「定義」です。

速度の定義は次のようになります。ここ、しっかり理解しましょう。

> **速度とは、単位時間あたりの変位。**

変位とは、「位置の変化量」ですね。

また、単位時間は、物理の世界では「1秒」が一般的です。

つまり、もっとカンタンな表現にすると、速度とは「1秒間にどれくらい進むのか」ということを数値化した値ということです。

➔定義から式を作ってみよう

よって、この定義から次のような式が作れます。

$$v = \frac{\Delta x}{\Delta t}$$

Δは「デルタ」と読みます。ギリシャ文字の「D」に対応します。Difference（差、変化分）の意味です。

つまりこの式は、「位置xの変化分を、時刻tの変化分で割れば、速度vが得られる」ということを表現しているのです。

ちなみに時刻tはtimeの頭文字、速度vはvelocity（英語で速度の意味）の頭文字をとってるだけです。

勘違いしてほしくないのは、これは公式ではないということ。

この式はどこから出てきたかというと、定義から作ったのです。日本語の定義から、この式が作れるのですよ！

➔速度の単位が [m/s]（メートル毎秒）である理由

単位も特に難しくないですよ。速度の単位は、次の通りです。

m/s（メートル毎秒）

ここで、もう一度、先ほどの式を見てみましょう。速度vは「Δt分のΔx」となっています。

Δtの単位は当然［s］です（秒を英語でsecondというので、sと書くことが多いです）。

一方、位置は一般的に「m」で計測するので、Δxの単位は［m］ですね。

つまり単位だけ見ると、「［s］分の［m］」です。これが速度の単位［m/s］になってるだけなのですね。

/はもともと分数の横の線だったのです（分数の横線は一応、括線という名前があります）。

3 物体はどちらの方向に動いている?
【速度と速さ】

➔「速度」と「速さ」は別のもの

さて、ここまで「速度」という言葉を使っていますが、似た言葉に「速さ」というものがあります。

実はこの2つ、厳密にいうと違う物理量なんです。

「速度」というものは、「大きさ」と「向き」を持った物理量です。

一方、「速さ」は「大きさ」のみを考えた物理量になります。

➔「速さ」が同じボールでも、「速度」は異なる

わかりやすい例で考えてみましょう。下の図をご覧ください。

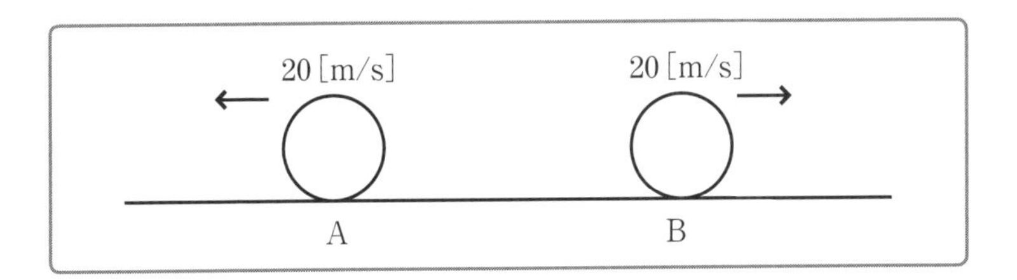

2つのボールが動いていますね。Aは左向きに20[m/s]、Bは右向きに20[m/s]で運動しています。

このとき、どちらも20[m/s]なので、2つのボールの「速さ」は等

しくなります。

でも、向きは、右・左とまったく違う方向なので、2つのボールの「速度」は異なるのです。

➔「速度」はベクトル、「速さ」はスカラー

ちなみに、「大きさ」と「向き」を考えねばならない量を「ベクトル」といいます。

それに対して、「大きさ」のみを考慮する量を「スカラー」といいます。

つまり、「速度」はベクトルで、「速さ」はスカラーということですね。

4 物体は1秒でどれだけ速くなる？【加速度a】

物体の運動を予測するには、速度だけでは不便

物体の運動を予測していくためには、単にいまどのような「速さ」で運動しているかがわかるだけでは、不便です。

その「速さ」が今後どんどん速くなっていく（加速する）のか、それともどんどん遅くなっていく（減速する）のかまでわかっていると、非常に便利ですよね。

ということで、「加速度」という言葉を導入していきましょう。

なぜ、そんな言葉が登場するのかというと、取り入れた方が運動を理解するのに便利だから、というだけですよ。物理の世界で出てくる言葉は、素直に受け入れましょう。

加速度とは「単位時間あたりの速度変化」のこと

「加速度」とは、「速度がどのように時間変化していくのか」ということを表したものになります。

きちっとした定義を書くと次のようになります。

加速度とは、単位時間あたりの速度変化。

よって次の式で表現します。

$$a=\frac{\Delta v}{\Delta t}$$

カンタンにいうと加速度は、1秒で速度がどれだけ増加するのか（減少するのか）ということです。つまり、物体がどんだけ速くなるのか、遅くなるのかを表しているに過ぎないのです。

ちなみに、加速度aのaはacceleration（英語で加速度の意）の頭文字です。

加速度の単位は、次の通りです。

m/s^2（メートル毎秒毎秒）

これも、定義の式からわかりますね。速度をもう一度、時間で割っているのです。

➔ 加速度が0だからといって、必ずしも止まっているとは限らない

さて、ここで質問です。

加速度が0のとき、その物体はどんな運動をするのでしょうか？

ここで、「物体は止まっている！」と答えてしまう高校生がたまにいるのですが、それは完璧な答えではありません（一概に間違ってるともいいにくいのですが……）。

「加速度$a=0$」ということを和訳すると、「物体は、加速もしないし、減速もしない。つまり速度は変わらない」となります。

つまり、物体がもともと止まっていたのなら止まり続けるし、もと

もとある速度で動いていたならその速度を保ったままスーッと動き続ける、ということなのです。

加速度が0だからといって、必ずしも「止まっている（静止している）」とは限らないのですよ。

➔ 同じ速度でスーッと運動するのが「等速直線運動」

ちなみに、同じ速度でスーッと運動することを、「等速直線運動」といいます。

まったく動かずに「静止」していることも、同じ速度でスーッと「等速直線運動」していることも、「速度変化がない」という意味では、同じ現象なのですね。

5 物体はいつ、どこで、どんな速度で動いている？【等加速度運動】

➔ 等加速度運動には3つの式がある

さて、物体の様々な運動の中で、「加速度が一定」の運動を等加速度運動と呼んでいます。

この等加速度運動には、次の3つの式が与えられています。

等加速度運動の式

$$v = v_0 + at$$

$$x = x_0 + v_0 t + \frac{1}{2}at^2$$

$$v^2 - v_0^2 = 2a(x - x_0)$$

おそらく多くの高校生にとって、物理を学ぶ際最初に出会う関門といったら、この3つの式でしょう。

そして、こう思うはずです。「えー！　物理ってこんな式が山ほどこれから出てくるのかよー。もう物理選択、取りやめようかな……」と。

確かに、教科書だけを見ると、何か天下り的に「公式」なるものが青枠なりで囲み、強調されて「とにかく丸暗記！」という印象を受けるものです。

しかしもちろん、この本では「なぜそんな式が生まれるのか」を説明していきますよ。

➔v－tグラフで運動を見やすくする

さて、縦軸に速さを、横軸に時間をとったグラフを用意しましょう。これをよく、$v-t$グラフと呼んでいます。

人間は、物事が複雑になったときによくグラフを利用しますよね。模試の成績表だったり、株価の変動だったり、気温だったり……運動現象も同様に、グラフを使うと見やすくなることがあります。

さて、この$v-t$グラフですが、大事なことが2つあります。それは、次の2つです。

①グラフの傾きが加速度を表す
②グラフの面積が移動距離を表す

詳しく説明しましょう。

➔グラフの傾きは、加速度を表す

まず、「①グラフの傾きが加速度を表す」ということについて、説明します。

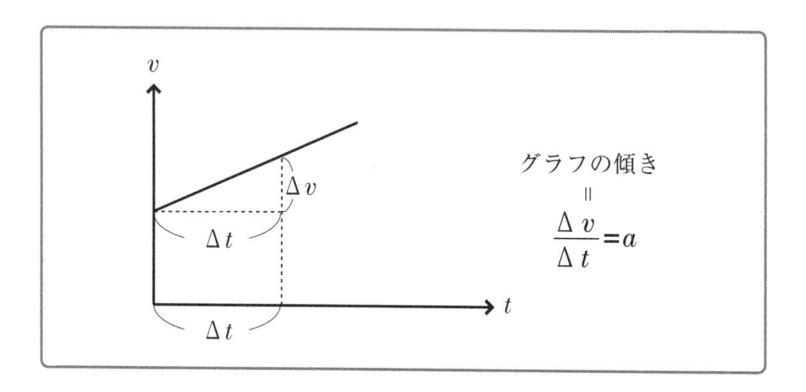

グラフの横軸に、ある時間変化分Δtをとりましょう。そのときの速度の変化分はグラフのΔvとなりますよね。

そのとき、このグラフの傾きを求めるならば、次の式を書くはずです。中学のときに「直線の傾きは、xの増加量分のyの増加量」なんてやりましたよね。なつかしいですか？

グラフの傾き＝$\dfrac{\Delta v}{\Delta t}$

ん？　この式はどこかで見たことありますね～。これってまさに加速度aの定義式じゃないですか！

つまり、グラフの傾きが、加速度を表すのですね。

➔グラフの面積は、移動距離を表す

次に、「②グラフの面積が移動距離を表す」ということについて、説明しましょう。少しカンタンな$v-t$グラフを見てみます。

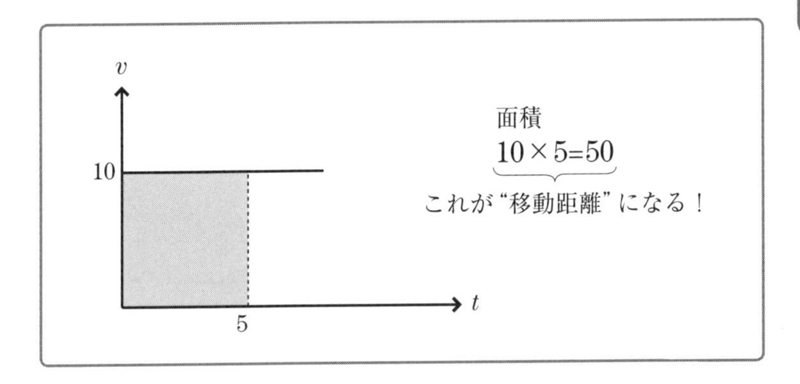

これは、速度が常に同じ、つまり等速直線運動の$v-t$グラフになっています。

いま、具体的に速度はずーっと10［m/s］として、5［s］間走ったとしましょう。このとき、走った距離はいくらですか？

小学生の問題みたいですよね。答えは当然、10×5=50［m］です。すぐ、答えることができます。

いまは、この数字を$v-t$グラフから求めてみたいのです。

そうすると、気づくでしょうか？　実は、この10×5=50［m］という式は、グラフの上図の面積を求めていることと同じなのですね！

そう、なんとグラフの面積が移動距離を表現しているのです。

➔グラフから3つの式を導き出す

ここまで理解してくださったあなたであれば、最初に示した3つの等加速度運動の式は、すべて自分の力で導出できます。しかも使う知識は中学数学や、算数レベルで十分可能なんです。

では、もう一度①の解説で見た$v-t$グラフを見てみましょう。

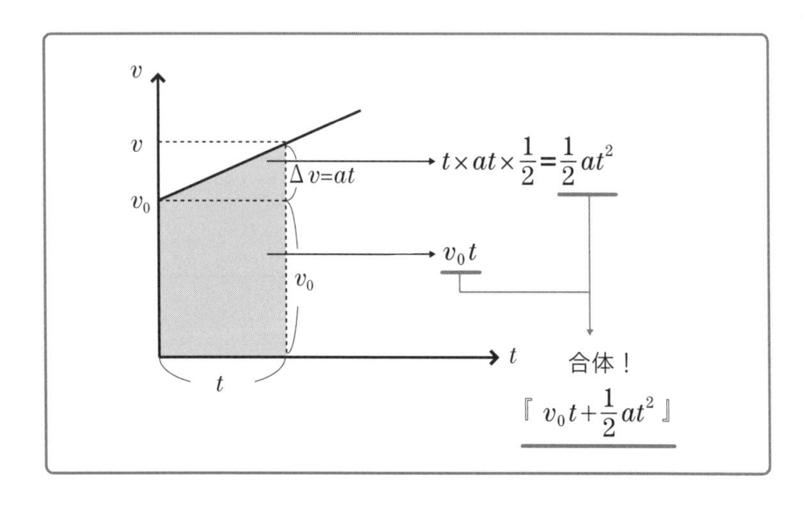

ここで、任意の時刻tでの速度vを求めてみましょう。グラフの2点$(0, v_0)$と(t, v)から、グラフの傾きaは次のような式で表現できます。

$$\begin{aligned} a &= \Delta v/\Delta t \\ &= (v-v_0)/(t-0) \end{aligned}$$

よって、両辺にtをかけてv_0を移項すると、等加速度運動の速度の式が得られます。

$$v=v_0+at$$

では、次にグラフの面積、つまり移動距離を求めてみましょう。次のようになりますね。

$$x=(x_0+)v_0t+\frac{1}{2}at^2$$

これが、物体の位置を表す式に対応しているのです。なお、x_0（エックスゼロ）は初期位置といって、はじめの位置を意味します（付け加えておくとより便利な式になります）。

そして、この2式から時刻tを消去するように式をいじると、3つ目の式が得られるのです。

$$v^2-{v_0}^2=2a(x-x_0)$$

どうでしょうか？　こんなにアッサリと導けるのですね。

公式を丸暗記することがどれだけムダなことか理解してもらえましたか？

もう一度まとめておきましょう。

等加速度運動の式

$$v = v_0 + at$$

$$x = x_0 + v_0 t + \frac{1}{2}at^2$$

$$v^2 - v_0^2 = 2a(x - x_0)$$

この式によって、物体は、未来にはどのような位置にいて、どんな速度になっているのかが予言できるようになるのです。

数式は言語です。自然界を表現する言葉なのです。常にそのことを意識して、物理に触れていきましょう。

6 世の中の物体が絶対に従うルールって？【運動方程式】

➔運動を支配するルールを発見したニュートン

高校物理で学ぶ力学は、古典力学と呼ばれています。

古典ということは、「古い」ということです。「なんでこの現代にわざわざ古い物理を勉強しなきゃいけないんだ！」と思われてしまうかもしれませんが、現代物理学を理解するためには、古典物理学の理解は必須なんですよ。

さて、この古典力学は別の呼び名もあります。物体の運動を支配しているルール（因果律）を見つけた科学者に敬意を表して、ニュートン力学とも呼ばれているのです。

➔運動方程式が示しているのは「力を加えると、動く」ということ

ニュートンは、「物体の運動は、次の運動方程式なるもので完璧に解析できる」と主張しました。

$$ma=F$$

この式が、力学の中でもっとも重要なのです。ここを見誤っている高校生が非常に多いんですね。

「え？　めちゃくちゃカンタンじゃん。質量m×加速度aが力Fなんでしょ？」と思うかもしれません。確かに、数学的にはそう解釈できる式ですね。

ただ、いま勉強しているのは物理です。物理的にこの式を解釈してみましょう。

この式は、次のように日本語に訳すことができます。

運動方程式は、「質量mの物体に力Fを加えると、加速度aが生じた」という、原因と結果の関係（因果関係）を示している。

ここで、基本的に質量は物体固有の定数と見て構いませんから、これはつまり「力を加えるから、加速度が発生する（動く）」ということをいっているだけに過ぎないのです。

➔当たり前のことを数式で示したのが重要

「え？　それだけ？　力を加えれば動くって……当たり前じゃない？」

そうです。非常に当たり前なんです。

ニュートンがすごいのは、それをきちんと数式で示したということなのです。

この本は、いままで公式と呼ばれ丸暗記していたものでも、導出できるものはしっかりと導出するというのが基本方針です。

しかし、この運動方程式は導出しません。というか、できません。世界の高名な学者に「証明してください」と依頼しても、きっと困るでしょう。

この式は、そもそも証明不可能なんです。運動方程式は、正しいと認める他ないのです。

このような式を通常、原理といいます。

ニュートン力学の世界観は、この運動方程式が絶対に成立することを基盤に発展してきました。どうやら、世の中の物体は運動方程式に従っちゃっているんです。

証明不可能な式が存在することに、抵抗を抱く人もいるでしょうが、それが科学なんです。実証的にどうやら現実をしっかりと説明できる式は、認める他ないのです。

➔強くひっぱれば素早く動く

では、もう少し運動方程式の意味を考えてみましょう。

大丈夫、安心してください、小学生でもわかりますので。

いま、質量mは一定としましょう。ここで、力Fをどんどん大きくすると、加速度はどうなるでしょうか？

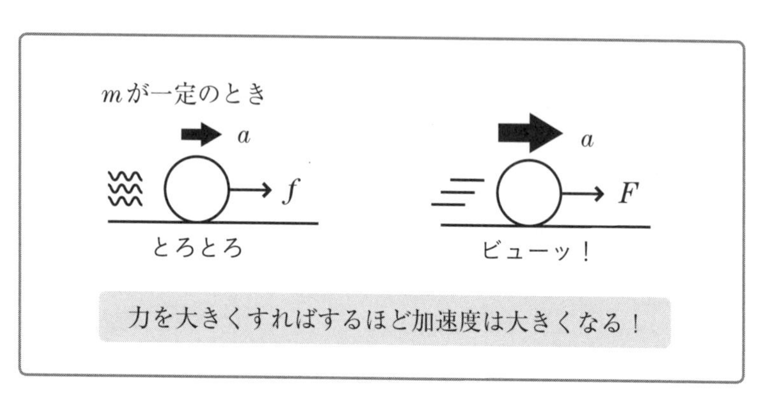

もちろん、力と加速度は比例関係にあるので、力が大きくなれば、加速度も大きくなります。つまり、「強い力を加えれば、より速く動く」わけです。当たり前ですね。

➔ 重いものは動かしにくい

次に、運動方程式を$a=F/m$という形に変形してみましょう。

ここで、力を一定にして、mをいろいろ変えてみます。そうすると、質量が小さい物体と大きい物体では、どちらが加速度は大きくなるでしょうか？

質量と加速度は、式から、反比例の関係にあると理解できます。したがって、質量が大きいと、加速度は小さいのです。

つまり、運動方程式は「重い物体は、動かしにくい」ということを表現する式であるとも解釈できるわけです（質量が大きいということは、地球上では重いこととほぼ同義と考えて特に問題ありません)。

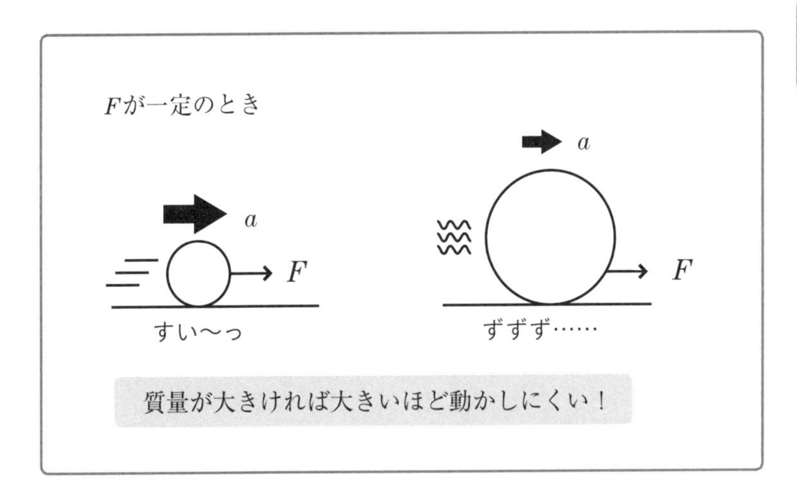

このように、ニュートンの運動方程式は至極当然の日常、普段みなさんが感じ取っている当たり前の内容を語っているに過ぎないんですね。

7 物体を運動させているのは何？【力】

「力」を見つければ、すべてがわかる

先ほど見たように、ニュートンの運動方程式は「力を加えると、加速度が生じる」ということを主張しています。

ということは、次に待っている課題は下の2つです。

①力はどこに現れるのか、その見つけ方は？
②力にはどんな性質、法則性があるのか？

では、力について理解を深めていきましょう。

力とは「物体の運動状態を変化させるもの」

「力」という言葉は、もちろん、もうすでに知っている言葉だと思います。物理ではじめて聞いた言葉ではないでしょう。

なので、多くの高校生はわかった気になっていることが多いんですね。

しかし、とにかくサイエンスは定義が命です。定義がモヤモヤ曖昧のまま進むと、絶対に限界が来ます。

力の定義は、次のようなものです。

「物体の運動状態を変化させるもの」
「物体を変形させるもの」
「物体を支えるもの」

高校物理では、主に最初の「物体の運動状態を変化させるもの」という観点で力を見ていくことが多いです。

➔ 力にはたった2種類しかない

では、具体的に力がどこに現れ、どう見つけていくのかについてお話ししましょう。これもひじょ〜〜〜に、単純明快なんです。

力の種類は、力学では基本的に2つしか存在しません。

「は？　たった2つ？　え？　教科書にはいっぱい出てくるんだけど……」

確かにそうですが、あらゆる力は2つに大別できてしまうのです。

よかったですよね、100も200もないのです。たった2つ！

その2つは「場の力（遠隔力）」と「接触力」です。

①場の力（遠隔力）

場の力とは、物体にまったく触れていなくても働く力です。正直な話、力学では「重力」のことです。

では、重力はどこに発生するのか？

重力は、物体の重心（質量中心）から下向きに発生します。いまは、物体の真ん中から下向きに働く力だと考えてよいです。

その大きさは重力加速度gという値を使って、mgとなります。

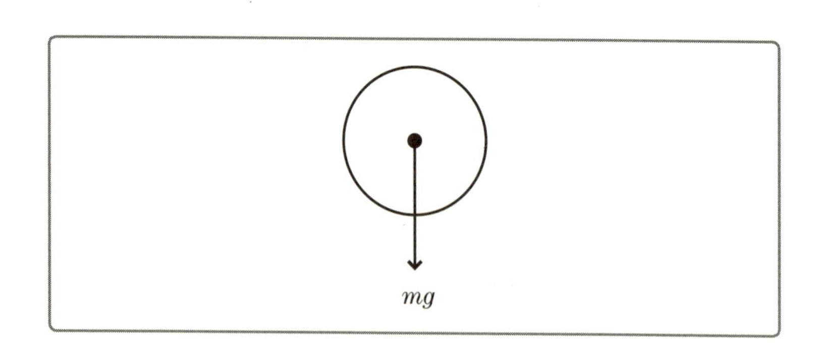

地球表面（地表）付近では、どうやら物体には常に下向きの加速度gが発生しているようなのです。なぜ重力が存在するのか、その理由はもちろん物理の問題ですが、けっこう難しい問題です。実は重力理論は、いまだに完璧に解決はしておりません。

ですから、ひとまず古典力学では下向きmgの力が重力として存在すると理解しましょう。

②接触力

接触力とは、その名の通り「くっついて働く力」のことです。つまり、物体が「何かとくっついている」ならば、そこには必ず力が存在するということです。

物体に働く力のうち、重力以外の力は、基本的には接触力のみです。

力には、「弾性力」や「垂直抗力」「まさつ力」「張力」「浮力」など様々なものがあると思い込んでいる人が多くいるのですが、これらはすべて「接触力」です。

ばねが「くっついている」ときに働く力を「弾性力」、床が「くっついている」ときに働く力を「垂直抗力」、さらに粗い床では「まさつ力」、糸が「くっついている」ときに働く力を「張力」、水に「くっついている」ときに働く力を「浮力」と、名前を付けているだけに過ぎないのです。

力には、何千何百も種類があると思い込んでいる人がいるので気を付けてくださいね。

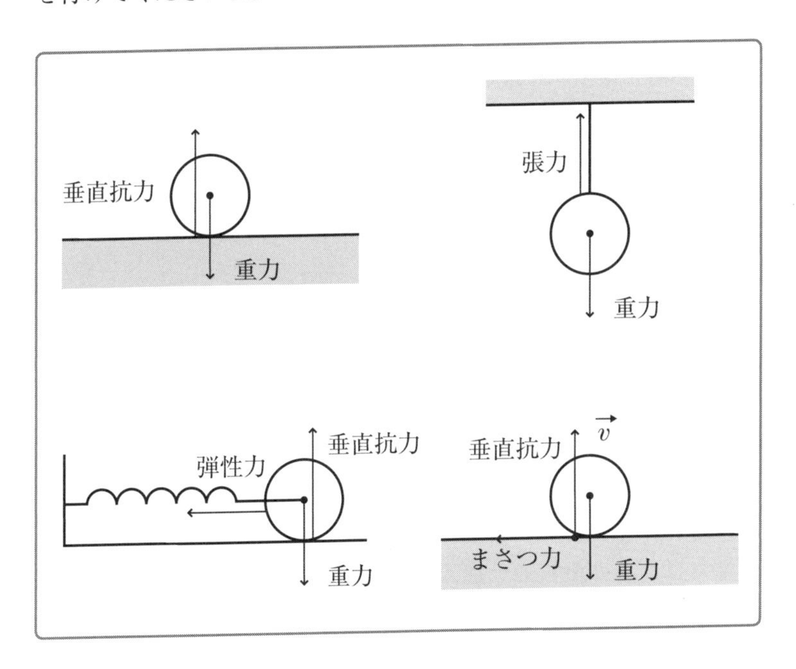

→ 力は誰でも見つけられる

力学では基本、力はたった2種類です。

なので、力の見つけ方は非常にカンタン！

> **力の見つけ方**
>
> **①下向きmgの重力**
> **②くっついているところに接触力**

まず物体の中心から下向きに重力mgを書き、次に何がくっついているのかを眺めて接触しているところに力を書く。

これだけで、すべてOKなんです。

→ 力はいつも2個セットで生まれる

さて、次に力の法則性です。

力の法則性でもっとも大事なものが、「作用・反作用の法則」です。

これは、「AがBに力を加えるとき、BもAに力を加える。そしてその2つの力は、逆向き同じ大きさである」というものです。

つまり、アクションを起こせば必ず、リアクションが返ってくるということです。

AがBに力を加えるという作用（アクション）を起こしたら、BもAに対して反作用（リアクション）を起こすということなのです。

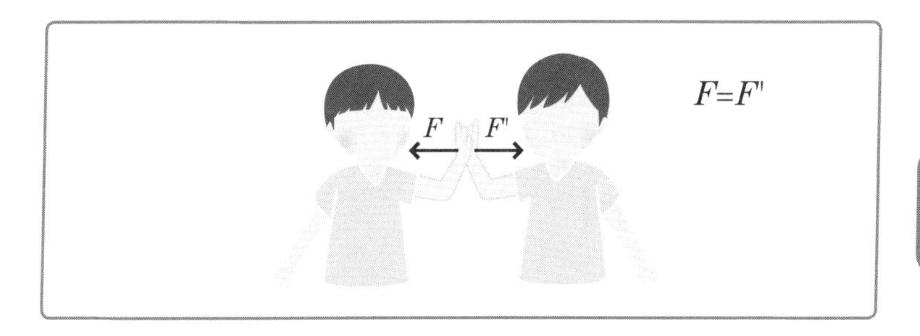

力には、必ずこの法則が成り立ちます。

これが何を物語っているかわかりますか？

「力は必ず2個セットで生じる」ということです。そういう意味で、力のことを「相互作用」と呼ぶこともあります。お互いに影響しあうものを、力と呼んでいるのです。

➔加速度のことは、力に聞け

それでは、力というものがわかったところで、改めて考えてみましょう。

運動方程式を使うと、何が嬉しいのでしょうか？

それは、「力を正しく見つけて、運動方程式を使うと、その物体に働く加速度aが求めることができる」ということです。

これが、嬉しいことなのです。加速度さえわかれば、前章で学んだ「等加速度運動の式」を使って、未来の予言ができます。

結局、「物体の運動現象は力が決定している」、そして「どんな力が働くとどのように運動するのかを結びつける因果関係には、ものすごくシンプルなルールがあった」ということをニュートンは発見し、それを運動方程式と名付けたのですね。

8 加速度運動している人にだけ見える力って何？【慣性力】

➔ 電車の中では運動方程式が使えない？

電車に乗っていると、体が横にぐーっと傾いたり、急発進するとおっとっと、と体がぐらついたりしますよね。あれって何なんでしょうか？

前章では、「場の力」と「接触力」という2つの力を見つけて、運動方程式を眺めれば、物体の加速度がわかる、という話をしました。

ではここで、次の状況を考えてみましょう。

止まっている電車にあなたが乗っています。電車の中にはいま、風船がぷかぷかと浮いています。

この状態で、加速度aで電車を動かしてみると、どうなるでしょうか？

あなたの目には、風船が加速度aを持って自分の方へ動いて見えるでしょう。

ここで、疑問を持つ方がいるはずです。

「あれ、加速度が生じるってことは、力が働いている？　でも風船には、横の方向には何の力もないぞ……」

確かに、そうですよね。力がないと加速度は生じるはずがないのです。

しかし、あなたの目には、風船は左向きに加速度aを持っているように見えます。これは、どういうことなのでしょうか？　運動方程式の限界がきたのでしょうか？

➔慣性力は「存在しているように見える」力

いえいえ、運動方程式はそんなに安っぽいものではありません。この状況でも運動方程式は使えます。

ただし、通常、運動方程式を立式する場合、地面や床の上からなど「止まっているもの」から見て考えるものです。ところが、この電車の例のように、ものによっては「動いているもの」から見た方が運動を議論しやすいことがあります。

そのように加速度運動しているものから見た運動方程式を立てる際には、少し「味付け」を加えないといけないのです。

その味付けとは、「慣性力」です。

加速度aで運動しているものから見れば、自分以外の物体は、大きさは同じだけど向きが反対の加速度$-a$で運動していると捉えるのです。今回は、電車は右向きの加速度を持ってるので、風船の加速度は左向きですね。

つまり、結論は次のようになります。

加速度運動しているものから見ると、物体にはまるで「$F=-ma$」という力が存在しているように見える。この力を「慣性力」という。

この「$F=-ma$」は運動方程式ではありません。慣性力がどういう力なのかを説明する式です。

とにかく、加速度運動する立場で運動方程式を立てようとするときは、「慣性力」に気を付ける――これは、頭に入れておきましょう。

9 運動方程式からどんな情報が取り出せる？【仕事とエネルギー】

➔教科書にいきなり登場する「仕事とエネルギー」

はい、ここで新しく「仕事とエネルギー」についての説明を行っていきたいと思います。

「物体の運動は、すべて運動方程式で語ることができる」とあれだけいったのに、なんでまた新しいことを学ばなければいけないのか、疑問に思いませんか？

高校の教科書には、急に「仕事とエネルギー」の項目が登場して、「仕事＝力×距離」なんて公式を頭に叩き込んだ人も多いと思います。

教科書っぽく説明すると次のようになりますね。

物体に一定の力を加えて、その力の向きにある距離だけ物体を動かすとき、その力と距離の積を「仕事」という。

そして「移動方向と同じ向きに力を加えると正の仕事、逆向きだと負の仕事、垂直方向だと仕事は0」なんて付け加えられていたりします。

そして、「仕事W＝力F×距離x」の式が、枠に囲まれて強調されていたりするわけです。

さらに、「運動エネルギー」についても次のように記述されていますよね。

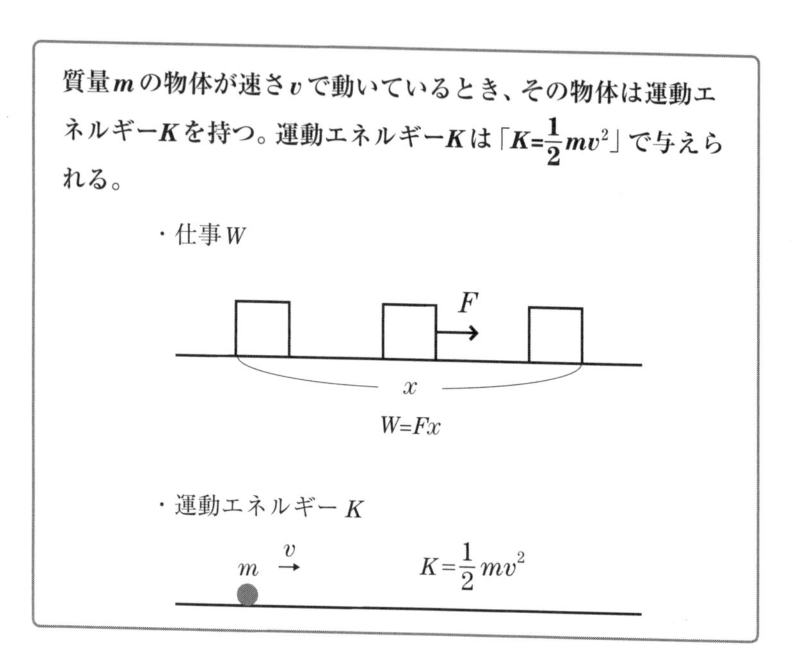

こう書かれると、物理嫌いを増やしますよね。決して間違ったことは書いていないのですが、理解しづらいですよ。

僕もこれを見たとき、「？？？」と混乱した記憶があります。「なぜ仕事は、力と距離のかけ算なんだ？」「なぜ運動エネルギーは、$\frac{1}{2}$がくっついてるんだ？　なぜ、v^2なんだ？　v^3ではダメなのか？」とね。

➔「仕事とエネルギー」は「運動方程式」から出てくる情報

やはり、物理ですから新しい単語（物理量）が出てきたら、そのつど「なんでそのような物理量を導入しなきゃいけないのか」という背景をしっかりと認識する必要があるのです。

ここでも同様です。なぜ「仕事とエネルギー」なんていうものを、力学の物語の中に登場させるのか？

結論からいいましょう。

「仕事とエネルギー」は「運動方程式」から出てくる情報なんです。

そうなんです。大多数の高校生が「力学の問題の解き方は、運動方程式とか、仕事とエネルギーとか、いろいろあって大変だな……」と感じているようですが、それは大きな間違いなんです。

全部、運動方程式なんですよ。仕事とエネルギーも運動方程式から導けるんです。運動方程式をいじっていくと、出てくる情報なんです。

結局は、運動方程式から出てきたものに「仕事」とか、「エネルギー」と名前を付けているんだ——そう理解しておくといいのです。

➔等加速度運動の式を変形すると「仕事とエネルギー」になる

じゃあ、なぜ教科書はそう書いていないのか？

その理由は、数学的な技量の話になります。運動方程式から「仕事とエネルギー」を導出しようとすると、「微分積分」の数学的素養が必要になるんですよ。これが高校生にとっては、少々きついということで、教科書にはいきなり「仕事」や「運動エネルギー」というものがポンッと出てきてしまっているんですね。

しかし、高校1年生でもわかるように導出方法をアレンジしたものがあるので、それをあなたにお伝えしたいと思います。これだけでも「あ、仕事とエネルギーっていままで勉強してきたものからちゃんと導出できるんじゃん！」ということが理解してもらえると思います。

まずは、等加速度運動の式の3つ目を思い出してください。

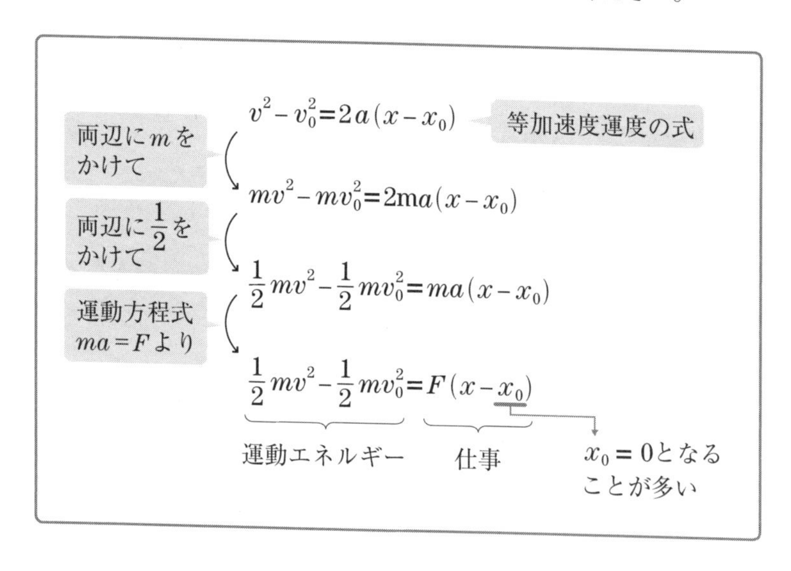

はい、もうおわかりではないでしょうか？

このように式を変形したとき、左辺の情報を「運動エネルギー」、右辺の情報を「仕事」と呼ぶことにしたのです。

いいですか、順序を逆にしてはいけませんよ。いままで学んできたことを変形した結果出てきたものに、$\frac{1}{2}mv^2$やFxがあるんです。

それに、「運動エネルギー」や「仕事」って名前を付けてあげるんです。

「仕事」だから「Fx」なんじゃないんです。「Fx」が先に生まれてしまったのです。それに「仕事」とネーミングしているに過ぎないということをわかってください。

あなたにも名前がありますよね。その名前という単語は「あなたが生まれた」から、出てきたのです。先に「名前」がもともと用意されていて、それに合わせてあなたが生まれたわけではないのです。

どうでしょうか？　だいぶ印象が変わったのではないですか？

10 運動の前後で物体のエネルギーはどう変わる？【仕事とエネルギーの関係】

➔仕事とエネルギーの関係性はお小遣いと同じ

ではもう一度、先ほど導いた式をご覧ください。これをさらにいじって、次のように変形してみましょう。

$$\frac{1}{2}mv^2-\frac{1}{2}mv_0^2=F(x-x_0)$$

移項して

$$\frac{1}{2}mv_0^2+F(x-x_0)=\frac{1}{2}mv^2$$

$F(x-x_0)$ を W とすると

仕事とエネルギーの関係の式

$$\frac{1}{2}mv_0^2+W=\frac{1}{2}mv^2$$

はじめの運動エネルギー　仕事　あとの運動エネルギー

そうすると、「はじめの運動エネルギーに、仕事を加えると、あとの運動エネルギーになる」と解釈できますよね。

この式を「仕事とエネルギーの関係」とか「エネルギー原理」と呼んだりします。

お金の関係性と似ていますね。いま、財布に2万円入っているとして、ここに3万円のお小遣いをもらうと、その後の財布には5万円入っていることになります。単純な話です。

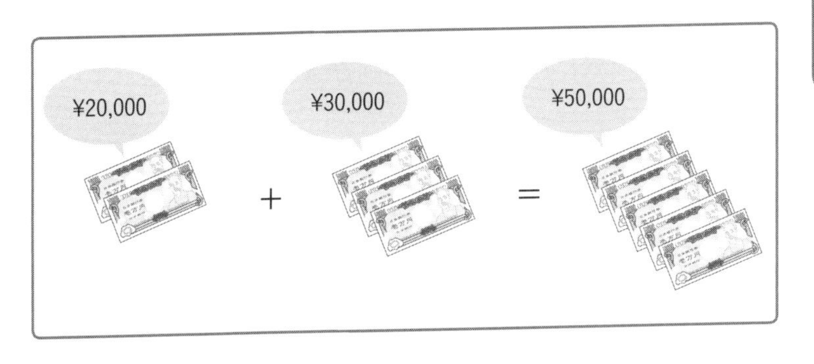

➔「等加速度運動」と「仕事とエネルギー」を比べてみよう

「仕事とエネルギー」の有用性は、「途中の細かい解析は、まったくいらない」というところにあります。

つまり、ある2点の運動情報をダイレクトにつなげたい場合、この仕事とエネルギーは有効なのです。

この便利さを確認するために、例えば「質量mのボールを高さhから自由落下させたとき、h落ちてきたときボールはどんな速さになっているのか」という非常に単純な運動を「等加速度運動」と「仕事とエネルギー」の両方から扱ってみましょう。

①等加速度運動

図のように、ボールには下向きにmgの重力が働いています。つまり、重力加速度gの等加速度運動であることがわかりますね。

では、等加速度運動の式の登場です。

まず、速さの式です。$v=gt$ですね。v_0は自由落下なので0、加速度aはgとなります。

次に、位置の式です。$x=\frac{1}{2}gt^2$となりますね（x_0は0にしています）。

では、ここで$x=h$を代入して、hだけ落ちるまでの時間を求め、それを速さの式に代入してみましょう。すると次のような形になります。

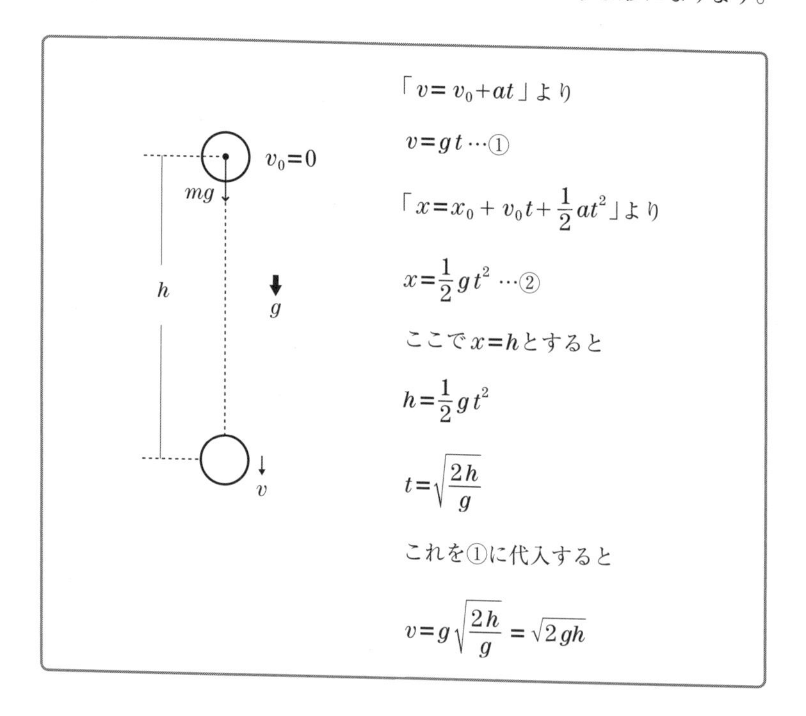

速さvはこのように求まります。さほど難しいというわけではないですよね。

②仕事とエネルギー

「仕事とエネルギーの関係」に着目し、はじめの運動エネルギーと加える仕事、あとの運動エネルギーの関係式を立式しましょう。

すると、次のようになります。

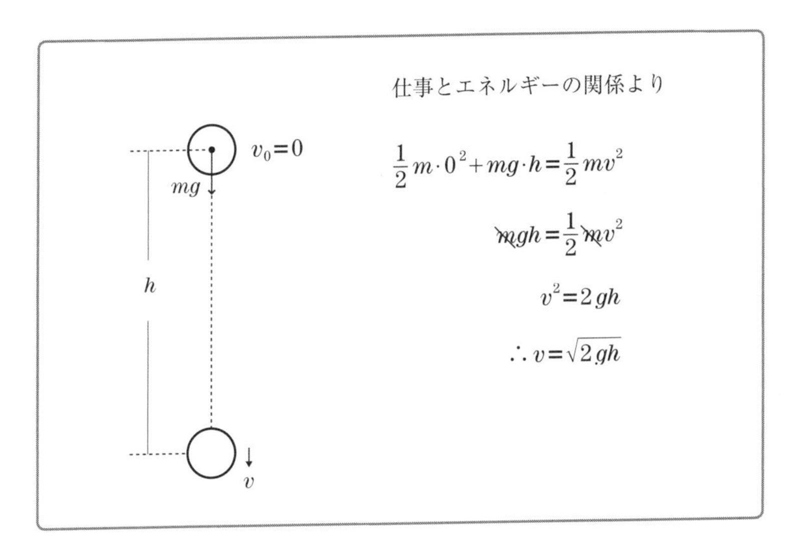

このように、先ほどの「等加速度運動の式」を用いたときと同じ結果になります。

➔仕事とエネルギーを使うと、いらない情報を無視して計算できる

これだけを見ると、あまり式変形の大変さに違いが出ないので「仕事とエネルギー」の有用性、ありがたみになかなか気づけないかもしれませんが、それはこの運動がめちゃくちゃカンタンだからですよ。

よく見てください、「等加速度運動の式」では、いったんあらゆる時刻・位置で成り立つ式を求めているのです。いったんすべての運動を求めているのです。それから、「じゃあ今回はhだけ位置が変化したから……」と、計算に持ち込んでいるのです。つまり、余計なものまで織り込んでいるんですよね。

しかし、いま私たちが本当に欲しい情報は「h落ちたときの速さ」のみ、ですよね？

つまり、h落ちるまでのその途中の運動の情報は、ぶっちゃけどうでもいいのです。いまは、いらない情報なんです。

そう、「仕事とエネルギー」は、「はじめ」と「あと」の2点の情報をダイレクトにつなげたいときに非常に役立つのです。ここは忘れないようにしてください。

11 重力はどんな仕事をする？【位置エネルギー】

➔位置エネルギーは、「重力のする仕事」

では、次に「位置エネルギー」というものについてお話しします。

まず、重力のする仕事を、次の3つのシチュエーションで求めてみましょう。

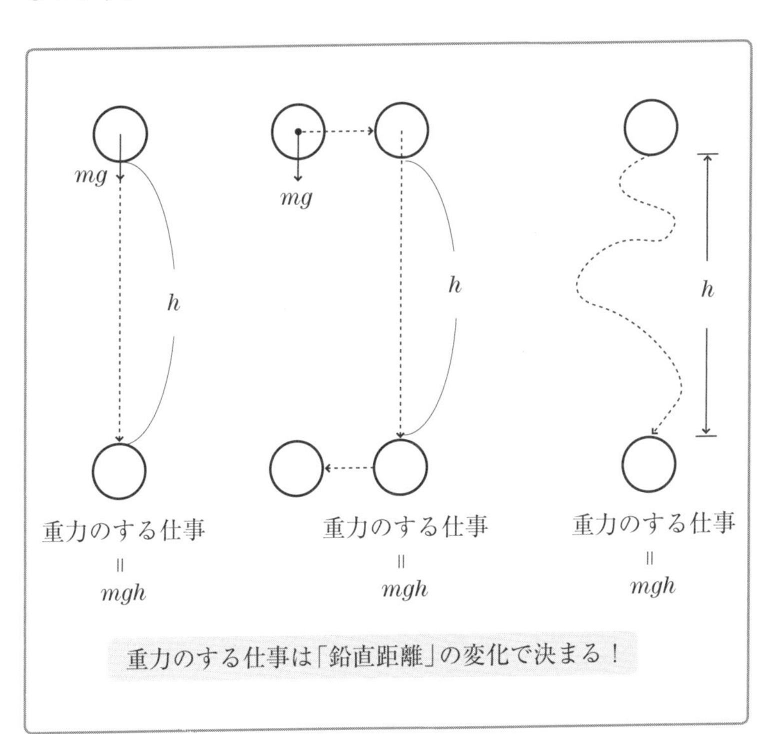

すると、どうでしょう、不思議なことに重力のする仕事はまったく同じになりますね。

実は、重力のする仕事は「結局、どれくらいの高さ（鉛直距離）落ちたのか」で決まる値で、落ち方には影響されないんです。ぐにゃぐにゃに動いても、hだけ落ちていたら、とにかく重力のする仕事は「mgh」となるのです。

本来、仕事というのは「動く道筋（経路といいます）」に沿って計算するのが原則なのですが、重力のする仕事は、結局高さがどれくらい変化するのかを見積ることができれば、その時点で求められるのです。どう動くか、という動き方によらないってことですね。

つまり、「重力のする仕事」は、はじめから確約された仕事という解釈が可能なのです。

ならば、最初から見積っておいて、「仕事」として計算するのではなく、むしろ運動エネルギーのように「エネルギー」として扱ってみよう、ということで、これを「物体の位置情報で決まる」ことから「位置エネルギー」と呼ぶことになっています。

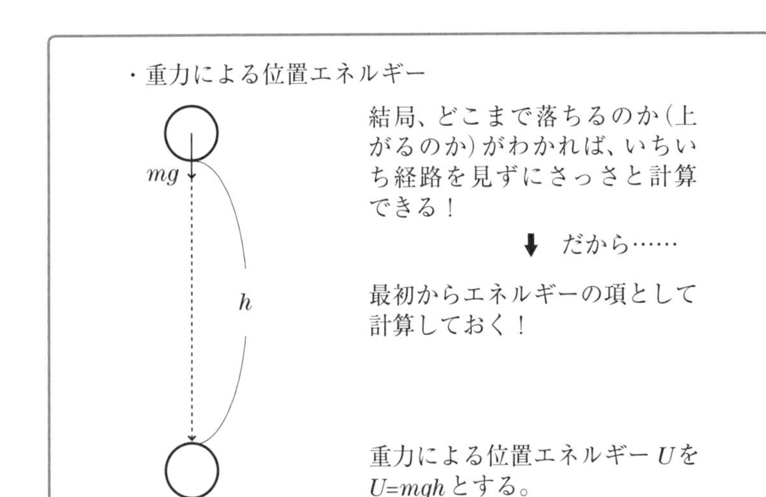

➔ 位置エネルギーは保存力

ちなみに、「位置エネルギー」の解釈は複数あり、「重力に釣り合うように力を加えて高さhだけ上げたときに物体に加えた仕事が位置エネルギーである」というものが一般的です。

が、正直よくわかりませんよね？　少なくとも高校生のときの僕は、なんかわかったようなわかんないような、モヤモヤした覚えがあります。それよりも、「確約された、お約束された仕事」が「位置エネルギー」だ――この方がわかりやすくないでしょうか？

そして、このように「確約された仕事」つまり、「位置エネルギー」を定義できる重力のような力のことを「保存力」といいます。重力は代表的な保存力です。他には、「ばねの力（弾性力）」や、電磁気で登場する「静電気力」などが保存力になります。なお、摩擦力などは、「保存力」ではないので、「非保存力」といいますよ。

12 エネルギーが保存されるってどういうこと？【力学的エネルギー保存則】

➔「運動エネルギー」と「位置エネルギー」の和が「力学的エネルギー」

では、力学的エネルギー保存則も取り扱っていきましょう。

多少、物理をかじったり、入試問題を解いたことがある人は知っていると思いますが、この「力学的エネルギー保存則」はいろんな問題で登場します。それだけ重要だということですが、いっていることは単純です。

先ほどお見せした「仕事とエネルギーの関係」の特別バージョンだと理解してください。

次の図をご覧ください。

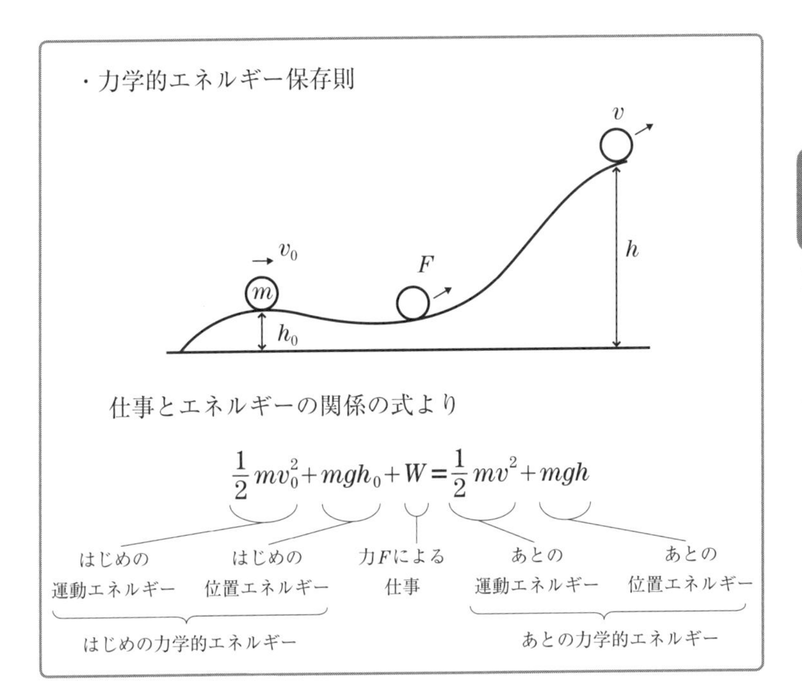

図の下に書いている式は、「仕事とエネルギーの関係」ですね。

実は、このとき「運動エネルギー」と「位置エネルギー」の和を「力学的エネルギー」と呼んでいます。ただの足し算したものに名前を付けているだけですので、何も怖くないですよ。

➔「保存則」とは、「変わらない」ということ

さて、先ほどの図では「はじめの力学的エネルギー」に「何かしらの力による仕事W」が加わって、「あとの力学的エネルギー」になっています。

では、もしこの「何かしらの力」がなかったら、つまり「仕事W」

がまったくなかったらどうなると思いますか？

当然、「はじめの力学的エネルギー」と「あとの力学的エネルギー」が同じ値になりますね。そう、「力学的エネルギー」がまったく変わらないのです。

サイエンスでは、変わらないものに対してよく「保存」という言葉を用います。この場合、「力学的エネルギーは保存される」ということになります。

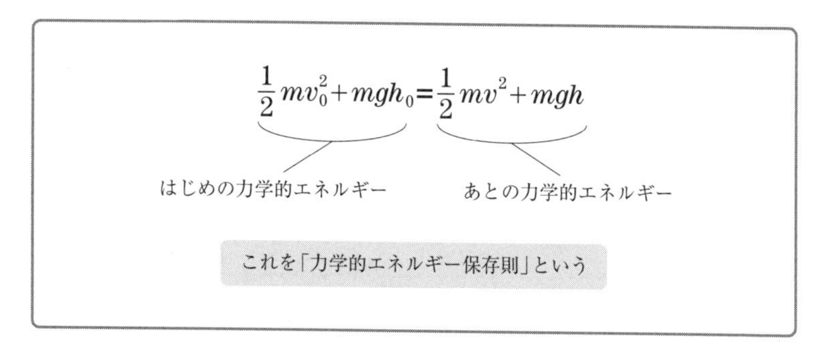

保存則には適用条件がある

なお、「何かしらの力」というのは、摩擦力などの「非保存力」です。「重力」や「ばねの弾性力」は、「位置エネルギー」としてカウント可能なので、存在していても問題ありません。

つまり、結論をいうと、摩擦力などの「非保存力」がない場合、「力学的エネルギー保存則」は適用できるということです。「保存則」はいつでも使えるわけでなく、適用条件があることを理解しておきましょう。

13 運動方程式から取り出せる情報は他にもある？【力積と運動量】

➔運動方程式から得られる情報は3つある

運動方程式をいじると、運動状態を表す意味のある情報として、「仕事とエネルギー」が導かれることはお話しいたしました。

では、別のいじり方で何かまた別の情報を手に入れることはできないのでしょうか？

実は、運動方程式をいじると得られる、意味のある情報は3つだけあることが構造的にわかっています。その1つが「仕事とエネルギー」、2つ目がいまから学ぶ「力積と運動量」です。3つ目は「力のモーメントと角運動量」です（これは、後述しますが高校物理では特別な場合しか扱いません）。

➔「力積と運動量」も運動方程式から求められる

では、さっそく「力積と運動量」についての話を進めていきましょう。

この導出も「仕事とエネルギー」同様、微積分法を必要とするので、高校生向けに少しアレンジした方法で導きたいと思います。

質量mの物体がいま、はじめ速さv_0で動いているとします。この物体に一定の力FがΔt[s] 加わったあと、速さはvに変化した、という運動を例に考えます。

まず、等加速度運動の1番目の式を用意します。このv_0を移行し、両辺に質量mをかけてみてください。そして、運動方程式よりmaをFに置き換えます。

このとき、この式の左辺を「運動量」と、右辺を「力積」と呼んだのです。ただ、それだけなのです。

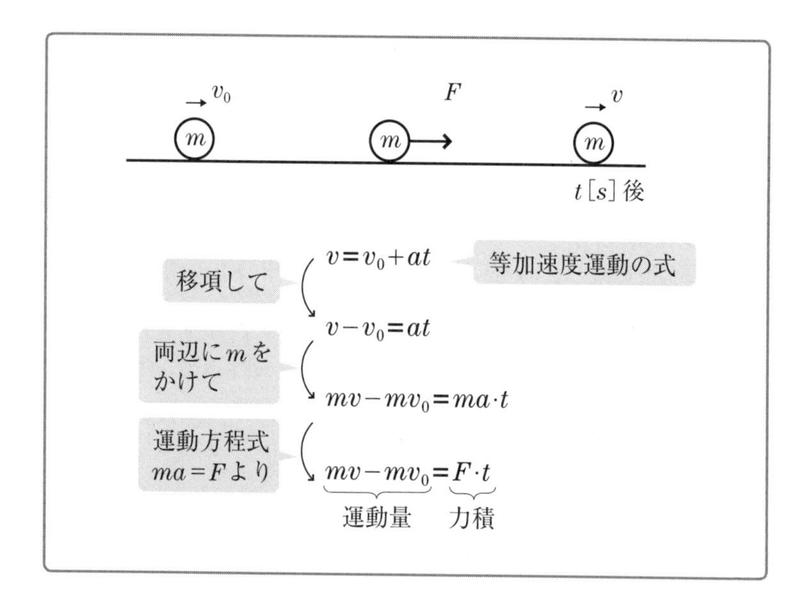

どうでしょう？

これらも「仕事とエネルギー」と同じく、定義量なんです。なんか式をいじってみたら出てきたんです。生まれてしまったんです。

そして、これらは運動状態を非常によく表していて、よく使うので名付けたという、ただそれだけのものなのです。

➔イメージはあくまで後付けに過ぎない

一応、教科書っぽい説明も加えます。

力積は、一定の力が働くとき、力と作用させた時間の積、つまり$F \cdot \Delta t$で表す。
運動量は、質量mと速度vの積、つまりmvと記述し、「運動の勢い」を表している。

この説明が、また物理にたいして誤解を生んでるわけです。急に力積や運動量なんていうものが出てきて、理由もわからず式を丸覚えさせられちゃうわけなんですよね。

特に運動量について誤解している方が多いように感じます。

よく運動量を説明するときに「運動の勢い」というフレーズが付いていることが多いのですが、これはよくないと思います。「運動の勢い」を表現したいからmvだと曲解しやすいですよね。

違いますよ。先にmvが生まれたのです。

そして、このmvをよくよく考えてみると「まぁ、運動の勢いみたいなもの……かな！」ということで、むしろこのイメージは後付けなのです。そのことを、きちんと理解しておいてください。

14 運動の前後で物体の運動量はどう変わる？【力積と運動量の関係】

➔「力積と運動量の関係」もお小遣いと同じ関係

では、もう一度、先ほどの式をご覧ください。

これを次のように移項してみましょう。

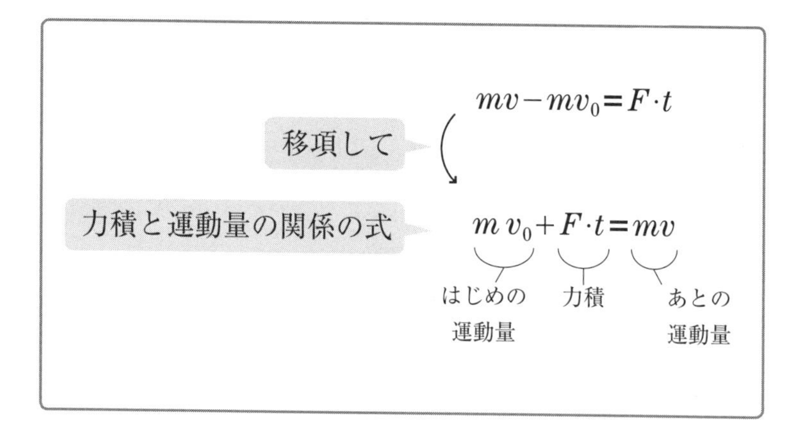

すると、この式は、「はじめの運動量に力積を加えると、あとの運動量になる」という解釈が可能ですよね。この式を「力積と運動量の関係」とか、「運動量原理」と呼びます。

➔仕事と力積の違い

この「力積と運動量の関係」の式は、「仕事とエネルギーの関係」の式に似ていますよね。

ここで注目してほしいところは、「仕事」と「力積」の項の違いです。仕事は、力に距離をかけ算しているのに対し、力積は力に時間をかけ算しています。これが、違いが顕著に出ている部分なんです。

このことから、仕事のことを「力の距離的効果」、力積を「力の時間的効果」と表現することもあります。

15 運動量が保存されるってどういうこと？【運動量保存則】

➔ 運動量も保存するときがある

さて、「仕事とエネルギー」では、保存力のみが働く運動の場合「力学的エネルギー保存則」が成立しましたね。では、そのような「保存則」が「力積と運動量」でもあるのでしょうか？

はい、あるんです。実は、「運動量保存則」というものがあります。

もちろん「保存」という言葉は、変化しない、一定であることを意味しているので、これは「運動量が変わらない」という内容を主張しているのは理解してもらえると思います。

➔ 複数の物体をまとめて考えると運動量の和は変わらない

では、「運動量保存則」の代表的な例である「衝突」という現象を材料にして考察してみましょう。

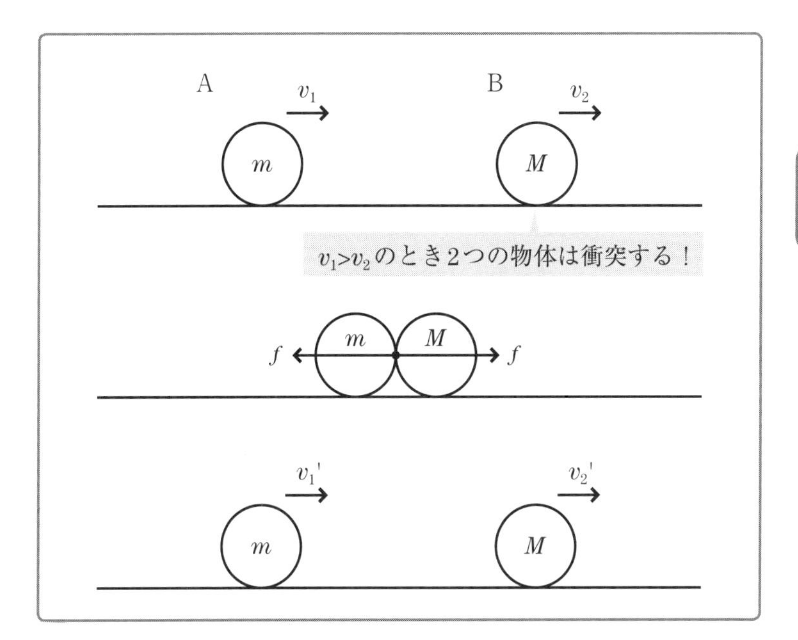

いま、質量がmとMの物体A、Bが上の図のように動いているとします。

この2つの物体が、衝突した瞬間の図が、真ん中の図です。当然、「作用・反作用の法則」により、衝突時の物体に働く力は、逆向きで同じ大きさですよね。

そして、下の図のように衝突後この2つの物体ははじめとは違う速度になってはなれていきます。

ここで、A、Bそれぞれの物体の「力積と運動量の関係」の式を立式してみましょう。

すると、以下のような式をそれぞれ作ることができます。

Aについて

向きが逆だからマイナス！

$$\underbrace{mv_1}_{\text{Aのはじめの運動量}}+\underbrace{(-f)\cdot\Delta t}_{\text{Aがうける力積}}=\underbrace{mv_1'}_{\text{Aのあとの運動量}}$$

Bについて

$$\underbrace{Mv_2}_{\text{Bのはじめの運動量}}+\underbrace{(f)\cdot\Delta t}_{\text{Bがうける力積}}=\underbrace{Mv_2'}_{\text{Bのあとの運動量}}$$

もちろん、衝突時の接触時間Δtも両物体で同じ時間ですよね。

この2つの「力積と運動量の関係」の式を両辺足してみましょう。

両辺を足すと…

$$\begin{array}{rl} & mv_1-f\cdot\Delta t=mv_1' \\ +) & Mv_2+f\cdot\Delta t=Mv_2' \\ \hline & mv_1+Mv_2=mv_1'+Mv_2' \end{array}$$

$$\underbrace{mv_1+Mv_2}_{\text{はじめのAとBの運動量の和}}=\underbrace{mv_1'+Mv_2'}_{\text{あとのAとBの運動量の和}}$$

これを「運動量保存則」という。

足すと、ちょうど「力積」の項が正負逆なので、キレイに消えてしまうのです。

つまり、できあがった式は「衝突前の両物体の運動量の合計は、衝突後の両物体の運動量の合計と何ら変わっていない」という意味だと解釈できます。

これが、「運動量保存則」です。それぞれの物体の運動量は、衝突前後で変化しますが、2つの物体をまとめて考えると運動量の和はまったく変わっていないということです。

つまり、「運動量保存則」では少なくとも「2個」の物体が登場人物として必要だってことです。

なお、このように複数の物体をまとめてみることを「物体系で見る」と表現します。

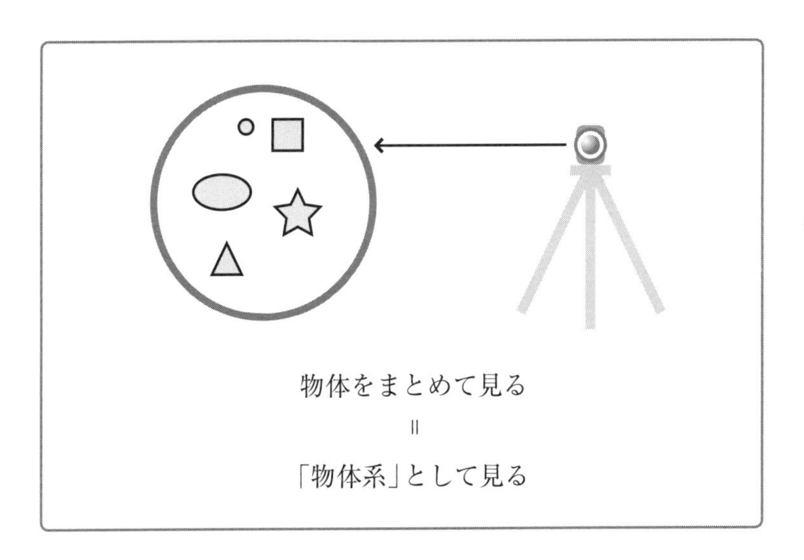

➔ 運動量保存則にも適用条件がある

ただし、「力学的エネルギー保存則」同様、「運動量保存則」も、使用するためには適用条件があります。

では、この「運動量保存則」は、いつ成り立つのでしょうか？

それは、法則を導いたときの操作を見返せば気づくはずです。

この保存則は、「力積」の項が逆符号だから、足して消去できたわけです。それは、とどのつまり衝突時に働く力が、その物体間のみで及ぼしあう「作用・反作用の力のみ」であればよいのです。

もっというと、「物体系」においてその複数の物体が、お互いに力を及ぼしあうだけであれば、一般的に「運動量保存則」は成り立つのです。

ちなみにこのいくつかの物体がお互いに作用しあう力を「内力」と呼びます。つまり、物体間の内々だけの力ってことですね。

第2教室
直線運動以外の運動はどう扱えばいい？
【力学②】

円運動や単振動など、様々な動き方をする物体の運動を考察していきましょう。一見複雑に見える運動にも、必ずルールや特徴があります。どんな運動でも「運動方程式」は成り立つことを常に意識して取り組んでみましょう。

ぐるぐる回る運動は どうやって扱う？
【等速円運動】

➔円運動は「等速度」ではなく「等速」であることに注意！

物体が円の軌道を描きながら運動するとき、その運動を「円運動」といいます。

では、一番シンプルな円運動である「等速円運動」について考えていきましょう。これは、常に同じ「速さ」で動く円運動ですね。

注意してほしいのは、「等速度円運動」ではなく、「等速円運動」だということです。

「え？　同じことじゃないの？」と思われるかもしれませんが、まったく意味が異なるので、ここは気を付けてください。

そもそも「速度」はベクトル量ですよね。つまり「大きさ」そして「向き」が大事なのです。

しかし、図のように円運動する場合は「向き」は常に変わり続けています。向きが同じだと円運動できませんもんね。

つまり、スカラー量である「速さ」が等しいときに「等速円運動」すると理解してください。

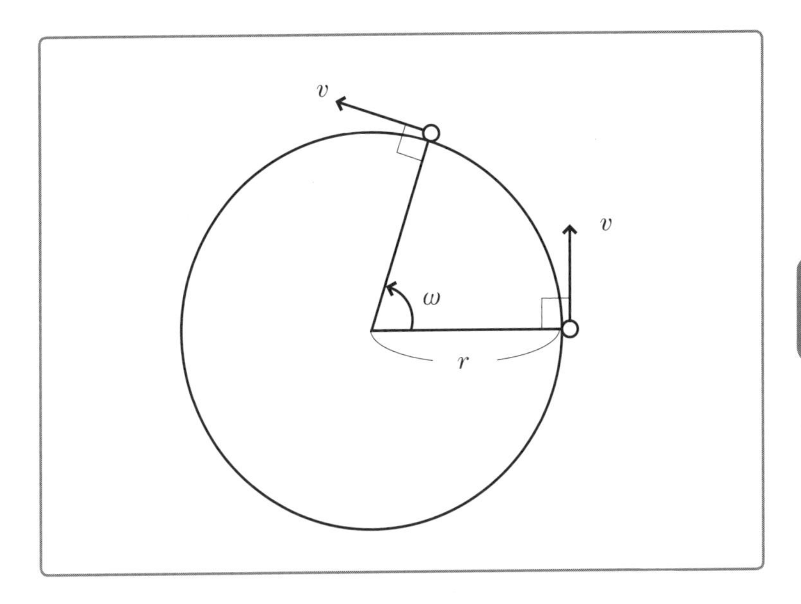

➔ 等速円運動を特徴づける3つの物理量

さて、「等速円運動」を特徴づける物理量がいくつかあるので、そちらから紹介していきましょう。

・角速度ω [rad/s]

物体の動きを捉えるのに、いままでよく「速さv」を使ってきました。もちろん円運動でも速さは扱っていきますが、円運動独特の物理量として「角速度」なるものを導入してみましょう。

はい、まずは定義からですよね。

定義は「単位時間（1s）あたりの角度変化」です。つまり、「1秒でどれくらいの角度を回るか」ということですね。まさに、速さの「角度」バージョンだと理解できます。

1秒で回ることができる角度のことなので、この値が大きいほど、素早くグルッと回ることができることになります。

・周期T[s]

次に「周期」という物理量を見ていきましょう。

この定義は「1回転するのにかかる時間」です。つまり、「グルッと1周するのにかかる期間」という意味だから「周期」というのですね。

もちろん時間なので、単位は「s」、秒であることも容易に納得できるのではないでしょうか。

・振動数f[Hz]

「振動数」というのは、「1秒で回ることができる回転数」です。だから単位は正直[回/s]の方がわかりやすいと思いますが、振動数には[Hz(ヘルツ)]という単位が個別に与えられています。

➔周期と振動数は「逆数」の関係にある

さて、ここで周期と振動数には面白い相関関係があることに気づくでしょうか？

具体的に、周期Tが5[s]だとしましょう。これは「1周するのに5秒かかっている」ということですね。

では、1秒では何回転しているでしょうか？

「1周で5秒かかる」ということは、「1秒では1/5回転だけ回っている」ことがわかります。

あれ、この「1/5」ってまさに振動数fではないでしょうか？　だって「1秒間に何回転するか」が振動数の定義でしたから。

はい、このように周期と振動数はいつも「逆数」の関係にあるのです。

つまり、$T=1/f$が常に成立するのです。

2 円運動はどんな式で表せる？【円運動の基本式】

➔周期を2通りで表現してみよう

では、速さvと角速度ωにはどんな関係があるのか見ていきましょう。

先ほどの図の円運動をもう一度見てみましょう。図のように円運動（に限らず曲線運動）では、速度は常に動いている軌道の接線方向を向いています。

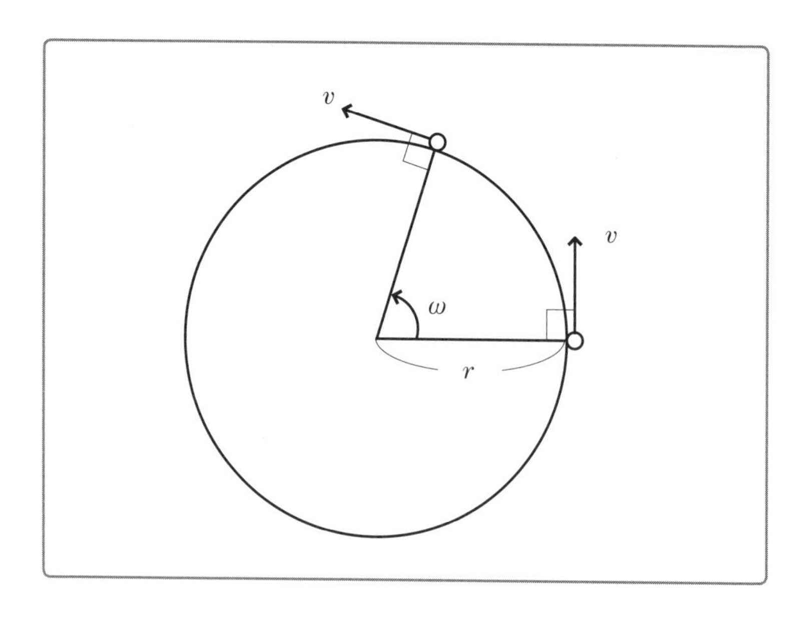

このとき、周期Tを角速度ωを用いて表してみましょう。

意味を考えれば、瞬間的に導けるはずです。周期とは、「1周する時間」なのです。

では、1周すると角度はどのくらい変化するのでしょう？

当然、答えは360°、つまり2π［rad］ですね。したがって、角速度ωを用いて周期Tを表すと$T=\frac{2\pi}{\omega}$になりますよね。

では、速さvを用いると周期Tはどうなるでしょう？

速さは「1秒で動くことができる距離」ですよね。1周すると物体は実際の距離でいうとどれくらい進むでしょうか？

カンタンですよね。円周の長さだけ動くんですよね。円周は、半径rなので$2\pi r$です。つまり、周期$T=\frac{2\pi r}{v}$となりますよね。

はい、いま同じ周期Tを、2通りで表現してみました。この2つを比較してみると、vとωの関係式が次のように得られますね。

$$T=\frac{2\pi}{\omega}=\frac{2\pi r}{v}$$

この2式より

$$v=r\omega$$

これは、意味もわからず丸暗記している高校生が多いのですが、このようにスパッと導けるものなんですよ。

➔ 円運動するためには、中心向きの加速度が必要

速さの次は、加速度について考えていきましょう。

そもそも、なぜ物体は「円運動」できているのでしょうか？

陸上競技のハンマー投げを題材にしましょう。図のように、中心に人がいて、ワイヤーの先に付いている砲丸をぐるぐると回してるのですが、砲丸にはどのような力が働いているのでしょうか？

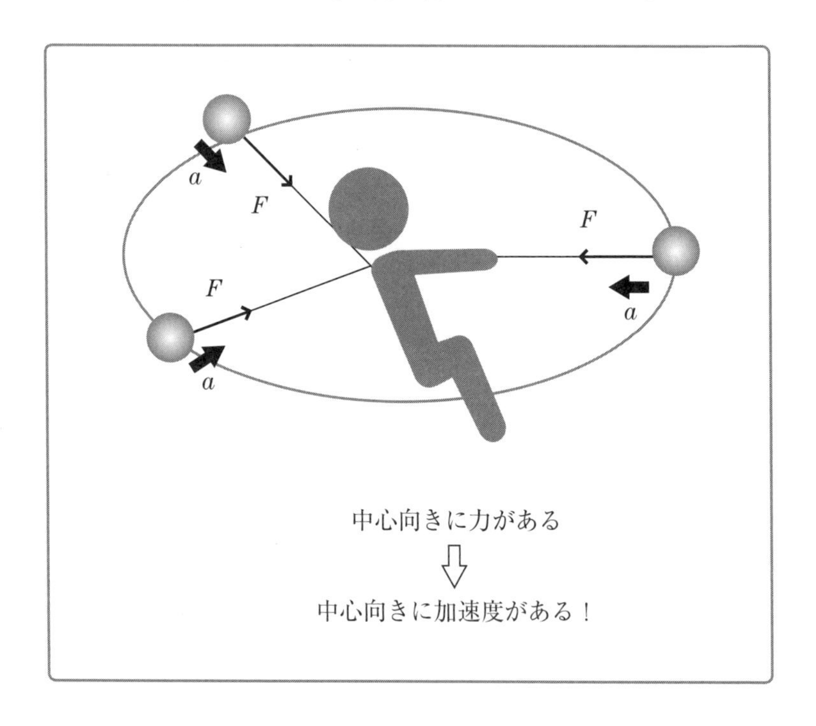

カンタンですね。砲丸に働く「接触力」は、ワイヤーからの張力です。そして、この張力は、常に人に、つまり中心に向かっているのです。

そう、実は、「円運動」するためには、必ず「中心を向いている力」がないとダメなのです。このような力を、「中心に向かう力」という意味で、「向心力」と呼んでいます。

円運動は、力は必ず中心にあるのです。ということは、力があれば、加速度があるので、中心向きに加速度もあるはずです（この加速度は、「向心加速度」といいます）。

➔ニュートンが見つけた万有引力も、向心力だった

もう一つ、例を考えてみましょう。

地球の周りを回る月も、円運動をしています。

みなさん、ニュートンが万有引力というものを発見したのはご存じですよね（万有引力については後ほど詳しく扱います）。

よく「ニュートンはリンゴが落ちたのを見て万有引力を発見した」というお話がありますが、これは非常に怪しい、怪しいというかまぁウソですね。

ニュートンは決してリンゴだけを見て万有引力に気づいたわけではありません。ニュートンは、「なぜリンゴは落ちるのに、月はぐるぐる地球の周りを回るだけで、落ちてこないのだろう？」と考えたのです。

そこで、ニュートンは月の運動の研究に入りました。そして、研究をしていくうちにニュートンは気づいてしまったのです。本当は月も地球に向かって「落ちている」と。

図をご覧ください。月と地球の図です。いま、地球から見て月がAの位置にいるとしましょう。もちろん速度は円の接線方向にありま

す。

では、もし月にまったく力が働いていなかったら、月はどう動くでしょうか？

「力がない」⇒「加速度がない」⇒「速度に変化は生じない」⇒「等速直線運動をする」となるので、もしも力がないと、月はBの位置にいるはずなのです。しかし、現実的には月はC点にいるのです。

これを説明する考えは1つです。月には、地球に向かう力が働いており、きちんとB点〜C点の距離だけ「落ちてきている」のです。この力を万有引力とニュートンは呼んだのです。

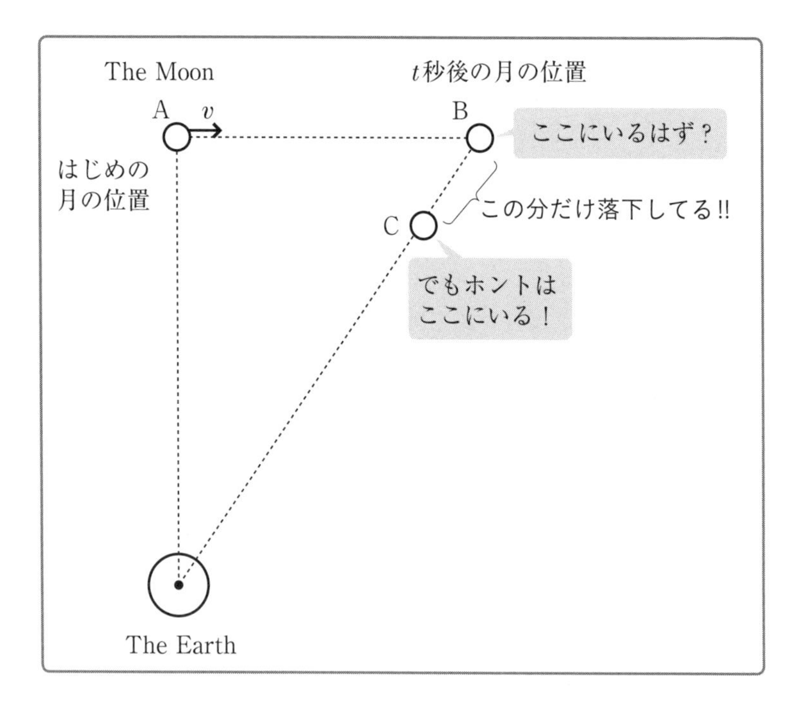

➔向心加速度を数式で表現してみよう

では、このお話から、次のように加速度を数式で評価しましょう。

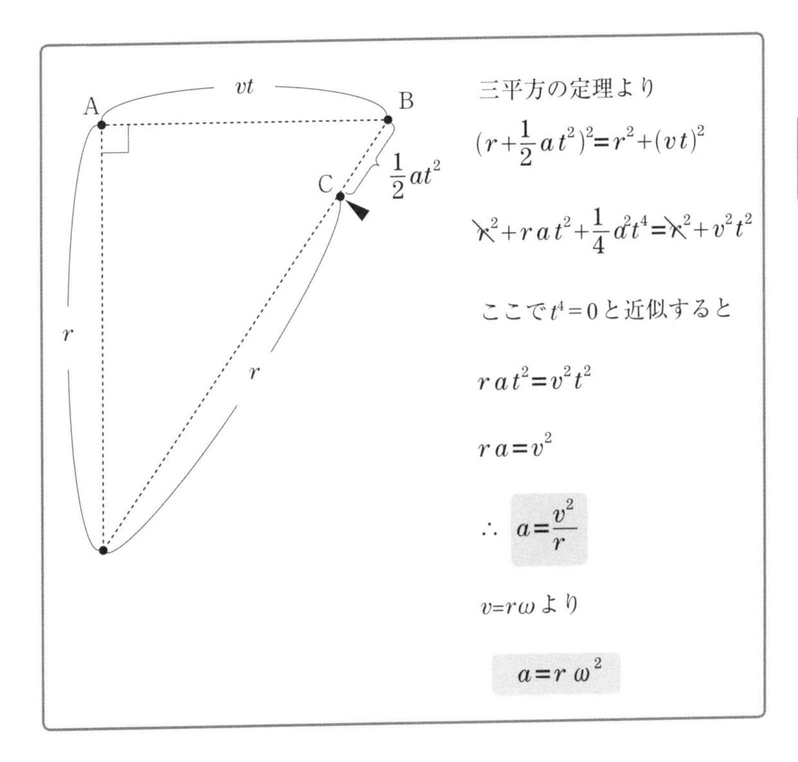

このように、加速度もvやωを用いて形作れるのです。

これは、かなり驚くべきことなのですよ。普通は、加速度というものは「力」を見つけないと、わからないのです。しかし、「円運動」の場合、力を見つけなくても加速度は数式で書けます。

この加速度の式を見た高校生はまず、「うわぁ……めっちゃ複雑な式が出てきたよ、おいおい」と思うのですが、その感覚は間違っています。「円運動」なんていうキレイな軌道を動くということは、それだけ加速度にも制限があるということなのです。

「円運動するためには、加速度は必ずこういう形にならなきゃダメ」という関係が、ちゃんとあるのですね。だからむしろ、カンタンな運動なのですよ。

➔円運動の運動方程式を考えよう

そして、加速度がわかったので、伝家の宝刀「運動方程式」より、次の式が立てられます。

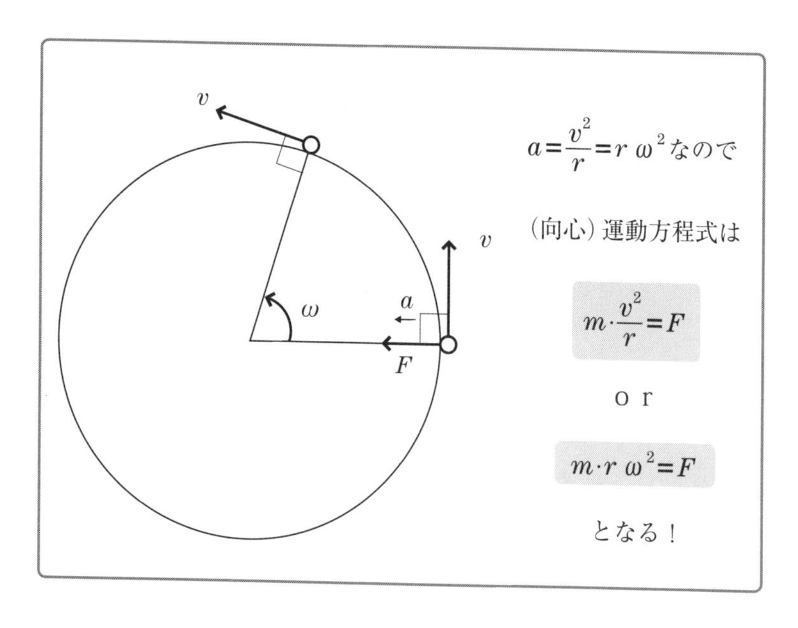

先ほどもお伝えした通り、円運動する場合、力も加速度も中心を向いてるので、この運動方程式を「向心運動方程式」ともいいます。

3 円運動している人にだけ見える力って何？【遠心力】

➔遠心力は慣性力

円運動を語るときに、「遠心力」という言葉を使うこともあります。おそらく、「向心力」よりも「遠心力」の方が聞き慣れていることでしょう。

しかし、この「遠心力」を扱うときには、注意しないといけません。実は、「遠心力」というのは「回っている人」にしか感じることのできない力なのです。

そう、つまり「遠心力」は「慣性力」の1つなのです。

➔遠心力を数式で表現してみよう

図をご覧ください。

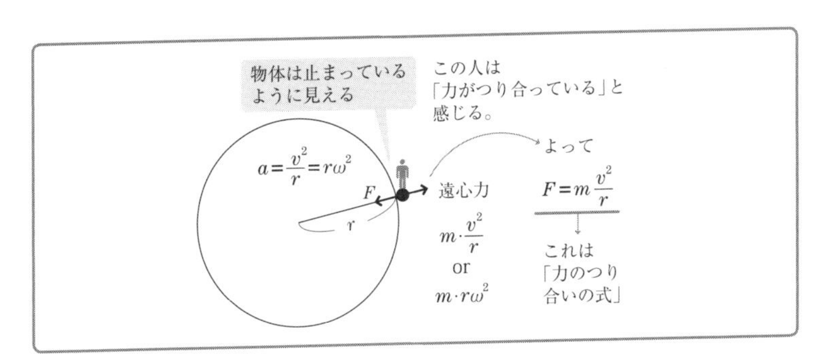

図では、物体と一緒になって回っている人にとっては、「物体はずっと止まっている」ように見えているはずです。つまり、「力がつり合っている」と感じるのです。

今回のつり合いの式に組み込まれている$m \cdot v^2/r$や$m \cdot r\omega^2$は「慣性力」の項だと理解してください。

先ほどの「向心運動方程式」と、形は同じですが、日本語訳はまったく違うので、注意してくださいね。

4 月の運動も力学で説明できる？【万有引力】

➔ニュートンが発見した「あらゆるものに働く力」

ニュートンより前のほとんどの人々は、地上の世界と、天上の世界はまったくの別世界であり、その境界は月であると信じてきました。

しかし、ニュートンは、地球上の運動も宇宙での運動も、すべて同じ法則であると発見しました。

前の「円運動」でもお話しましたが、ニュートンは「月はなぜ落ちないのか？」という疑問から、考え抜いて月と地球は引っ張り合っていることを見つけました。そして、その作用しあっている力は、「月と地球」だけに働くものでなく、リンゴにも、ノートやペン、人間、犬、この世のあらゆるものに働く力であると考え、その力を「万有引力」と名付けたのです。

そう、まさに「万物が有する引力」という意味ですね。

➔万有引力を数式で表してみよう

ニュートンは、万有引力を次の式で表現しました。

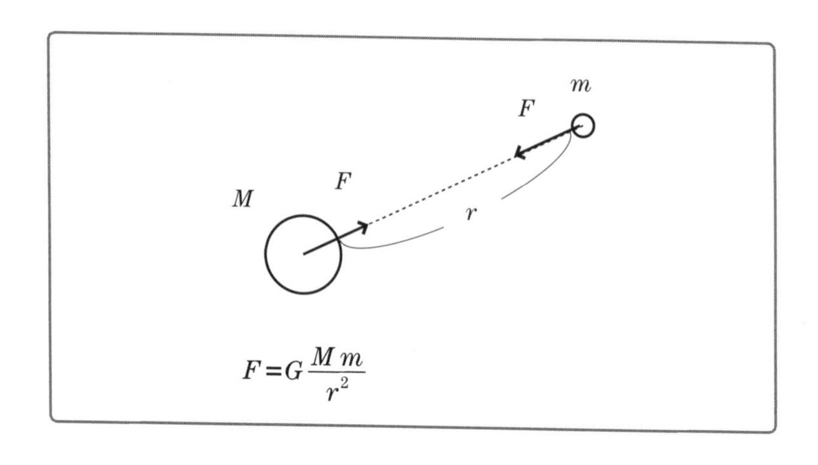

万有引力は、2つの物体の質量のかけ算に比例して、距離の2乗に反比例しているのですね。そして比例定数のG（万有引力定数という）を付け加えているんです。

これは覚える他ありません。このような式で表現できる力が存在すると考えれば、様々な現象をうまく説明できるってだけです。

高校生の中には、「公式」と称されるものはすべて導出できると思っている人がいますが、導けないものもあります。運動方程式なんて最たる例ですね。ニュートンは、自分で考えた理論を数学的に表したに過ぎないのです。

➔ 人同士の間で万有引力を感じないのはなぜ？

万有引力というものは、質量を持つ物体同士には必ず存在します。いま、この本と読んでいるあなたにも万有引力は働いていて、あなたの好きな女優や、気になるクラスメイトとの間にも、引力が存在するのです。

しかし、そんな力は一見感じませんよね。それは、なぜかというと万有引力定数Gが、6.67×10^{-11}と、ものすっごく小さい値だからです。

つまり、万有引力という力を感じたければ、少なくとも片方の物体は天体レベルの質量を持つ物体でないといけないのです。

もうおわかりですね？　普段の生活で感じることのできる万有引力の代表例は、地球との間に働く万有引力、つまり「重力」です。

「重力」と「万有引力」は、近似的に同じものと扱って構いません。よく「万有引力と遠心力の合わさった力を重力と呼ぶ」なんて説明も見かけますが、高校物理ではいっさい気にしなくてよいと思います。

➔重力加速度gの正体をあばく

さて、では地球上に存在する物体に作用する万有引力を見てみましょう。

そうすると、物体に働く力は$F=G \cdot Mm/R^2$となりますね。

ここでm以外の部分に着目します。Gは万有引力定数、MとRは地球の質量と地球の中心からの距離で、定数として扱えます。つまり、$G \cdot M/R^2$は結局1つの定数として見ることもできるのです。そう、これを一般的に重力加速度gと呼んでいるのです。

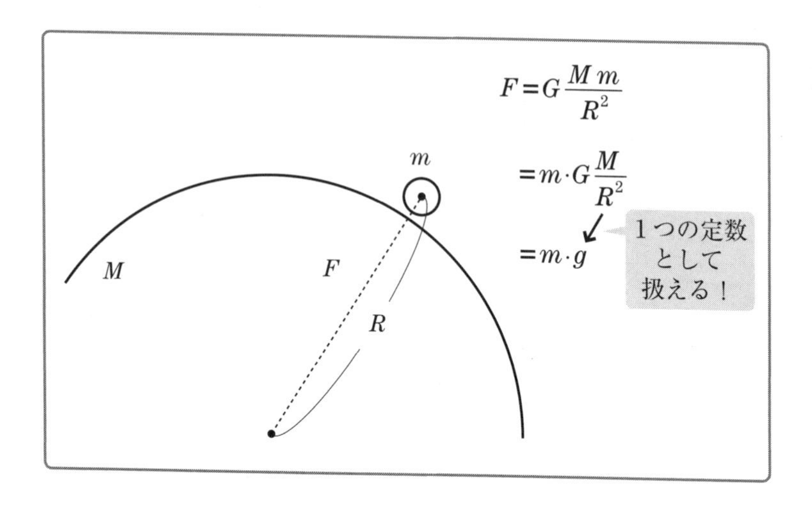

だから、地球上に存在する物体に働く重力はmgと書くことにするんですね。

5 万有引力にも位置エネルギーはある？【万有引力の位置エネルギー】

➔万有引力でも位置エネルギーは定義できる

重力mgは、位置エネルギーmghを定義することが可能です。

となれば、同じものである万有引力にも、位置エネルギーを定義できるはずと思うのは当然の流れでしょう。

その通りです。万有引力の位置エネルギーも定義することができるのです。

➔万有引力の位置エネルギーを導出するには積分が必要

ただし、万有引力の位置エネルギーを導出するのは、高校生には少々難しいでしょう。なぜなら、力が一定ではないからです。距離rが変わると、力も場所によって変わっていきますね。このときの仕事の計算は、積分が必要になるのです。

そもそも「確約された仕事」を位置エネルギーと定義するので、仕事を求めればよいのですが、力が一定でないときは積分を使うと計算可能になります。基準を無限遠にとり、いまいるrの地点から、その無限まで動くときに万有引力がする仕事を積分で計算すると、位置エネルギーが得られます。

本書では、微積分を使用していくことは極力避けたいのですが、これは、高校2年生で学ぶ数Ⅱレベルの積分で証明できるので一応紹介しておきます。理解が無理そうなら、証明は飛ばして構いません。

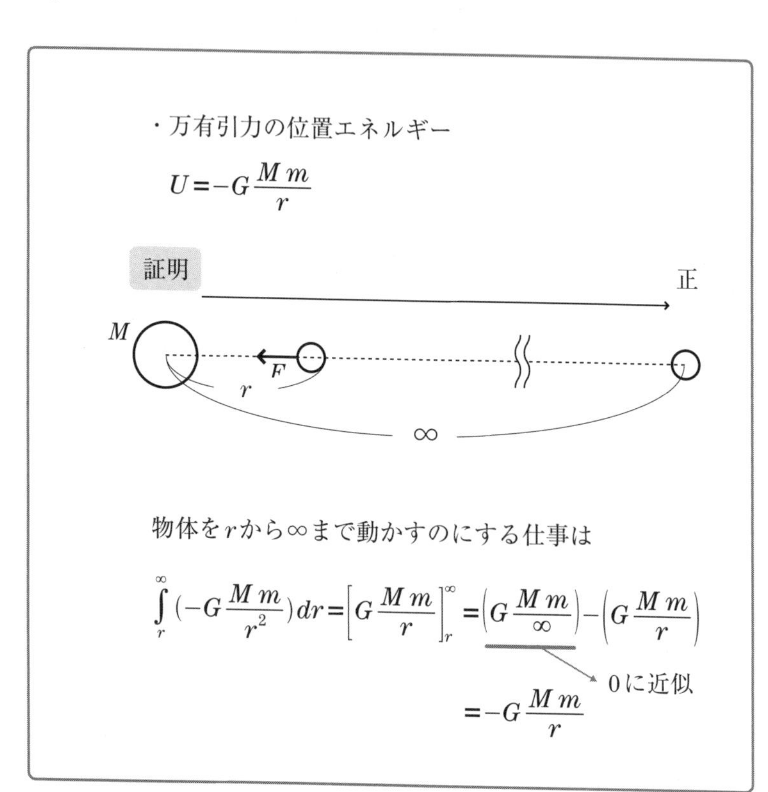

このように、積分を用いると万有引力の位置エネルギーは導出できます。

➔位置エネルギーは基準が必要

なお、万有引力の位置エネルギーにマイナスが付いている理由は、無限に遠い宇宙のかなたを位置エネルギー0の地点としているからです。

位置エネルギーは必ず基準が必要です。重力の位置エネルギーmghの場合、地面を基準にしているので、あまり気にしませんでしたけどね。

6 天体の運動も力学で説明できる？【ケプラーの3法則】

➔ケプラーが見つけた、宇宙に存在する3つの法則

ニュートン以前にも、天体の運動を調べる研究を行っている人は、もちろんいました。

その中でもケプラーという人が見出した「ケプラーの3法則」は、天体運動を捉える上で非常に有用なもので、高校物理でもよく出てくるので、紹介しましょう。

ケプラーの3法則とは、次の3つの法則のことです。

①惑星は太陽を1つの焦点とする楕円軌道を描いて公転する
②惑星の面積速度は一定である
③惑星の公転周期Tと楕円軌道の長半径aの間には、
T^2/a^3=一定という関係が成り立つ

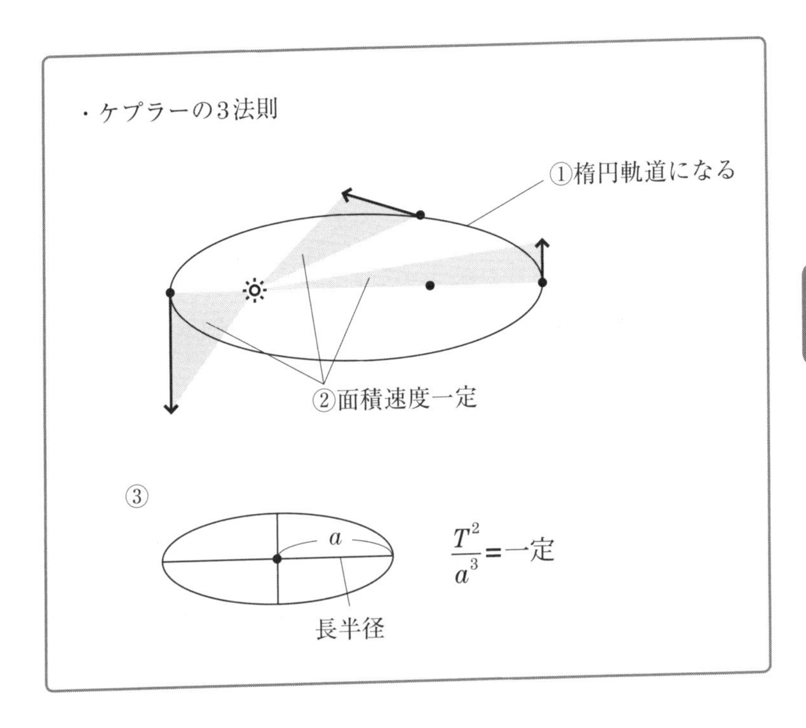

なお、面積速度とは、図のように、ある位置での速度vと焦点との距離を辺とした三角形の面積のことです。

➔ケプラーの3法則はニュートン力学で説明できる

もちろん、このケプラーの3法則の内容は、ニュートンが作った力学体系ですべて証明できます。

ただし、そのうち2つは高校レベルを超えているので、最後の第3法則のみ「円運動」を題材に証明してみましょう。

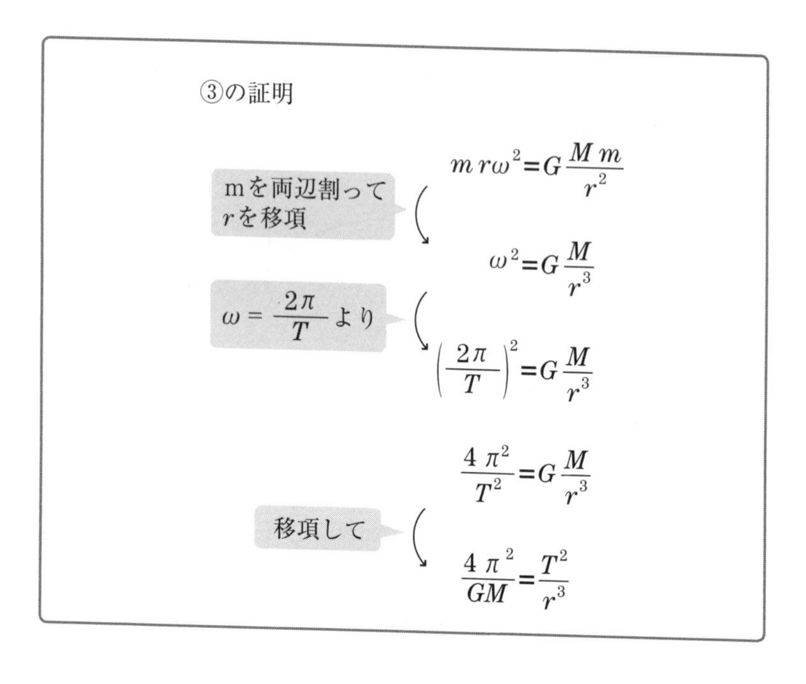

➔ケプラーは師匠の残したデータから法則を見つけた

ちなみに、ケプラーはもともとティコ・ブラーエという人の弟子でした。

ティコ・ブラーエは天文学者であり、占星術師でもあった人で、膨大な天体（特に火星）に関する実験データを記録していました。ただ、どうにも数学が苦手で、それを体系的にまとめることができなかったのです。

そのデータを、ティコの死後、弟子のケプラーが譲り受けました。

そして、数学に強いケプラーが、それらから先ほど紹介した3法則を実証的に見つけたというわけです。

7 ばねや振り子はどう動く？ 【単振動】

➔単純な振動だから「単振動」

ここから、力学の総集編ともいうべき「単振動」という現象についてお話していきましょう。単振動の問題は、大学入試でもよく問われるネタの1つなのですが、それはそれだけ重要だからです。「単振動とは何か」と問うだけで、その人が、きちんと力学を理解しているかが判断できるのです。

まずは、どのような運動を「単振動」と呼んでいるのか考えましょう。

規則正しく、行ったり来たりする現象が単振動です。わかりやすい例でいうと、図のような「ばねにくっついたボールの運動」や、振り子時計などの「単振り子」などがありますね。

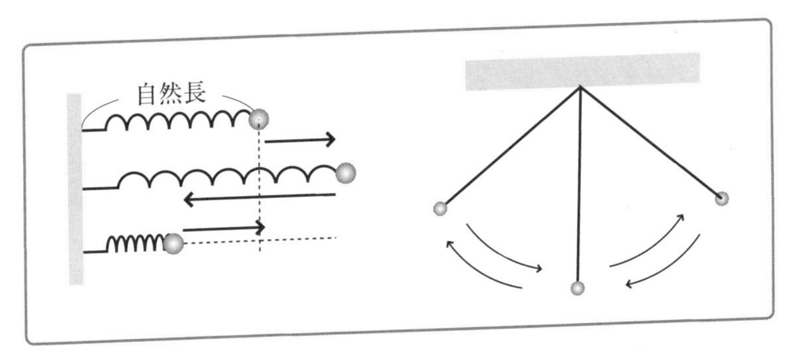

とにかく、まずはじめにわかってほしいことは、「単振動」とは振動現象の中でも、もっともカンタンで単純なものだということです。単純な振動、だから「単振動」というのですよ。

➔その正体は、等速円運動の影

次に、この「単振動」の定義を確認しましょう。定義は次のようになります。

> **等速円運動を同一平面内にある直線上に正射影した往復運動を単振動という。**

さあ、こういわれても「あ？　何だそりゃ？」と、よくわからないですよね。下の図をご覧ください。

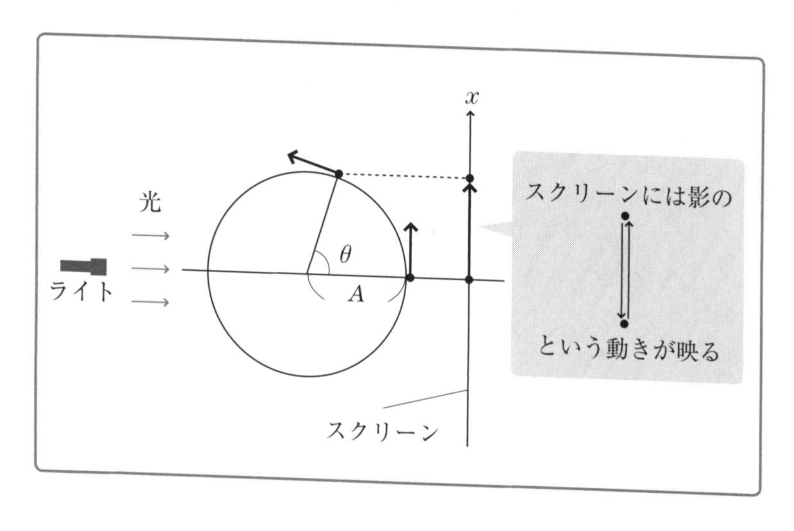

半径A、角速度ωの等速円運動が書いてあります。

もし、ここでこの円運動の右隣にスクリーンを、左隣りにライトを置いて、等速円運動している物体の影をスクリーン上に映すとすると、その影はどんな運動をすると思いますか？

きっと、物体の影はスクリーン上を縦にいったり来たりする動きをするはずです。そう、これが「単振動」なのです。ちなみに、このときのAの長さをその単振動の「振幅」といいます。

真横から光を当てて、その影の動きを見ようとすることを、「正射影をとる」なんて表現します。

そうなんです。単振動はなんてことない、結局は「等速円運動の影」が正体なのですね。

8 単振動はどんな式で表せる？【単振動の式】

➔ 位置の変化（変位）について数式で表現しよう

では、単振動を数式で評価してみるということにチャレンジしてみましょう。

sinやcosが出てくるので混乱する高校生が多いのですが、1つ1つゆっくり導出すれば、何も難しいことはしてないと気づくはずです。

まずは、位置の変化（変位）について、数式で表現してみましょう。

先ほどの図と同じ等速円運動の正射影を考えてみます。

設定として、物体はまず「はじめ」と書かれている位置にいるとしましょう。ここから等速円運動をスタートし、t秒後に、「いま」と書かれている位置まで円運動したとします。

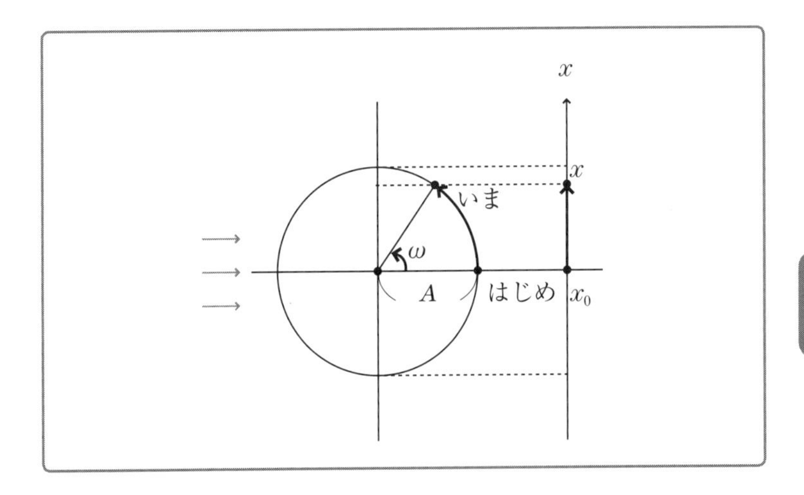

そうすると、x軸と名前の付いたスクリーン上には、図のような影の動きが現れているはずです。「はじめ」の位置の影はx_0とし、「いま」の位置はxとしています。

さて、この影は時間とともにx軸をいったり来たりするのですが、どのように変化していくか、時間変化を追ってみましょう。

影はx_0からまず上に上がります。

そして、円の半径である（振幅）Aまでいったら、次は下がりはじめます。

さらに、x_0を通り過ぎ、$-A$まで下がったら、今度はまた上に上がってくるといった振動を見せるはずです。

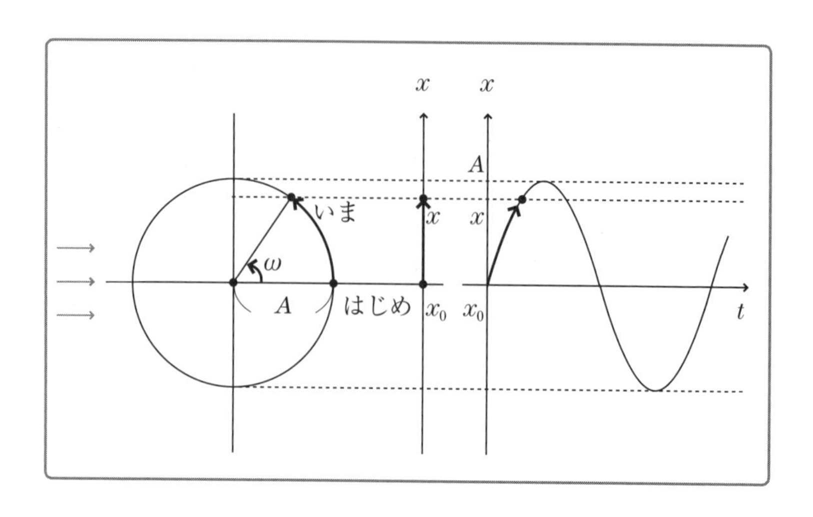

あれ、これってちょうど正弦波の形になりませんか？

正弦波とは、sinカーブのことですね。そう、数学の三角関数でやったあのsinのグラフになるのです。

つまり、はじめの位置x_0からの影の位置の変化を表現する式は、次のようになります。

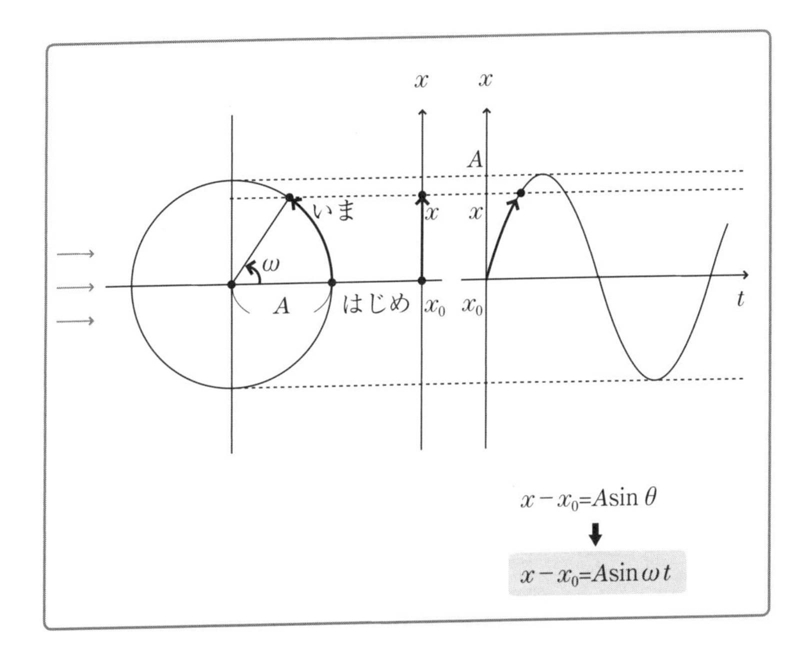

ここで、θはωtと書き換えられるので、最終表現は$x - x_0$=Asin ωtとなります（ωは1秒で進む角度なので、t秒間でどれくらいの角度進むのかはt倍すればよいですね）。

これが単振動の位置の変化、つまり変位に関する式なのです。

公式と思わないでくださいね。意味を考えて導出するのです。

もちろん、一度導出しておけば、あとは問題を解くときなどではパッと使っても誰も文句をいいません。

➔速度について数式で表現しよう

では、今度は速度について考えましょう。

いま、円運動のときの物体は、必ず円の接線方向に速さvを持っていますね。

この速さvは、もちろん、円の半径がA、角速度がωなので、$v=A\omega$となります。等速円運動の速さの式ですよ。忘れていたら戻って確認しましょう！

じゃあ、実際の影の速度はどう見えるでしょうか？

はい、実は単振動の速度も、図のように等速円運動の速さの正射影で見えているのです。

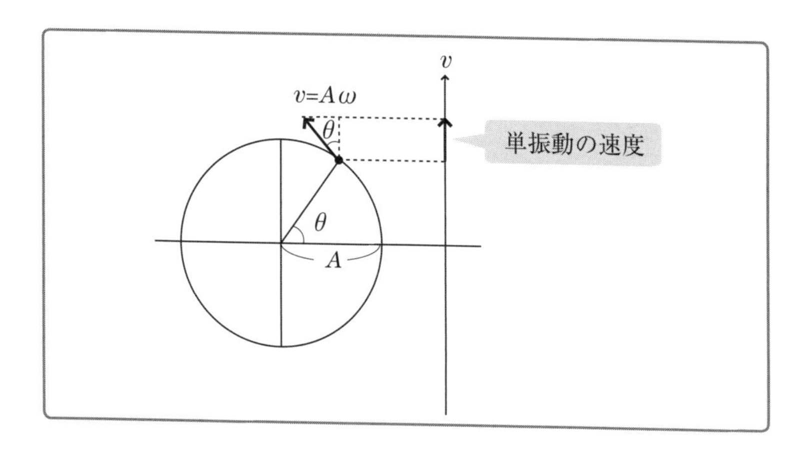

すると、単振動の速度は次のようになります。

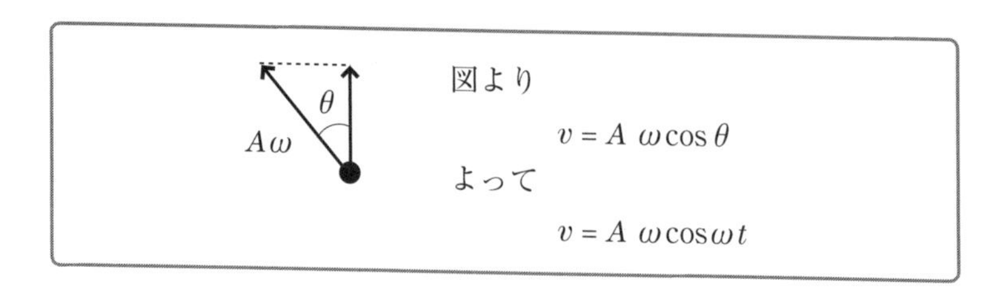

式の中にcosも出てきてしますので、惑わされる高校生が多いのですが、このように考えると納得してもらえると思います。

➔加速度について数式で表現しよう

では、最後に加速度についてですが……鋭い方はもう気づいていますね。これも速度同様、やはり等速円運動の加速度の正射影が、単振動の加速度になるのです。

等速円運動の加速度は、常に中心方向を向いているのでしたね。よって、その正射影は、図のように考えることができます。向きもきちんと考慮して－（マイナス）を付けていますよ。

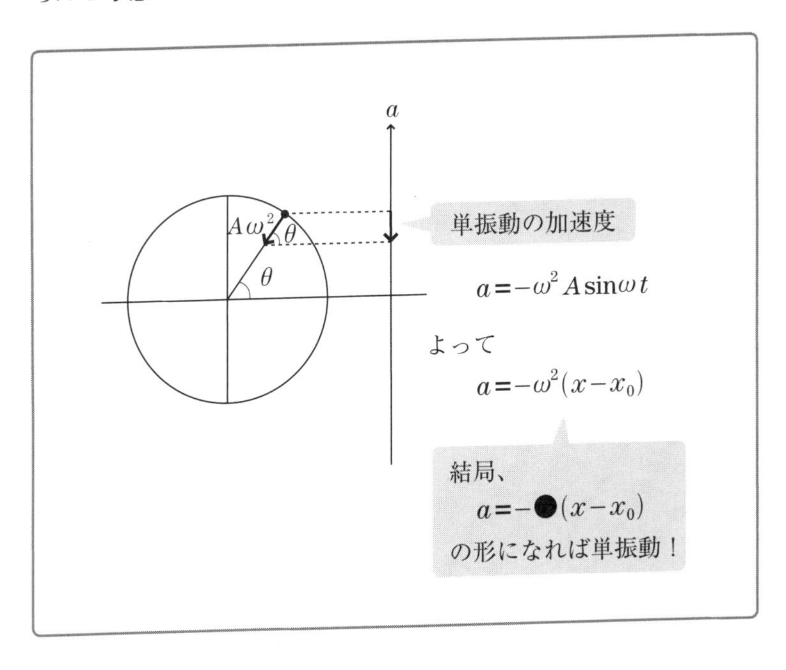

ここで加速度の式をもう一度注意深く見てみましょう。そうすると、この中にもう見たことのある部分があるはずです。

そう、変位の式が、加速度の式の中に入っていますね。よって、加速度の最終表現は$a=-\omega^2(x-x_0)$になります。

この式が、単振動現象でもっとも大切なのです。

加速度が$a=-$●$(x-x_0)$の形になったときには、その物体は100%単振動の運動をしています。

等速円運動と同じく、「規則正しい動き」をするためには、なんでもかんでも好きな形になれるわけではありません。加速度に条件が付くのです。

9 単振動の周期はどうなる？
【ばねの単振動の周期】

➔ばねの弾性力は、伸びや縮みに比例する

では、代表的な単振動であるばねの単振動について扱ってみましょう。

ばねの弾性力は、自然長（ばねのもともとの長さ）からの伸びや縮みに比例する力となります。これは、フックという学者によって、実験的に発見されました。そこで、これを「フックの法則」といいます。

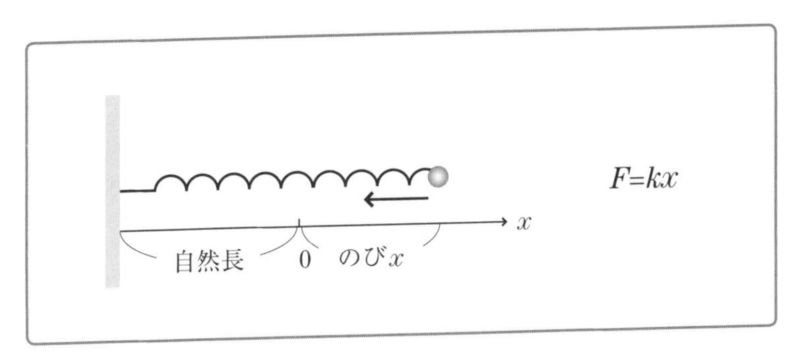

➔ばねの運動は100％単振動になる

ここで、図のように物体をばねの先に付けたときの、物体の運動方程式を立ててみましょう。

・運動方程式より

$$ma = -kx$$

$$a = \frac{-k}{m}x$$

$a = -●(x - x_0)$ の形

するとどうでしょう。加速度が先ほどの、単振動の加速度の形になりました。

つまり、この物体は今後、100%単振動してしまうことが、この時点でわかってしまうのです。

➔ 周期はやっぱり、T=2π/ωです

では、このときの周期はいくらか考えてみましょう。

$a = -\omega^2(x - x_0)$ と比較して $\omega^2 = \frac{k}{m}, x_0 = 0$

よって $\omega = \sqrt{\frac{k}{m}}$ 周期Tは $\frac{2\pi}{\omega}$ なので

$$T = 2\pi\sqrt{\frac{m}{k}}$$

はい、やっぱり円運動と同じく、周期は $T=2\pi/\omega$ となりました。

この周期 T の式も丸暗記ではなく、このようにスパッと導出できてしまうのが大切なことなのですよ。

10 剛体の運動は何が違う？ 【力のモーメント】

いままで物体の大きさは無視してきた！

これまで物体の運動について様々なお話をしてきました。

しかし、これまでに扱った運動論は「あるお約束」のもとのお話だったのです。それは、「物体の大きさは無視している」ということです。

そう。いままで扱った物体はすべて「質量は持つが、大きさはないもの」としていました。もちろん、大きさがないのに質量を持つなんてありえませんから、1つのモデル化、理想化した議論を行ってきたということです。

そのような「質量は持つが大きさを持たない物体」を「質点」といいます。

それに対して、「大きさも考慮した物体」を「剛体」と呼んでいます。いまから学びたいのは、この「剛体」の運動です。

ドアノブはどこに付ける？

さて、図のようなドアがあったとしましょう。蝶番は右側に付いています。

このとき、ドアノブをどこに付けるといいでしょうか？

もちろん、「左側に付けるよ」と答えるでしょう。正解です。

こういうと「ほら、簡単じゃん」と思う学生が多いのですが、本当に理解しているかどうかを見るためには、質問を変えてみればよいですね。

「なぜ、ドアノブを左に付けるのですか？」と聞くと、答えることのできる生徒はけっこう減ってしまいます。

➔剛体の運動には「回転」の話を付け加える

ここで、登場するのが「力のモーメント」という物理量です。これは大きさを持つ「剛体」で考えるものです。

図をご覧ください。

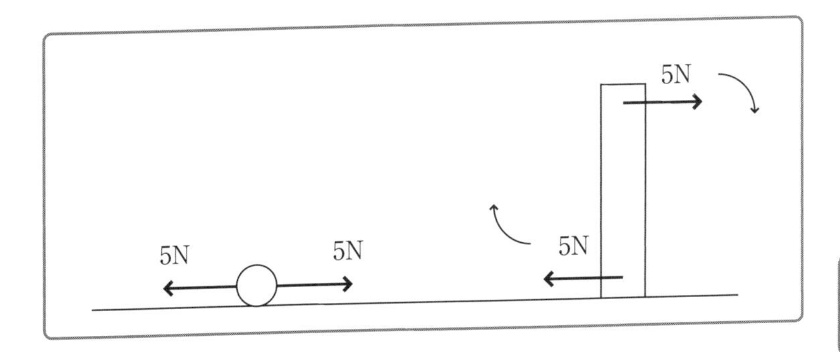

左には質点が、右には剛体があると考えてください。

ここで、両物体に同じ大きさの力、例えば5[N]の力を図のように加えてみましょう。

すると、質点では「力のつり合い」が成り立つので静止したままです。

一方、剛体ではどうでしょうか？　明らかにグルッと回ってしまいそうだ、ということはわかるはずです。

そうなのです。剛体の運動を議論したいとき、そこには「回転」の話も付け加える必要があるのです。

この物体を回転させようとする能力を「力のモーメント」と呼んでいます。

11 力のモーメントはどうやって計算する？【力のモーメントの計算】

➔力のモーメントは「力」と「腕の長さ」のかけ算！

力のモーメントの値を決定する要因は2つあります。1つは「力の大きさ」、そしてもう一方は「支点からの距離」です。「支点からの距離」は、一般的には「腕の長さ」と呼んでいます。

力のモーメントはこの2つの積、かけ算で求めることになります。

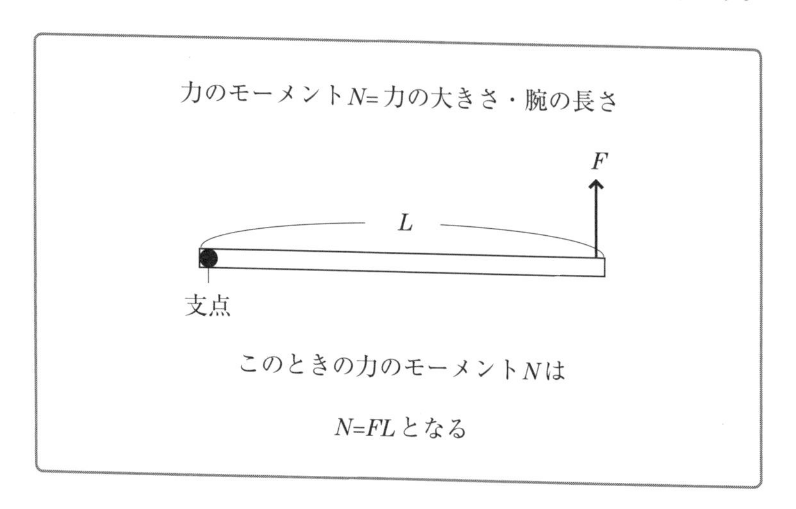

なお、力のモーメントはよくNという記号で表します。

➔ドアノブを左端に取り付ける理由もモーメントで説明できる

下の図は、先ほどのドアの図を真上から見たようなものだと理解してください。

支点、つまり動かない点は蝶番のところですね。

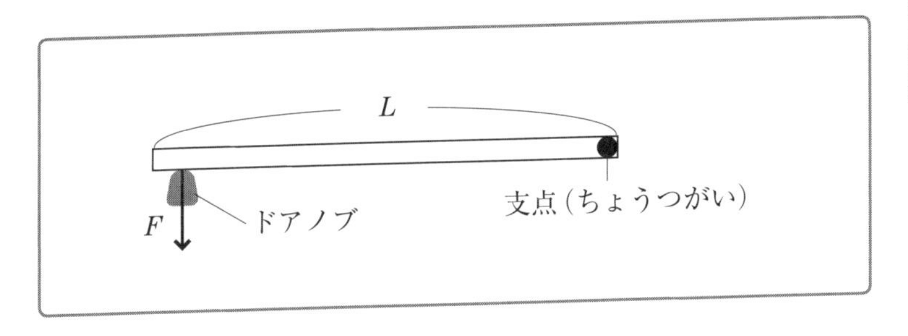

こう見るとなぜドアノブを左端に取り付けるのか理解できるでしょう。

つまり、できるだけ弱い力でカンタンにドアを開けたい場合、モーメントを大きくする必要があるわけです。そうなると、できるだけ支点から遠くに力を加えるとよい、ということになります。

だから、右端の蝶番からもっとも遠い、左端近くにドアノブを設置するのですね。

12 斜めに力が働いているときはどう考える？【斜めの「力のモーメント」】

➔斜めの力のモーメントには、2通りの求め方がある

モーメントは、「力」と「腕の長さ」の積であることはお伝えしました。

では、下図のように剛体に対して斜めに力が働いているときはどう考えるのでしょうか？

実は、2通りの求め方があります。

➔「回転に効く力」と「腕の長さ」の積で計算しよう

1つめは、いま加えられている力のうち、結局どのくらいの力が回転に関係しているのか、を考える方法です。回転に関係している力のことを、「回転に効く力」といいます。

先ほどの図で次のように力を分解した場合、$F\sin\theta$ は回転に効きますが、$F\cos\theta$ は剛体を横にひっぱろうとするだけで回転には影響しませんね。

よって、このときの力のモーメント N は、$N=FL\sin\theta$ となります。

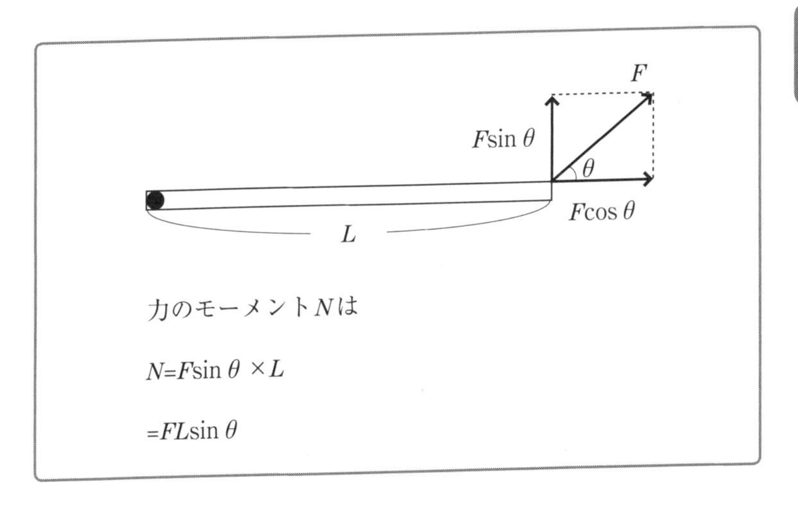

➔「力」と「回転に効く腕の長さ」の積で計算する

先ほどは力を分解しましたが、今度は長さをいじってみましょう。

F の力を加えたとき、いったいどのくらいの長さが回転に関わっているのかを評価してみます。この回転に関わっている腕の長さを、「回転に効く腕の長さ」といいます。

「回転に効く腕の長さ」を求めるには、次のようにお絵描きしてみればよいのです。

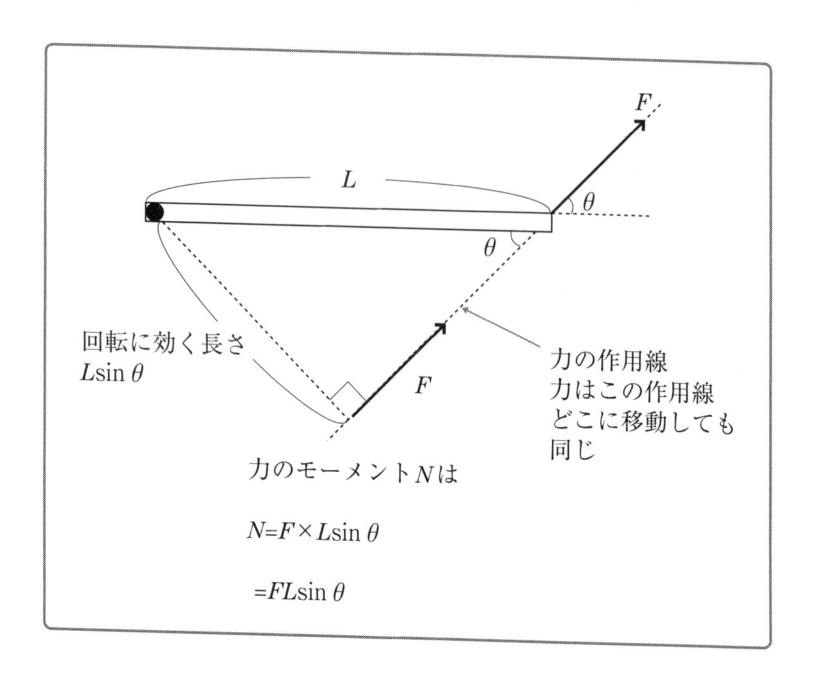

つまり、この「回転に効く腕の長さ」である$L\sin\theta$と、力Fの積が、力のモーメントNとなります。やはり計算結果は先ほどと同じく$N=FL\sin\theta$となりますね。

なので、どのやり方でモーメントを求めるかは個人の自由です。

13 剛体が静止しているってどういうこと？【剛体の静止】

➔ 高校物理での剛体は、止まっているときの話のみ

以前、「力積と運動量」の説明で、「運動方程式」から導出可能な運動に関する情報は3つあるといいました。「仕事とエネルギー」「力積と運動量」そして「力のモーメントと角運動量」です。

すでに「力のモーメント」という言葉は登場していたのです。

となると、本来、剛体の回転運動に関する議論を本格的に行いたい場合、同時に出てくる「角運動量」なるものも勉強しないといけません。

ところが、高校物理ではいっさい「角運動量」は扱わないのです。

なぜなら、高校物理の剛体の運動は、「必ず静止している」という場合しか扱わないからです。もし、ぐるぐる回っているときの話をしたいならば「角運動量」の概念は必須ですが、回転していないときについては「力のモーメント」のみで事足りるのです。

➔ 右回りと左回りのモーメントが同じになればよい

では、剛体が回転せずに静止するためには、「力のモーメント」がどうなっていればいいのでしょうか？

答えは非常にシンプルです。

「力のモーメント」は、剛体を「回そうとする能力」でしたね。回転には、「右回り」と「左回り」があります。

いま、剛体が回らずに静止しているということは、この右回りのモーメントと、左回りのモーメントの計算値が一緒だということなのです。

つまり、剛体が静止し続けるには、「力のモーメントがつり合っている」という条件が必要になります。

➔壁に立てかけた棒にかかる力のモーメントのつり合いを考えてみよう

では、以下の図で確認してみましょう。入試でもよく見る設定です。

大きさを持った棒が壁に立てかけてあり、いま棒は静止しています。床はざらざらで摩擦力があるとします。

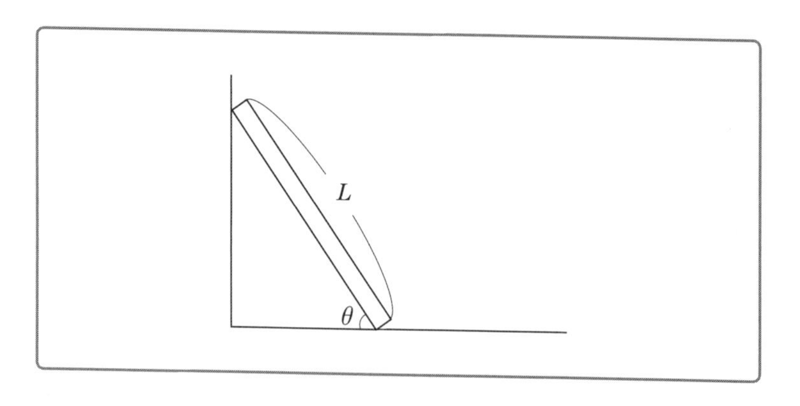

では、このとき壁からの垂直抗力（押されている力）はいくらか求めてみましょう。

ここで1つポイントです。力のモーメントを求めるときには必ず「支点」を考えるのですが、これはできるだけ「力が集まっている点」にした方がお得なのです。

なぜなら、「支点」そのものに作用する力のモーメントは0になるから、考えなくて済むのです。だって、「支点」そのものにかかる力を計算しても、「支点からの腕の長さ」が0ですもんね。

だから、今回はちょうどざらざらな床と接しているB点を支点と考えてみましょう。

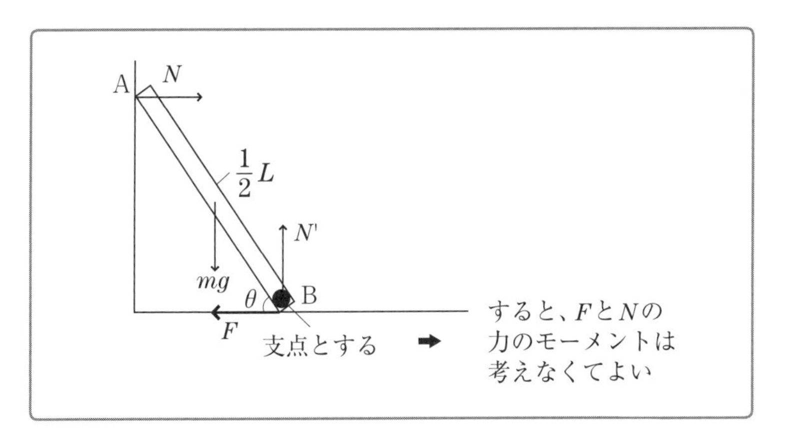

このとき、力のモーメントのつり合いは、次のように考えます。

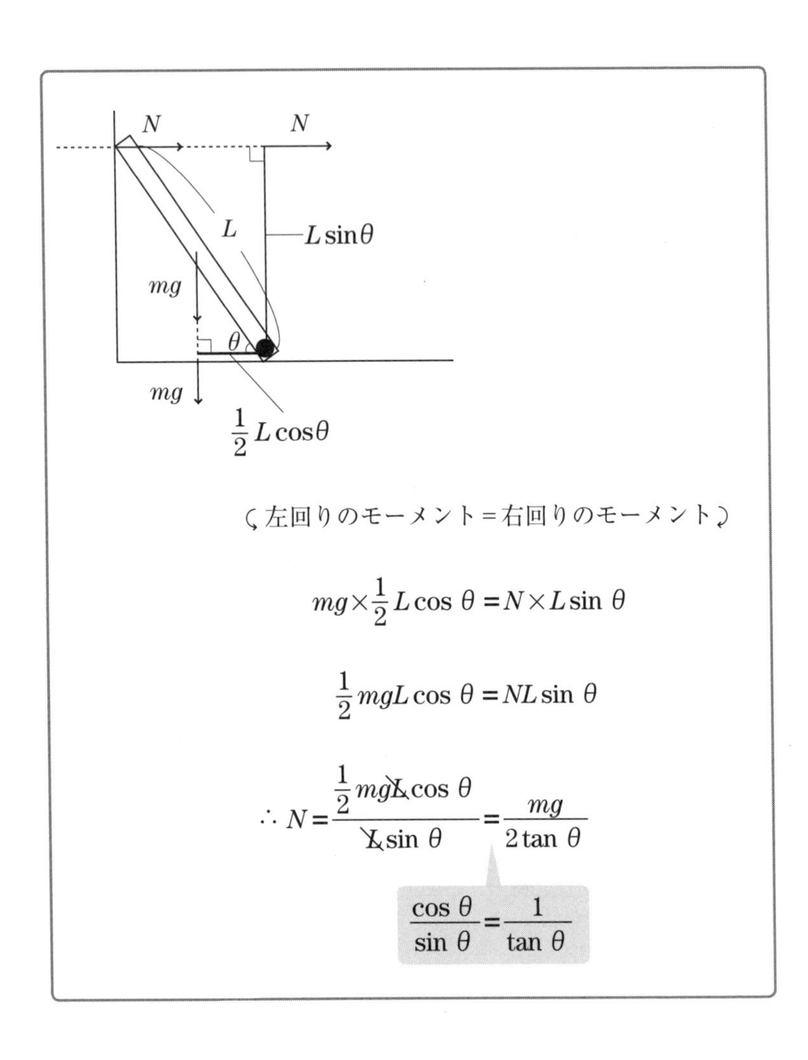

以上で、高校物理の力学の講義はおしまいです。

第3教室
熱を力学的に考えるとどうなる？
【熱力学】

温度や熱、身近に存在する言葉ほどわかった気になってしまうものです。きちんと物理学としての定義を確認し、熱現象とはどのようなものかをじっくりと理解してみましょう。

熱と温度はどう違う？
【温度の定義】

➔「熱」と「温度」は別のもの

「熱」という言葉は、日常でもよく使ってますよね。しかし、身近な言葉なものこそ「わかった気になってしまっている」ものです。

「熱」と「温度」って、どう違うか知っていますか？

「私の平熱は36.5℃だよ」なんて普段いってしまいますよね。これは、まさに熱と温度を混同してしまっている代表的な例なんです。

僕自身も、少なくとも中学生くらいまで、このように熱と温度は似たようなものと感じていました。

➔「熱」や「温度」を力学の言葉で語るから「熱力学」

実は昔の人も、熱と温度はどう違うのか、よくわかっていなかったようです。

ただ、昔から、熱いもの（温度が高いもの）と、冷たいもの（温度の低いもの）をくっつけると、中間くらいの温度になる、という現象は知られていました。

そのときに、人は熱いものから冷たいものへ「何か」が受け渡されたんだと考えました。そして、その「何か」を「熱」と呼んだのです。

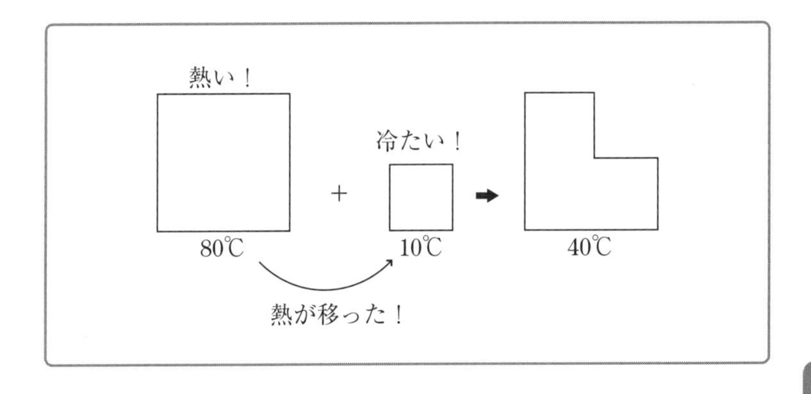

まず、現象を説明する理由として、方便でも何でもいいから、人は「熱」とか「温度」とかの言葉を作ったのですね。

しかし、やがて時代は移り変わり、ニュートン力学が主流となってくると、「熱」や「温度」などもきっと、力学の言葉で語れるはずだと科学者たちは考えました。

そして、そのような観点で熱現象を観察すると、面白いくらい簡潔に力学の言葉で語れたのです。

だから、この学問を「熱力学」というのです。

→ 普段よく使うセ氏は科学的ではない

では、さっそく「温度」とは、力学的にいうといったい何なのか確認してみましょう。

普段、よく使う「温度」は「セルシウス温度（セ氏）」でしょう。

水が沸騰するのが100℃で、凍るのが0℃となりますよね。

これを知った小学生の僕は、とても感動しました。「すごいな～、自然ってこんなにキレイになっているんだ。沸騰が100℃、凍るのが

0℃ってキレイだな」と。

しかし、よくよく考えれば、これは当たり前なんですよね。だって、人間が「水の沸騰を100℃、凍るのを0℃としよう！　そしてその間を百分割しよう」と決めただけなのですから。水は人間のもっとも身近な物質なので、扱いやすいようにそう取り決めたのです。

つまり、あまり科学的ではないんです。

➔ 科学的な温度とは「運動エネルギー」のこと

そこで、日常的な「温度」であるセ氏の代わりに、力学的な「温度」である「絶対温度」を定義しましょう。

次の式は、絶対温度Tの定義だと認識してください。

・絶対温度Tの定義

$$\frac{1}{2}m\overline{v^2}=\frac{3}{2}k_BT$$

$\left(\begin{array}{l}\overline{v^2}\cdots v^2\text{の平均}\\ k_B\cdots\text{ボルツマン定数}\end{array}\right)$

この定義の左辺って、見覚えがありますよね。

そう！　運動エネルギーです。

つまり、科学的には、温度は「構成分子の平均の運動エネルギー」とされているんですね。

そうなんです。結局、温度とは「運動エネルギー」のことなんです。

なお、上の式でk_Bは「ボルツマン定数」といいます。また、絶対温度Tの単位は［K］（ケルビン）です。

➜絶対零度より下の温度は存在しない

熱いものは、その構成している分子が激しく動いている……つまり運動エネルギーが大きいということ。冷たいものは、その構成している分子の運動が穏やかになっている……つまり運動エネルギーが小さいということ。これを「絶対温度T」というのです。

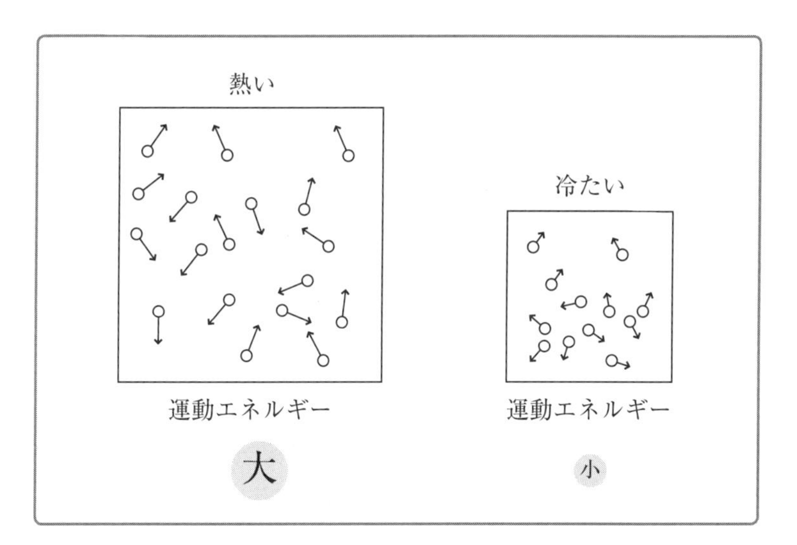

分子の運動エネルギーを基準にしている以上、運動エネルギーが0、つまりまったく動いていないとき、絶対温度は0［K］となります。これを絶対零度といいます。

これが何を物語っているかわかりますか？

運動エネルギーが0より下ということはありえませんから、絶対温度で計測した場合、0[K] 以下は存在しないということなのです。

なお、絶対零度をセ氏で測ると、－273℃となります。つまり、この世には、－273℃を下回る温度は存在しないということですね。

➔ 結局は、エネルギーの受け渡し

このように「運動エネルギー」が「温度」だと考えると、「熱」というものが何なのか理解できます。

先ほどの、熱いものと冷たいものをくっつけるという話に戻りましょう。

運動エネルギーが大きいものと小さいものを接触させるといったい何が起こるのでしょうか？

運動の激しい分子と穏やかな分子がぶつかると、激しく動いている分子から穏やかな分子にエネルギーが伝わります。それにより、やがて運動の激しさがならされて、お互いの運動エネルギーが均一化するのです。そうすると、中間くらいの温度になっていきます。

このとき、熱い方から冷たい方へ移ったのは「エネルギー」です。

そう、これが「熱」なんです。

かつて、人々が「熱」といっていたものは、正体をあかせば実は、単なる「移っていくエネルギー」に過ぎないことが判明したのです。

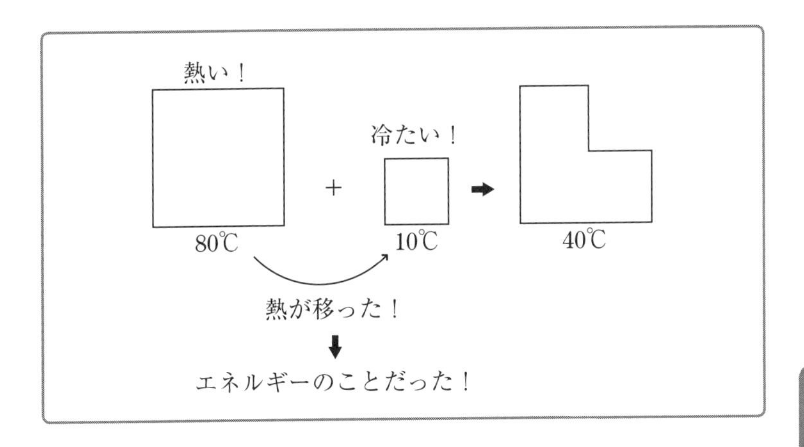

どうでしょうか？ 「熱と温度の違い」がはっきりわかりませんか？

温度とは、「構成分子の運動エネルギー（の平均値）」のこと。熱とは「移り変わるエネルギー」のこと。

つまり、熱は「移り変わる」ので、少なくとも2つの物質が必要なのです。

2 1 [K] あげるのに必要な熱はどのくらい？【比熱と熱容量】

➔ 物質の温度を1 [K] 上昇させるのが比熱

物質の温度を1 [K] 上昇させるのに必要な熱（熱量ともいう）は、物質の種類によって異なります。

ここで2つの物理量を導入しましょう。

まず、比熱c [J/g・K] です。

これは、ある物質1 [g] の温度を1 [K] 上昇させるのに必要な熱量のことです。

比熱は、物質固有の値です。例えば、鉄の比熱は0.44 [J/g・K] で、水の比熱は4.2 [J/g・K] です。

たいていの物質は比熱が1くらいかそれ以下なので、水は比熱がかなり大きいことになります。これは、水が他の物質に比べ温まりにくく冷めにくいことを示しています。

地球のほとんどは水が占めています。これにより、地球の昼夜の温度差はひじょうに他の惑星に比べ少ないのです。

➔ 混合物の温度を1 [K] 上昇させるのが熱容量

次に、熱容量C [J/K] について説明します。

これは、ある物体の温度を1 [K] 上昇させるのに必要な熱量のことです。

熱容量が比熱とどう違うのかわからない生徒が多いのですが、ゆっくり考えれば理解できると思います。

いま、熱容量についてはあえて「物体」という単語を用いました。世の中に存在する物体は、たいがい「混合物」ですよね。例えば、いまこの文章をパソコンで書いていますが、パソコンという「物質」があるのではなく、プラスチックや、金属、ガラス、様々な物質が組み合わさった混合物として、パソコンという「物体」があるのです。

つまり、「パソコンの比熱は？」と問われても計算できないのです。

ここで、熱容量を考える必要性が生まれます。

なので ざっくり、「純物質」では「比熱」、「混合物」では「熱容量」を用いていくと考えてください。

3 気体の熱はどう扱う？【理想気体】

➔自由に動き回れるものを考えていく

さて、ではこれから本格的な熱現象を考察していくのですが、固体や液体を扱うというのは本質的にけっこう難しいことです。

なぜなら、固体や液体は分子同士がお互いに結びついているので、その結びつきによって動きに制限が生じます。その制限を考えることで、非常に難しい問題となるのです。

よって、高校では分子同士が完全にフリーで動き回れる状態、つまり「気体」についての熱現象を追っていきます。

このような、完全にフリーで動けて、かつ気体分子の大きさを無視した気体を「理想気体」と呼んでいます。高校の熱力学は、「理想気体の熱力学」なのです。

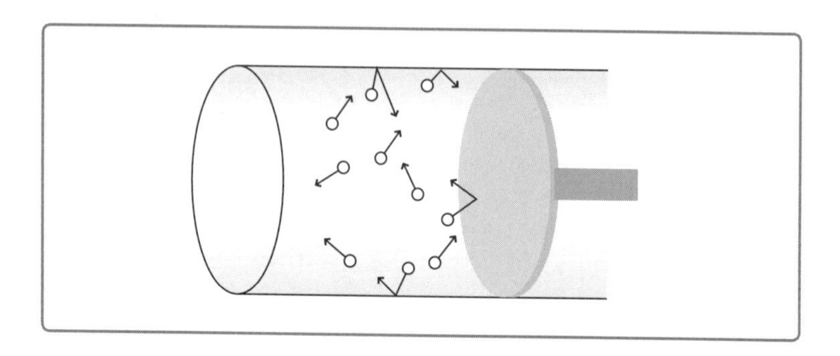

➔理想気体の表現に必要な物理量

理想気体を表現するときにはいくつかの物理量を用いるので確認しましょう。

①体積V [m³]

気体の体積のことです。

……といっても、気体は必ず容器に入れて実験等を行うので、とどのつまり気体を入れている容器の容積のことです。

②圧力P [Pa]

単位面積（1［m²］）あたりの力のことです。力Fを面積Sで割ると計算できる量という意味ですね。なので次の式が成り立ちます。

$$P = F/S$$

③絶対温度T

絶対温度は、気体分子の運動エネルギー（の平均値）です。

④分子の個数n [mol]

ご存じの通り、気体分子はとてつもないほどの数存在しています。なので、1個ずつ数えることはせずに、人は6.02×10^{23}個=1［mol］として扱うことにしました。

この6.02×10^{23}は、よくN_Aと書き、アボガドロ数と呼びます。

よって、n［mol］の気体の分子数は、nN_A個となりますね。

4 理想気体で常に成り立つ式って？【理想気体の状態方程式】

➔「運動方程式」並に大事な式がある

mol数一定の理想気体の場合、常に次の式が成り立ちます。

$$PV=nRT$$

これを、理想気体の状態方程式と呼びます。Rは気体定数といい、8.31［J/mol・K］という値です。

状態方程式は、力学でいうところの「運動方程式」並に大事な式です。

➔状態方程式はボイル・シャルルの法則を一本化して生まれた

歴史的にいうと、状態方程式は徐々に形作られてきました。

まず、1662年にロバート・ボイルという科学者が「温度Tが一定のとき、圧力Pと体積Vの積は一定になる」という法則を見つけました。いわゆる「ボイルの法則」です。

その130年後くらいにフランスのジャック・シャルルが「圧力Pが一定のとき、体積Vと温度Tの比は一定になる」ことを発見しました。「シャルルの法則」です。

そして、この2つの法則をまとめたものが「ボイル・シャルルの法則」です。

ここから理想気体の状態方程式は、次のように実験的に理解されるようになったのです。

T= 一定のとき ➡ PV= 一定　（ボイルの法則）

P= 一定のとき ➡ $\frac{V}{T}$ = 一定　（シャルルの法則）

2つ合わせて $\frac{PV}{T}$ = 一定　（ボイル・シャルルの法則）

つまり　PV= 一定 $\cdot T$

この 一定 がnRと書けることが分かり、

$PV=nRT$が導出された。

5 気体はどんなエネルギーを持っている？【内部エネルギーU】

→ 運動エネルギーの総和が内部エネルギー

ここで新しい物理量として、内部エネルギーを導入します。

まずは、定義から確認しましょう。

> **構成分子の運動エネルギー（や分子間力の位置エネルギー）の合計値を、内部エネルギーという。**

つまり、分子1個1個が持っている運動エネルギーをすべて足してみようということです。気体が内包しているエネルギーと解釈できるので、「内部エネルギー」と名付けられたのですね。

なお、理想気体では、お互いの結びつき（分子間力という）は無視できるので、位置エネルギーは0とします。

→ 温度Tと内部エネルギーUはほぼ似た意味を持つ

では、具体的に内部エネルギーUを求めてみましょう。

ここでは、「単原子分子理想気体」の内部エネルギーを考察します。

「単原子分子」とは、原子1つがもうすでに気体分子となっているという意味です。具体的にいうと、HeやArなどの希ガスがそれに当たります。

単原子分子理想気体の内部エネルギーUは、次のようになります。

n[mol]あたり、nN_A個の分子数が存在するので、

$$U=\frac{1}{2}m\bar{v}^2\times nN_A$$

$$=\frac{3}{2}k_BT\times nN_A$$

$$=\frac{3}{2}nk_BN_AT$$

さて、この式でk_BとN_Aはどちらも定数なので、これらをまとめて1個の定数Rとし、気体定数と呼ぶことにします。そうなんです。状態方程式で出てきた気体定数Rって、k_BとN_Aの積のことなんです。

すると、最終表現は次になります。

$k_BN_A=R$とすると…

$$U=\frac{3}{2}nRT \quad \text{(単原子分子理想気体の内部エネルギー)}$$

この式は、「内部エネルギーUは結局、温度Tのみで決まる、温度

Tの関数である」ということを主張してます。

つまり、「温度T」を求めるということは、気体分子の「運動エネルギー（の平均値）」を求めることであり、さらにはその気体が持つ「内部エネルギーU」を評価していることになるんです。温度Tと内部エネルギーUは、ほぼ似た意味を持つということは知っておきましょう。

ただし、この式はあくまで「単原子分子理想気体の内部エネルギー」です。よってH_2やO_2などの2原子分子では適用できません。2原子分子理想気体ではどのように書くべきなのかは、「モル比熱」の項でお話いたしますね。

6 気体はもらった熱を何に使う？【熱力学第一法則】

→ 気体がもらった熱の使い道は、2つある

熱とは「エネルギーのやりとり」の1つの形でした。

そして、理想気体には「内部エネルギー」という、内包しているエネルギーが考えられるのでした。

ということは、結局、熱現象は「エネルギー」の話に集約できそうです。

そこで、いま、気体にある熱量Qを与え、気体がその熱を何に使うかを考えてみましょう。

図のようなピストン付きのシリンダーに理想気体が入っています。ここに、ヒーターなどで外から気体に熱量Q_{in}を与えてみましょう（気体がもらった熱なのでinという添え字を付けておきます）。

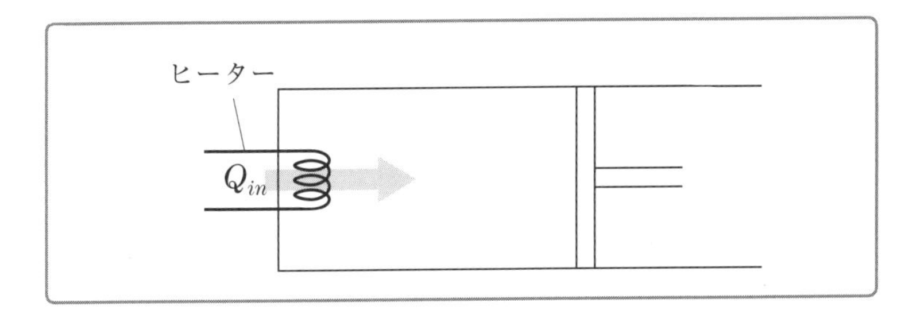

このとき、気体はもらった熱を何に使うのでしょうか？

熱Q_{in}の使い道は、2つ考えられます。

①「内部エネルギーの変化」に使う

熱Q_{in}は、当然「エネルギー」の1種の形態に過ぎないので、他のエネルギーへと変換可能です。

気体の場合、エネルギーの話題が登場するのは、熱の他にはまず「内部エネルギー」があります。

前述の通り、「内部エネルギー」は気体分子の運動エネルギーの総和のことです。ですから、もらった熱の一部（もしくはすべて）を内部エネルギーの増加分に変換することは、可能性として容易に考えられますね。

このとき、内部エネルギーの増加分を$\varDelta U$と書きます。

②ピストンを押すなど、明らかにメカニカルな外に対しての「仕事」に使う

熱をもらうと、気体はエネルギーをもらい、活発に激しく運動することになります。それによりピストンなどに衝突する分子の勢いも増し、ピストンをぐいぐいと外に押していくことも可能性として考えられます。

これは、力を加え物体をある距離動かす、まさに力学的な仕事ですよね。

このように、熱を「仕事」に利用するよう変換することもありえるのです。

➔熱現象でもエネルギー保存則は成立する！

つまり、気体は「もらった熱量Q_{in}」を、「内部エネルギーの増加ΔU」と「外にする仕事W_{out}」に変換することができるのです（気体が外にする仕事なのでW_{out}と書いています）。

これを式で表現すると次の通りです。

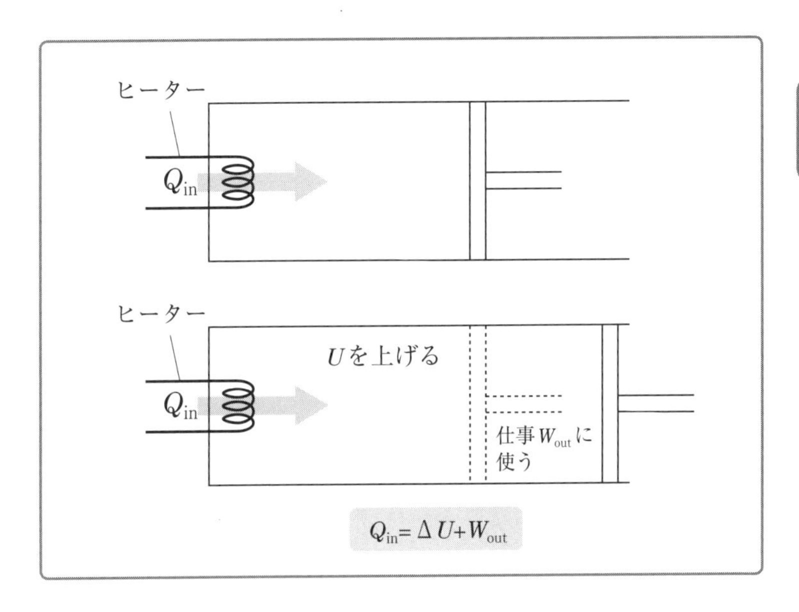

これを、「熱力学第一法則」といいます。

なんか大層な名前が付いている式ですが、いっていることは単なる「エネルギー保存則」に他なりません。

100［J］の熱をもらったとき、そのうち30［J］を内部エネルギーの増加に使ったとしたら、残り70［J］は必ず仕事に使っている、とそれだけのことなのです。

もっと身近な例にすると、エネルギーの話は「お金」で例えると理解しやすくなるのは力学でもそうでしたね。

お年玉3万円もらったとき（熱）、貯金を2万にして（内部エネルギーの増加）、残り1万をお店で買い物に使う（仕事）、ということと同じなのです。

7 気体の状態はどうやって把握する？【P-Vグラフ】

気体の状態もグラフだと把握しやすくなる

複雑な現象を把握するためには、グラフを利用すると便利です。これは力学でも同じで、$v-t$グラフをよく利用してきました。

気体の場合には、$P-V$グラフを頻繁に用います。これは縦軸に圧力Pを、横軸に体積Vをとったグラフです。

もちろん、パッと見で圧力Pと体積Vは瞬時に求めることができますが、状態方程式$PV=nRT$の関係がある以上、温度Tも$P-V$グラフからある程度は見えるようになるのです。

気体の温度はグラフ上にどのように現れる？

では、以下の$P-V$グラフをご覧ください。Aという状態から、Bという状態へ変化しています。

このとき、気体の温度Tは上がったのでしょうか、下がったのでしょうか？

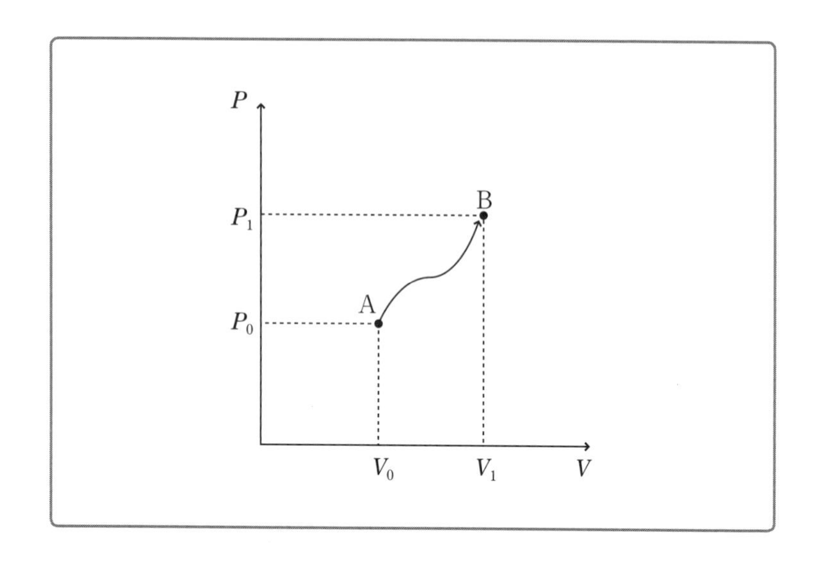

まず、もし温度Tが一定のとき、どのようなグラフになるか考えてみましょう。

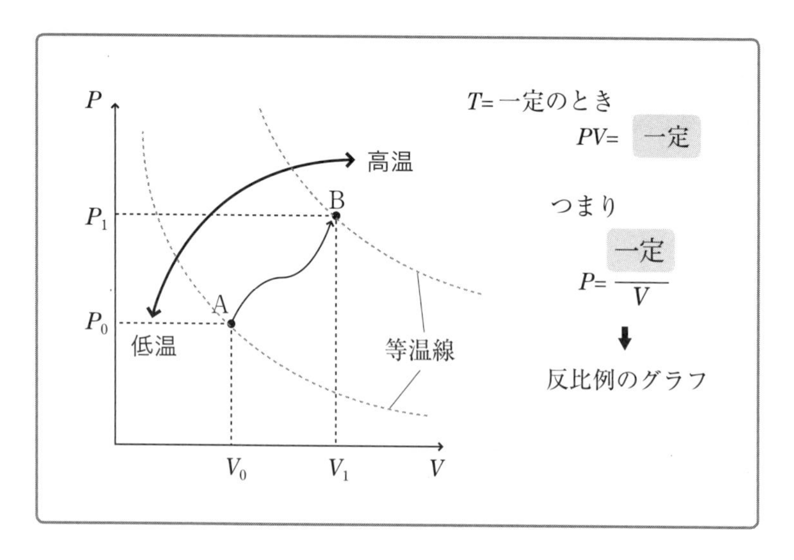

このように、温度Tが一定の場合は反比例のグラフ、つまり双曲線になります。ちなみに、このグラフの名前を等温線といいます。

つまり、状態Aと同じ温度の気体はAを通る双曲線上に存在し、状態Bと同じ温度の気体はBを通る双曲線上に存在するのです。

そうすると、当然温度Tが大きいということは、PV=一定の一定値が大きいので、グラフが右上に行けば行くほど高温になるということがわかります。

このことから、AとBでは、Bの方がAより温度は高いことが一目瞭然で把握できるのです。

➔ 気体が外にする「仕事」もグラフから求められる

他に、$P-V$グラフからわかることはないのでしょうか？

実は、気体が外にする「仕事」もグラフから求めることが可能です。

ここで「仕事」について詳しく扱ってみましょう。

まずは、「圧力Pが一定で、断面積SのピストンがLという距離動いていく」という、一番シンプルな場合の話をしましょう。

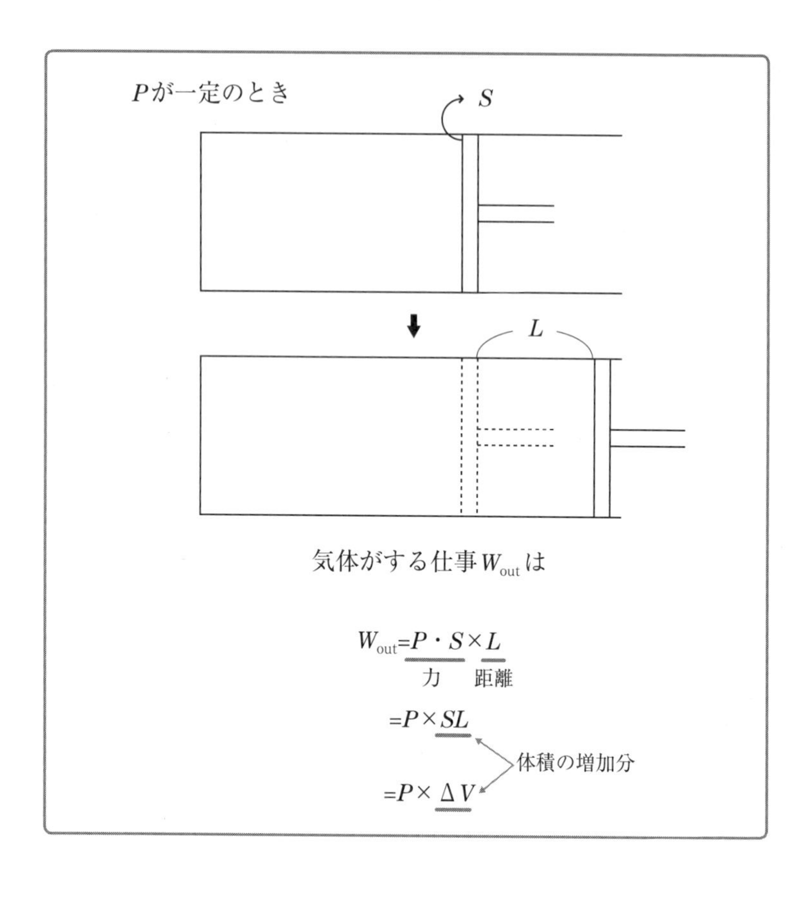

このように、外へする仕事は、$P \Delta V$という形になります。

このとき、$P-V$グラフも同時に確認すると、面白い事実に気づくはずです。

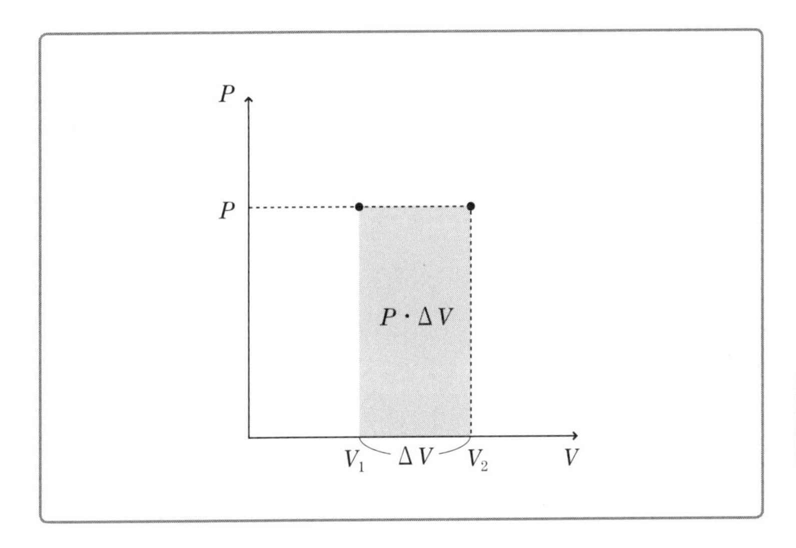

そうなんです。$P-V$グラフの面積は、気体がする「仕事」を示しているのです。

$P-V$グラフについてまとめると次のようになります。

$P-V$グラフは、

・右上に行けば行くほど高温である。

・$P-V$グラフの面積が、気体のする仕事W_{out}を示す。

8 気体はどのように変化する？【代表的な4つの変化】

→ 高校で扱う変化は4つ

これから気体の変化を追っていくことになるのですが、高校では代表的な4つの変化について問われることがほとんどです。

その4つとは、「定積変化」「定圧変化」「等温変化」「断熱変化」です。

それらの変化において、状態方程式、熱力学第一法則、そして$P-V$グラフも一緒に確認していきましょう。

→ 体積が一定の「定積変化」

定積変化とは、「体積が一定の変化」のことです。ピストンが固定されていたり、頑丈な容器の中に気体を入れて変化させると、容易に定積変化は作れます。

$P-V$グラフは以下のようになりますね。体積Vが一定なので、縦にまっすぐ伸びる線が描けます。もちろん、容積が変化しないということは、このとき気体は外にする仕事はない、ということでもありますね。

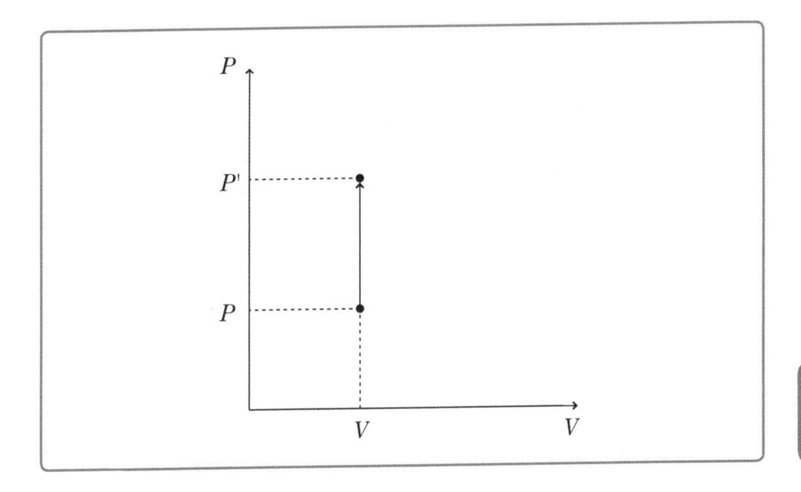

では、次に状態方程式を確認しましょう。すると体積が一定なので、圧力Pと温度Tが比例関係だとわかります。

$$PV = nRT$$

一定　一定

最後に熱力学第一法則を確認します。先ほどもいった通り、仕事W_{out}が0なので、もらった熱Q_{in}は、そのまますべて内部エネルギーの増加分ΔUに使われるということになります。

$$Q_{in} = \Delta U + W_{out}$$

$W_{out} = 0$

➔圧力が一定の「定圧変化」

定圧変化とは、「圧力が一定の変化」のことです。力がつり合いながらピストンがなめらかに動くときに、定圧変化は見られます。

$P-V$グラフは以下のようになります。圧力Pが一定なので、グラフは横にまっすぐ伸びる直線となります。

容積はもちろん変化するので、仕事W_{out}は0ではありません。しかも、圧力一定の場合の仕事W_{out}は、グラフの面積からパッと$P\varDelta V$と求めることができます。

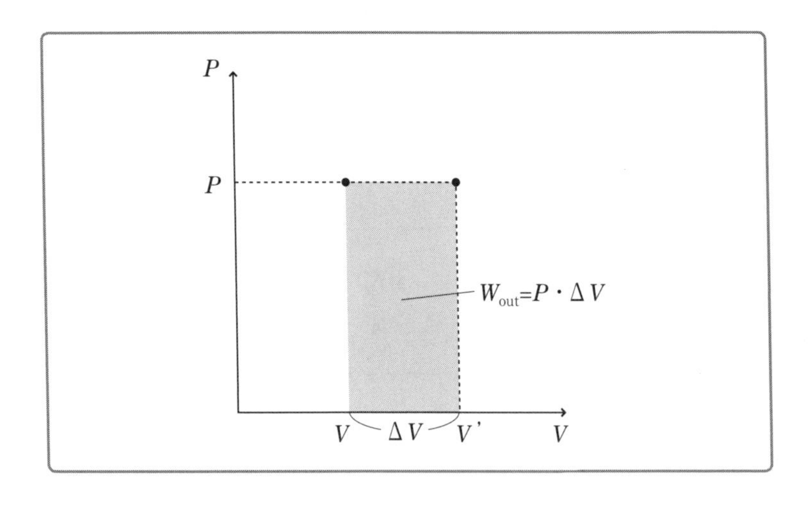

次に、状態方程式を確認しましょう。圧力Pが一定なので、体積Vと温度Tが比例の関係になります。

$$\underset{\text{一定}}{PV} = \underset{\text{一定}}{nR}\,T$$

熱力学第一法則は、次のようになります。

$$Q_{in} = \Delta U + \underset{\underset{P \cdot \Delta V}{\parallel}}{W_{out}}$$

温度が一定でもないし、体積が一定でもないので、もらった熱Q_{in}は、内部エネルギーの増加分ΔUにも、外にする仕事W_{out}にも使われるのです。

➔ 温度が一定の「等温変化」

等温変化とは、「温度が一定の変化」のことです。これについては、先ほど等温線を紹介済みですね。恒温槽という、温度が一定の容器で気体を囲って変化させると、等温変化になります。

$P-V$グラフは次のようになります。これは、まさに前にお話した「等温線」そのものですね。

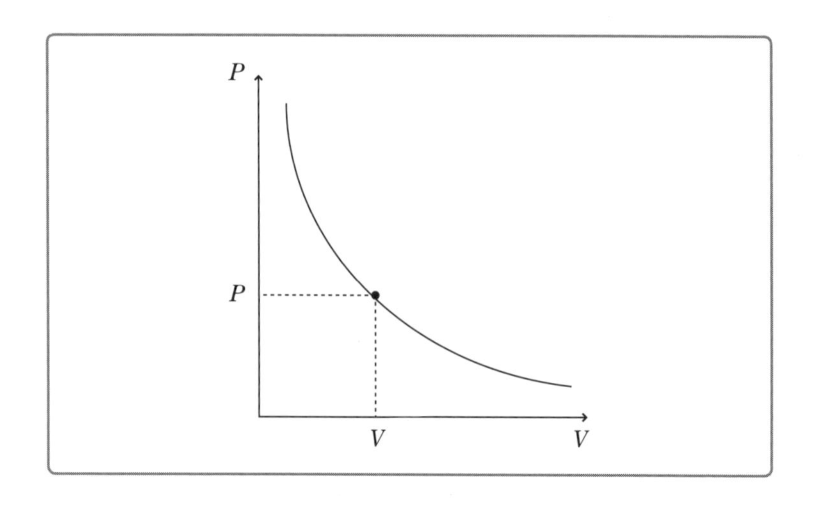

ということで、状態方程式も、温度一定であることから、圧力Pと体積Vが反比例になります。

$$PV = \underbrace{nRT}_{\text{一定}}$$

$$P = \frac{\text{一定}}{V}$$

熱力学第一法則はどのような形になるでしょうか？

温度が一定ということは、内部エネルギーUが一定ということですよね。つまり、内部エネルギーの増加分$\varDelta U$は0となり、もらった熱Q_{in}はすべて外にする仕事W_{out}に変換されます。

$$Q_{\mathrm{in}} = \Delta U + W_{\mathrm{out}}$$

$$\Delta U = 0$$

➔ 熱を断ったままの「断熱変化」

断熱変化とは、「熱を断ったままの変化」のことです。吸収する熱量が0ということです。断熱容器に気体を入れて変化させると、観測できます。

断熱変化は、熱力学第一法則から確認しましょう。

$$Q_{\mathrm{in}} = \Delta U + W_{\mathrm{out}}$$

$$Q_{\mathrm{in}} = 0$$

ΔU: + ⟷ W_{out}: −

ΔU: − ⟷ W_{out}: +

断熱変化では、もらう熱Q_{in}が0なので、$\varDelta U$とW_{out}は常に逆符号の関係にあることに気づくでしょうか？

$\varDelta U$が30［J］なら、W_{out}は−30［J］でないと、その和が0になりませんよね。

ちなみに、W_{out}がマイナスということは、容器の容積が減った、圧縮されたことを意味しています。

結局、断熱変化は次のように表現できます。

・断熱で圧縮（W_{out}がマイナスの意味）すると、温度は上がる（$\varDelta U$はプラス）

・断熱で膨張（W_{out}はプラスの意味）すると、温度は下がる（$\varDelta U$はマイナス）

すると、$P-V$グラフは以下の通りになります。

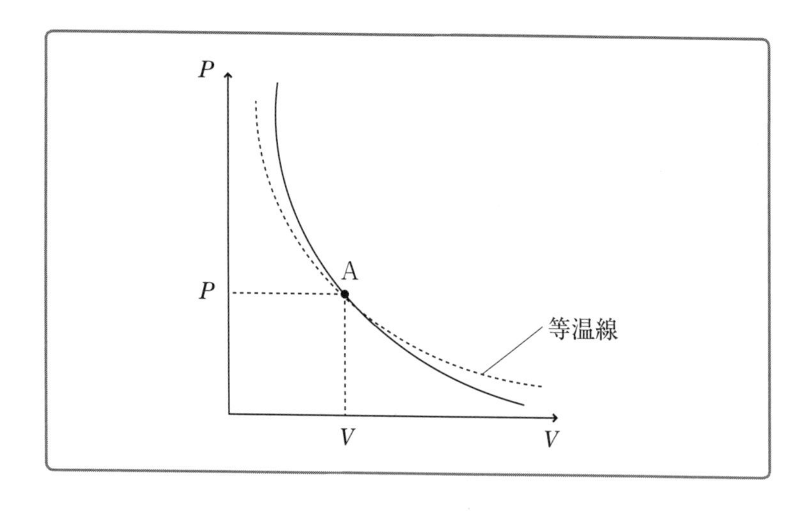

いまAという基準から考えて、破線がAの等温線を示しています。すると、Aよりも体積を増やすと温度は下がるので等温線よりも下側に、体積を減らすと温度が上がるので等温線よりも上側に、グラフは描けることになりますね。

9 気体の比熱はどう扱う？
【モル比熱】

➔ 気体の比熱はgよりmolの方が使いやすい

ここで改めて「比熱」という言葉を定義したいと思います。

以前にも「比熱」は紹介していますね。そこでは、「物質1gを温度1K上げるのに必要な熱」を比熱の定義としました。

ところが、実は比熱というものはある「一定量」の物質を1K上げる熱という意味なのです。したがって、その「一定量」は別に必ずしも「g（グラム）」で計らねばならない、というわけではありません。

特にいま扱っている考察対象は「気体」です。気体の場合、一定量は「g（グラム）」よりも、「mol（モル）」であることがほとんどです。

よってここで、気体に使いやすい比熱である「モル比熱」を定義しましょう。

モル比熱とは、「ある物質1molを1K温度を上げるのに必要な熱」です。

ということは、単位は［J/mol・K］であることも、すぐに理解できると思います。

➔ モル比熱には2種類ある

さて、気体には4つの代表的な変化があるとお伝えしましたね。「定積変化」「定圧変化」「等温変化」「断熱変化」です。

このうち、「等温変化」と「断熱変化」においては、モル比熱という言葉はあまり意味がありません。なぜなら、等温では温度変化がないので、「1K上げる」ということ自体が無理であり、断熱では「熱量が0」だからです。

なので、モル比熱は「定積モル比熱」と「定圧モル比熱」の2種類を考察することになります。

➔定積変化におけるモル比熱が「定積モル比熱」

定積変化におけるモル比熱を「定積モル比熱C_v」と呼びます。

つまり、定積変化しながらn[mol]の気体を$\varDelta T$[K]温度を上昇するときに必要な熱Qは、次の式で表現できることになります。

$$\boldsymbol{Q=nC_v \varDelta T}$$

そうすると、ここから面白いことが導けます。

そもそも定積変化では、容器の体積が変化しないので、気体がする仕事W_{out}は0でしたね。つまり、熱力学第一法則の形は「$Q=\varDelta U$」でした。

したがって、同じ熱量Qを「$nC_v \varDelta T$」と「$\varDelta U$」の2つの方法で書けるということになります。つまり、「$\varDelta U=nC_v \varDelta T$」ということです。

もちろん$\varDelta$を消去すると、「$U=nC_vT$」となります。

ここで、内部エネルギーUは、気体の変化に関係なく「温度T」のみで決まる値です。つまり、ここから「すべての気体の内部エネルギーUは$U = nC_vT$と書ける」ということがわかるのです。

そもそも定積モル比熱と内部エネルギーは、まったく何の関係もないものでしたが、このように議論すると不思議なことに、「すべての気体の内部エネルギーU」が「nC_vT」と書けてしまうことが導けるのです。

これも誤解する高校生が多いのですが、定積変化したときのみ内部エネルギー$U=nC_vT$と書ける、のではないですよ。あらゆる変化、あらゆる気体において$U=nC_vT$なのです。

ちなみに、単原子分子理想気体の内部エネルギーUは、$U=\frac{3}{2}nRT$でしたね。このことから、単原子分子理想気体の定積モル比熱は$C_v=\frac{3}{2}R$となります。

➔ 定圧変化におけるモル比熱が「定圧モル比熱」

定圧変化におけるモル比熱を「定圧モル比熱C_p」と呼びます。

つまり、定圧変化しながらn[mol]の気体を$\varDelta T$[K]温度を上昇するときに必要な熱Qは、次の式で表現できることになります。

$$Q=nC_p\varDelta T$$

さらに、ここに熱力学第一法則と状態方程式を駆使することによって、次の関係式が導出できます。

・定圧モル比熱C_pを用いると

$$Q_{in} = nC_p \ \Delta T \cdots ①$$ となる

・熱力学第1法則を用いると

$$Q_{in} = \Delta U + W_{out}$$

ここで$\Delta U = nC_v \Delta\ T$と$W_{out} = P \cdot \Delta V$

状態方程式
$P\Delta V = nR\Delta T$

$=nR\Delta T$を代入すると

$$Q_{in} = nC_v \Delta T + nR\Delta T$$

$$= n(C_v + R)\Delta T \cdots ②$$

①=②より $C_v + R = C_p$ （マイヤーの関係式）

このように、$C_p = C_v + R$という式が導けました。これを、最初に発見した人にちなんで「マイヤーの関係式」と呼んでいます。

さらに、このマイヤーの関係式から、単原子分子理想気体のC_pが$C_v + R = \frac{3}{2}R + R = \frac{5}{2}R$であることがわかります。

したがって、次のような表を作ることができます。

	C_V	C_P
単原子分子	$\frac{3}{2}R$	$\frac{5}{2}R$
2原子分子	$\frac{5}{2}R$	$\frac{7}{2}R$

おまけで2原子分子理想気体についても表に加えておきました。ごくまれに入試でも問われることがあります。そのときには、問題文にただし書きがされているのが大多数ですが……。

10 熱を上手に使うには？ 【熱効率】

➔ コスパのいいエンジンかどうか？

18世紀なかばからイギリスを中心に産業革命が起こりました。その立役者の1つでもあるのが「蒸気機関車」の発明です。

蒸気機関のように、熱エネルギーを「仕事」に変えて繰り返し動く装置を「熱機関（エンジン）」と呼びます。つまり、「エンジン」などの技術革新が、人間の生活を大いに変化させたのです。

この熱機関の研究はさらに進み、科学者・技術者の多くは、より品質のよい熱機関の開発に取り組みはじめました。

そこで、熱機関に対してコスパ（コストパフォーマンス、費用対効果）のよさを表す数値として「熱効率」というものを定義しました。この定義は以下のようになります。

$$e = \frac{\text{気体が外にした正味の仕事}}{\text{気体がもらう真の吸熱量}}$$

つまり、ある熱を熱機関に与えたときに、そのうちどれくらいをムダにせず、ちゃんと仕事に使ってくれるのか、という値ですね。

例えば、100［J］の熱を上げたのに、20［J］しか仕事せず、残り80［J］をムダ（廃熱といいます）にした熱機関があるとしましょう。このときの熱効率は20÷100で0.2、つまり熱効率は20%となります。

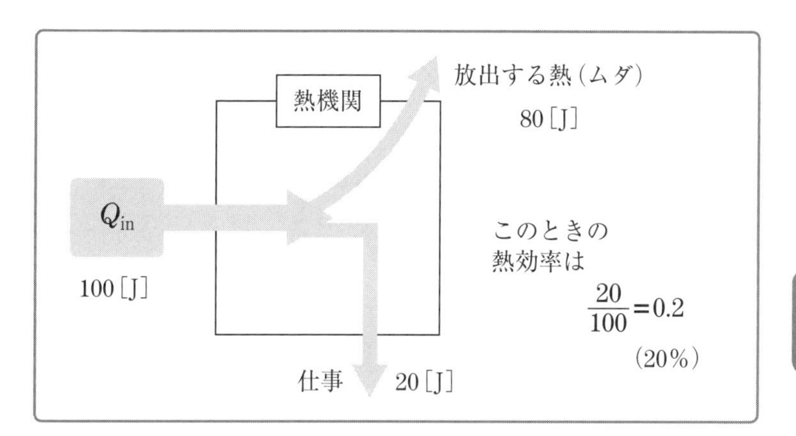

80%もムダにするので、あまりよい効率とはいえませんよね。でも実際、蒸気機関などの熱効率は、これよりも低い10%程度といわれています。

➔ 永久機関は作れない

昔からよりよい効率の熱機関、熱効率が100%のエンジンを作ろうと、科学者たちは躍起になってきました。熱効率が1、つまり100%の機関を「永久機関」と人は呼び、その開発を夢見てきたのです。

しかし、その夢を粉砕する法則が確立されました。「どうやら熱効率1の永久機関は絶対に作ることはできない」と数学的にも証明されてしまったのです。

これは、高校物理の範囲外なのでここにはあえて書きませんが、これは「熱力学第二法則」の1つの表現なのです。

この事実は、永久機関を夢見て敗れ去った、多くの科学者の歩いた足跡から見つけられたものです。このように、失敗から人間は1つ新たな真実を見つけることもあるのですね。

第４教室
振動を力学的に考えるとどうなる？
【波動①】

ここから「波動」についての講義をはじめていくことにしましょう。

この「波動」は高校生がもっとも苦手にする分野です。が、高校物理で扱う「波動現象」は、非常にシンプルで浅いことしかやっておりません。いまからゆっくりと1つ1つ理解していけば、確実に自分のものにできるので、頑張って読みすすめてみてください。

そもそも波って何？
【波動現象】

➔世の中、実は波だらけ

まず「波動」とはどういう現象か考えていきましょう。

私たちの生活のあらゆる場面に、「波」は存在します。

一番思いつきやすいのは「水の波（水面波）」でしょう。海やお風呂で起こる、ちゃぷちゃぷとした波を想像するのは容易です。

しかし、その他にも「波動現象」はいくつも存在します。「音」や「地震の揺れ」、目に入る「光」、放送局からの「電波（光と同じですが……）」など、これらすべてが「波動」なのです。

こう見ると、常に「波」に囲まれて私たちは生きていることが理解できますね。

➔波は「現象」

さっそく、波とはどのようなものか、説明しますね。

> **波とは、媒質の振動が空間を伝播（でんぱ）していく現象である。**

この1文に「波」のすべてが凝縮されています。

まず、なにより強調しておきたいのが、「波という物体」があるのではなく、あくまで「波という現象」があるだけなんだ、という点です。

波というのは、「ある粒々」の振動が、タイミングがずれて伝わっていくことで、はじめて観測される「現象」なんです。

この「ある粒々」を一般的に「媒質」と呼んでいて、伝わることを「伝播する」と表現します。

➔ 1粒1粒の媒質が、少しずつタイミングをずらして振動していくのが「波動現象」

具体例で考えてみましょう。

図のようなロープを用意します。右端は固定しており、左端を1回上下に振動させます。すると、何が起きるでしょうか？

きっと、「波の形をしたもの」が右向きに動いているように見えるでしょう。

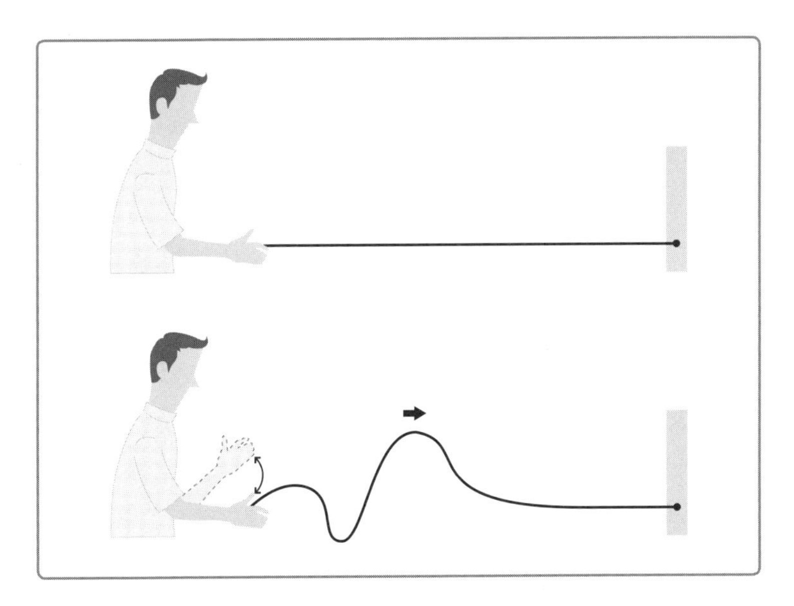

なぜ、このようなことが起きたのかを、少し「ミクロな目」を持って考察します。

ロープのような力学的な物体は、ご存じの通り「原子・分子」から作られていて、それらが「分子間力」などでお互いに引き合って物体という形を構成しています。

いま、ロープを構成している左端の分子を1回上下に揺らすと、当然その1つ隣りにいる分子も分子間力でひっぱられて1回上下します。もちろんこのとき、少しタイミングが遅れて上下に揺れるでしょう。さらに、その横の分子がまた少し遅れて1回振動する。この現象が連続的に生じる、これが「波動現象」なのです。

つまり、実際に動いているのは1粒1粒の「媒質」であり、それらがタイミングをずらして振動することによって、あたかも私たちには「波が進んでいる」ように見えている、ということなのです(ロープの例では、媒質は構成分子だと考えられますね)。

この時点で、もうすでに「波」というものを誤解していた人もいるでしょう。「波」は「物体」ではなく、「振動が伝わる現象」であることは、しっかりと認識していてください。

➔ 高校で扱うのは単振動だけ

さらに、高校物理では、この「伝わる振動」は、もっともカンタンな「単振動」であることが、ほとんどなのです。

ということは、みなさんは力学で「単振動」をすでに学んでいるので、波についてすでに半分くらいはもう理解できている、ということです。

ね？　なんかそれほど難しくもないと感じてきませんか？

2 波はどうやって式で表現する？【波の基本式】

「波は単振動が伝わる現象」を念頭に置けば理解できる

次に、波に関係する式についての議論を行いましょう。

とにかくサイエンスの最終表現は「数式」であると、ずっとお伝えしてきました。もちろん、「波動」も例外ではありません。

しかし（というべきか、「やはり」というべきか）、この「波の式」となったとたんにリタイアする高校生が続出するのです。

確かに、sinやcos、fやλ（ラムダ）、ωなどいろんな文字が登場するので、「うわ〜〜!!」と混乱する気持ちもわかります。

でも、「波は単振動が伝わる現象である」ことを念頭に置いてみていけば、すべてが理解できるので、安心してください。

波を特徴づける6つの物理量

まず、波を特徴づける物理量を6つ紹介します。

6つあるからといって、ビビることはありません。「単振動」や「円運動」で登場した物理量がそのうち4つを占めているので、ほとんど復習みたいなものです。

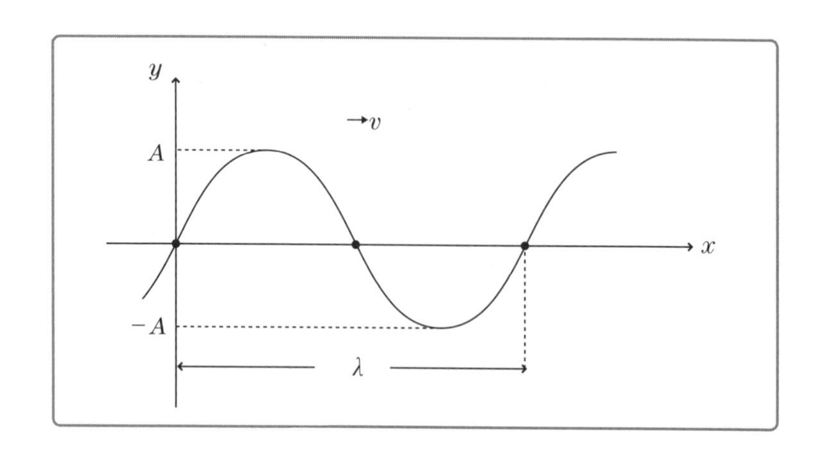

①振幅A……… 媒質の最大変位のこと。

②角振動数ω… 単位時間あたりの角度（位相）変化。

③周期T……… 媒質が1回振動するのにかかる時間。

④振動数f …… 単位時間あたりの媒質の振動回数。つまり、1秒で通過する波の個数ともいえる。

⑤波長λ……… 波1つの長さ。

⑥波の移動速度v

このうち、①〜④は「単振動、円運動」で出てきた言葉ですね。②の角振動数は角速度という呼び方をしていましたが、同じ意味です。

⑤と⑥は新出単語ですが、2つとも文字通りの意味ですから、カンタンですよね。⑤は波長、つまり波の長さのことですし、⑥は波が動いて見えるときのその速度を意味しているだけです。

➔ 波の基本式の導き方

次に、波のもっとも基本となる式を説明します。

いま、図のようにy軸、x軸をとり、波長λ、振動数f=2、速さvの波が、t=0で原点に突入することを考えましょう。

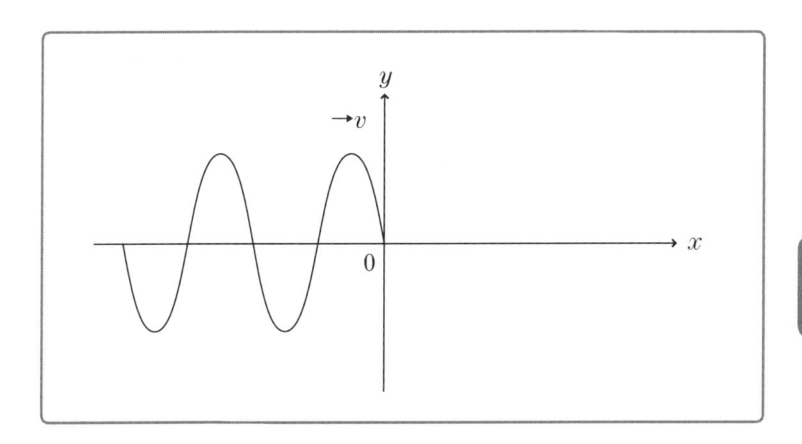

では、t=1、つまり1秒後はどのような状況になるでしょうか？

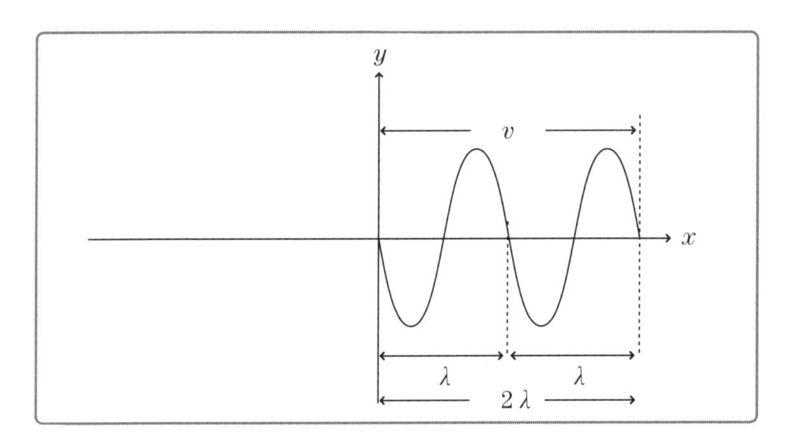

当然、単位時間である1[s]たったときの図ですから、f=2より、2個の波が通過しています。すると結局、波が進んだ距離は2λになります。

f=3なら3λ進むし、f=4ならば4λ進みます。つまり、波は1[s]で$f\lambda$の距離進みます。

ところで、そもそも単位時間1[s]で進む距離を速さvというのでしたね。つまり、波は1[s]で、v[m]進むという表現もできます。

これより、波の基本的な式である「$v=f\lambda$」が導けます。

これは、これからの波動現象でもよく使用する式ですので、しっかりと確認してくださいね。

➔ 波でよく使う2つのグラフの意味

さて、波ではよく2つのグラフを用います。$y-x$グラフと、$y-t$グラフです。

なぜかわかりますか？

波の高さyというのは、位置xを決めただけでは指定できません。それに加えて時刻tも決めてあげないと、高さyは求めることができないのです。

数学的にいうと、波は位置xと時刻tの「2変数関数」であるといえます。

ただ、2変数関数を人間がパッとキレイに扱うのは困難です。よって、まずどちらか一方の変数を固定して扱うのです。

もうおわかりでしょうか？

$y-x$グラフとは「時刻tを固定した波」を、$y-t$グラフは「位置x

を固定したときの波」を表現しているのです。

具体的に説明しましょう。

みなさんは、サッカースタジアムで選手がゴールを決めたときなどに、サポーターがたちあがり「ウェーブ」を作るのを見たことがあるでしょうか？　そのときの$y-x$グラフとは、まさに観客のウェーブの「写真」を意味します。そして、$y-t$グラフとは、ある1人に注目したときの「その人の動きの記録」なのです。

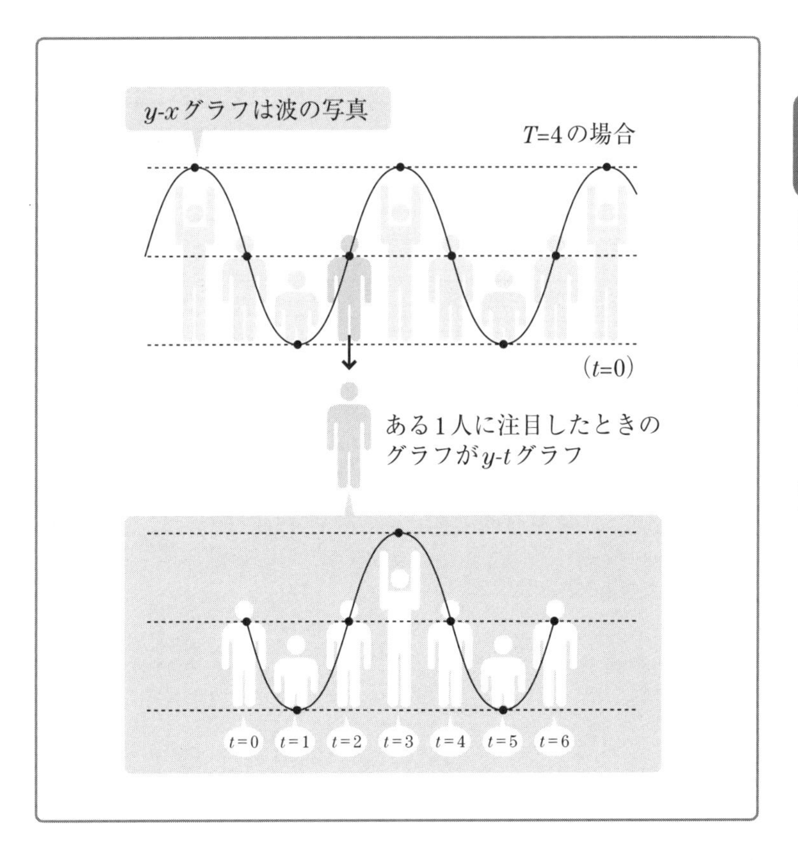

➔原点における波の式の導き方

では、もう少し本格的に見てみましょう。

次の$y-x$グラフをご覧ください。これは時刻t=0での「波の写真」です。

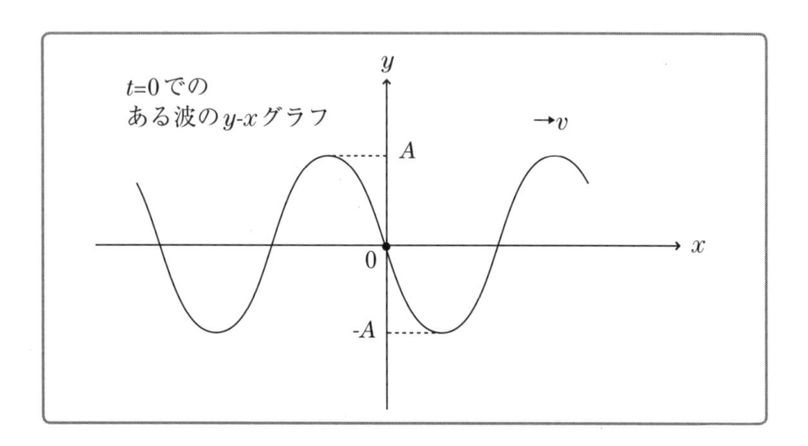

では、このときの位置x=0、つまり原点の$y-t$グラフを描いてみましょう。

いま、t=0での原点の波の高さ（変位）は0です。

これは、ほんの少し時間が経つと上がりはじめます。

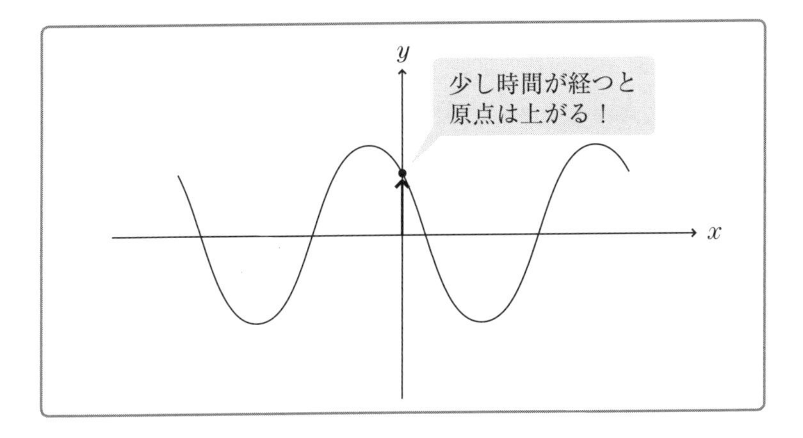

そして、最大振幅Aまでたどり着いたら、下がりはじめるでしょう。

つまり、原点の$y-t$グラフとは、次のようになるはずです。

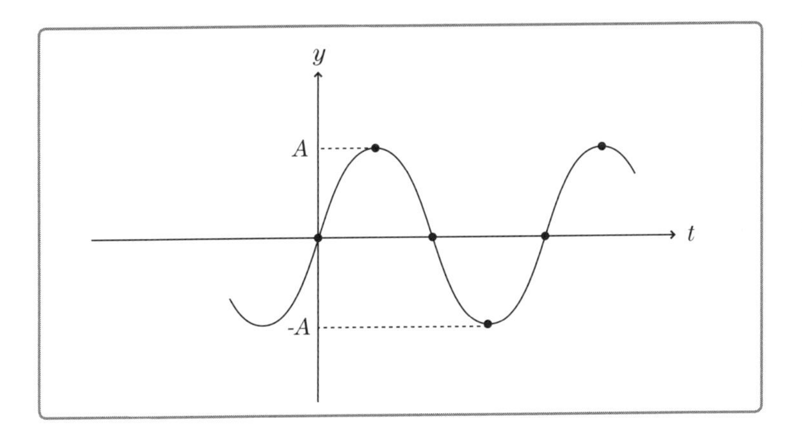

これは、まさにsinカーブ、つまり正弦波ですね。

正弦波の式はもう知っています。$y=A\sin\omega t$ですよね。単振動で勉強済みです（忘れちゃった人は「単振動」を読み直しましょうね）。

➔任意の点における波の式の導き方

しかし、波の式はまだ完成していません。これは「原点における波の式」です。いま、私たちは、あらゆる位置x（任意の点）での波の式を作りたいのです。

でも、何も難しくないですよね。結局は同じ単振動が伝わるわけですから、どんな位置xの波の式も「$y=A\sin$〜」で書けなきゃおかしいです。

ただ1つ考慮しなきゃいけないのは、「タイミング」の問題です。原点の単振動が、ある位置xまで届くのにどれくらい時間がかかるのかを、式に書き加える必要があるのです。

原点の振動は、ある位置xまでに届くのに何秒かかるでしょうか？

これは非常にカンタンです。速度vで、原点からの距離xの位置まで進む時間を考えればいいのですから、当然x/v[s]になります。

つまり、ある位置xでの時刻tの振動は、x/v[s]前の原点での振動が再現されていると理解できます。

このことを式に加えてみましょう。すると次のようになります。

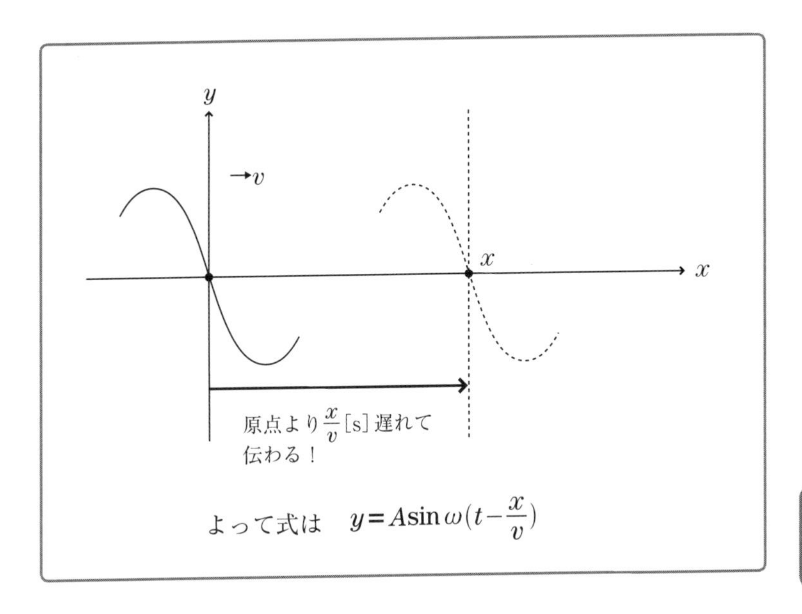

はい、このように、ある位置xの波の振動は「原点の波の振動がx/v秒遅れて到着したもの」という形にできるのです。

この式は、次のようにいくつかの形に変形することができます。もちろん、すべて同じことを語っているということは意識してみてくださいね。

$$y = A\sin\omega\left(t-\frac{x}{v}\right)$$

$\omega = 2\pi f$ より

$$= A\sin 2\pi f\left(t-\frac{x}{v}\right)$$

$\omega = \dfrac{2\pi}{T}$ より

$$= A\sin\frac{2\pi}{T}\left(t-\frac{x}{v}\right)$$

$\dfrac{\omega}{v} = k$ とすると…

$$= A\sin(\omega t - kx)$$

➔ 波の式は2ステップを踏んで作る

このように「波の式」は大きく次の2ステップを踏んで作っていくのです。

・step1

とりあえず「ある位置（原点であることが多い）」での単振動の式を作る（単振動の式がsinかcosかなどは、その時々によって変わる）。

・step2

step1で作った式を、あらゆる位置xで使えるものにするために、「タイミングの遅れ」を式に反映させる。

いいでしょうか？

「波の式」を作るときに、何か公式みたいなものがあって、それに数を当てはめていく、という発想なんていっさいありません。そのつど、シチュエーションによってみなさんがその場で作り上げていくのです。

流行は遅れてやってくる

なお、「原点の波の振動がx/v秒遅れて到着する」ということを式で表すとき、なぜ$(t-\frac{x}{v})$なのか、とマイナスが付く理由がよくわからない人のために、次のたとえ話をしておきましょう。

日本での流行は、数年前に海外で流行ったものである、なんていうのは、日常的にも経験しているかもしれません。ファッション業界では、きっとその傾向が顕著ですよね。

例えば海外で2年前に流行った服が、日本に来たと考えましょう。これは次のように表現できますね。

服(日本、いま)=服(海外、いま－2年)

具体的に、いま=2016年としましょう。すると服(日本、2016)=服(海外、2014年)となり、海外で2014年に流行ったものがいま日本に入ってきていると理解できますね。

これが、マイナスの付く理由です。

3 縦か横か、どっちに振動する？【横波と縦波】

➔波には2種類ある

波を分類するときに、「波の進行方向に対する、媒質の振動方向」で波を2種類に分けることが可能です。それが「縦波」と「横波」です。

波の進行方向に対して、媒質が垂直に振動する波を「横波」といい、媒質が平行に振動する波を「縦波」といいます。

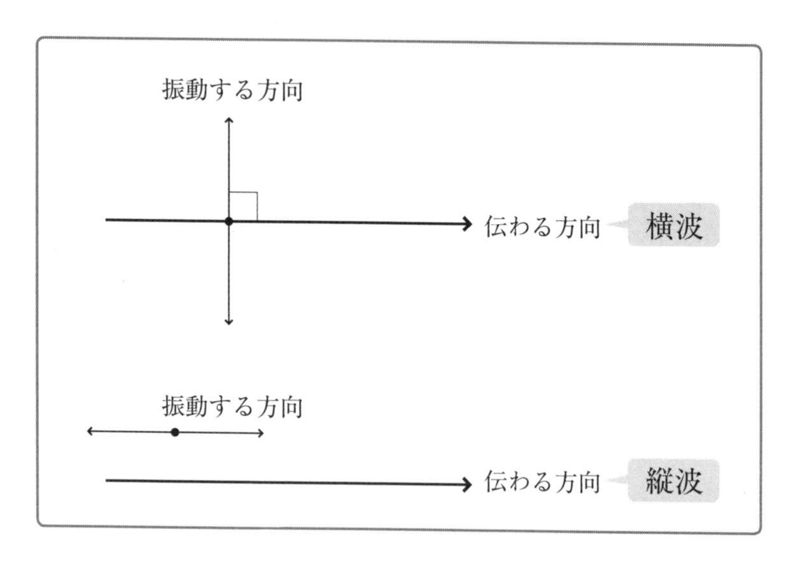

➔「縦波」を「横波」のように表示する方法

縦波は、媒質が図のようにギュッと密集したり、スカスカのまばらになったりを繰り返して伝わっていく波です。密集したところを「密」、まばらな部分を「疎」なところといいます。

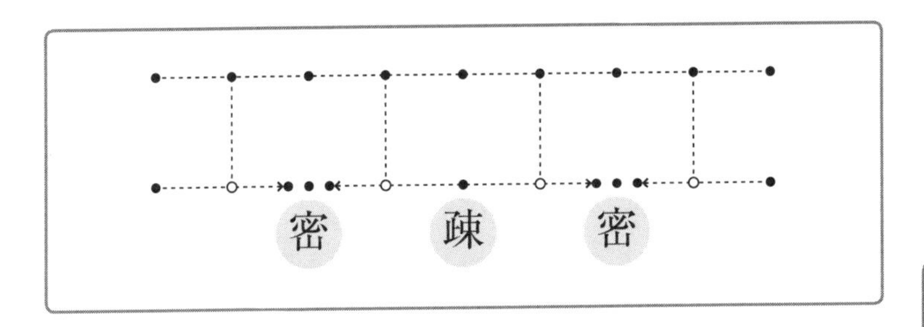

ところが、上の図は波には見えませんよね。そこで、「縦波」を「横波」に表示することがよくあります。これは、媒質の「右の変位」を「上」に、「左の変位」を「下」に変換したものです。

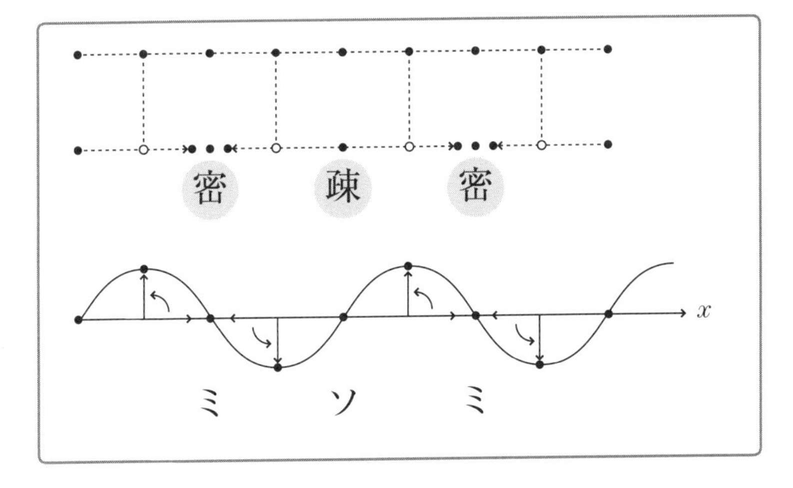

補足として、「縦波」を「横波」にすると今度は「密」や「疎」な場所がわかりにくくなりますが、これはカタカナの「ミ」の場所が「密」、「ソ」の場所が「疎」と覚えるとよいでしょう。受験テクニックなので、物理的な意味はないですけどね。

4 波が衝突するとどうなる？【波の重ね合わせ】

➔ 2つの波が出会うと合体する

2つの物体が互いに向き合って動いているとき、2つの物体はやがて「衝突」をします。これは、「力積と運動量」のところで学習しましたね。

では、2つの波が互いに向き合って進んでいるときを考えましょう。2つの波が衝突すると、どうなるでしょうか？

なんと、2つの波の高さを足した分の波が、新たに作られてしまうのです。

これを「波の重ね合わせの原理」といいます。そして、このとき合体した波のことを「合成波」と呼んでいます。

これは、物体の運動では見られない波特有の現象なので、しっかりと理解してください。

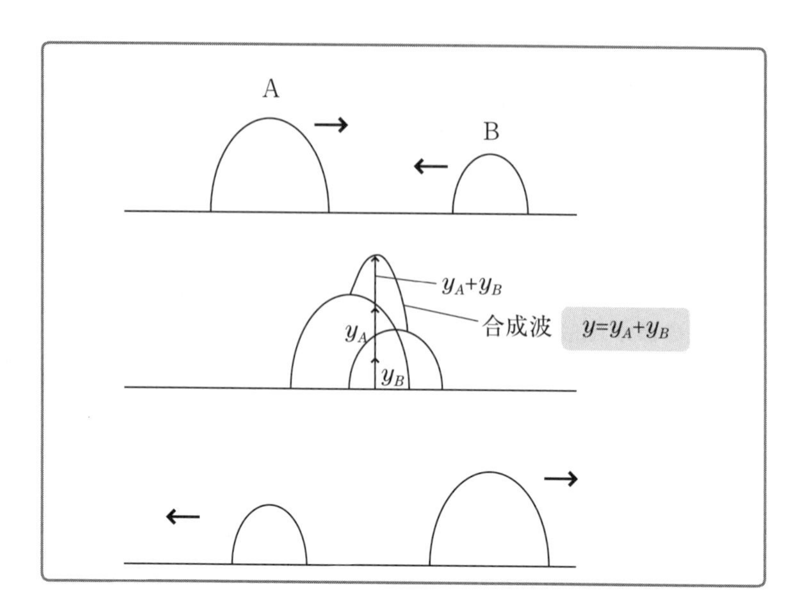
A
B
y_A+y_B
合成波
$y=y_A+y_B$
y_A
y_B

5 波はどうやって反射する？【反射波】

➔ 波には「反射」するという性質がある

波というものは、状態の異なる媒質の境界に触れると「反射」するという性質を持っています。

これは、あとにも解説することですが「光の反射」は顕著な例ですよね。みなさんが見ているものはすべて、その物体に当たった光の反射光が目に入っているのです。いま、この本を読んでいるということは、部屋の照明などから出た光が本に当たり、それが反射されて、いまみなさんの目の中に届いているということなのです。

➔ 反射する点の状態で、反射の仕方が変わる

光についての学習は後々にやるとして、ここではロープや弦の反射を考えていきましょう。

反射してできた波を「反射波」といいます。

「反射波」というものは基本的には、「本来通過していったはずの波が折り返されてできたもの」という理解をしてください。

そして、反射波は、境界点の媒質の状態によって「自由端反射」と「固定端反射」という大きく2つの種類に分けられます。

➔ 境界点の媒質が自由に動く「自由端反射」

自由端とは、その名の通り「端っこ」、つまり「境界点の媒質が自由に動ける」という意味です。

例えば、図のようにロープの左端を手に持ち、腕をブンッと上下させて波を作ったとき、右端をリングなどで棒に通している状況は、自由端と考えてよいです。

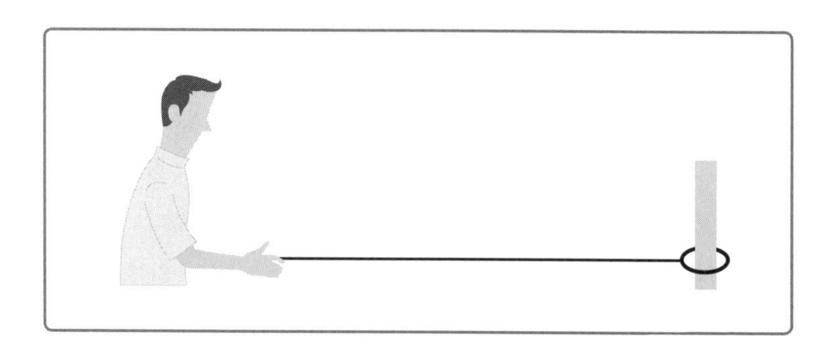

このときの反射波が、どのようになるか考えましょう。

反射波は、図を描けるかがよく問われるので、作図の方法を説明します。

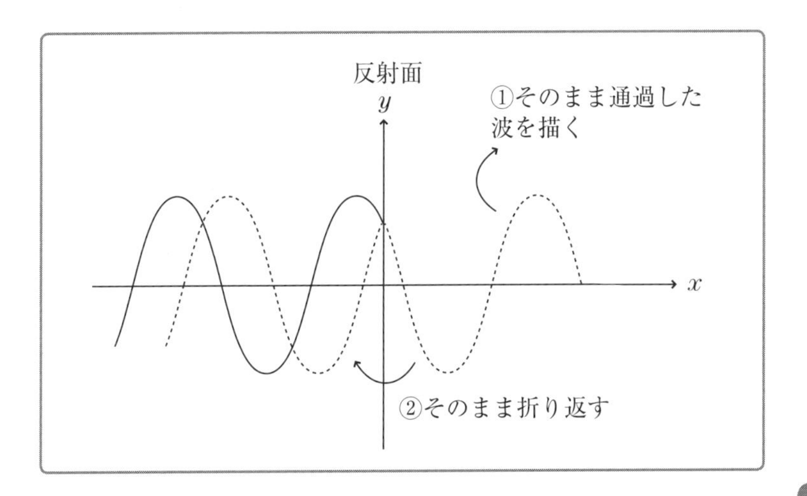

これが自由端反射の作図です。カンタンですね。

さらに、合成波も一緒に確認しておきましょう。

いま境界に向かっていく波を「入射波」と呼ぶことにします。この入射波と反射波の合成波はどのようになるでしょうか？

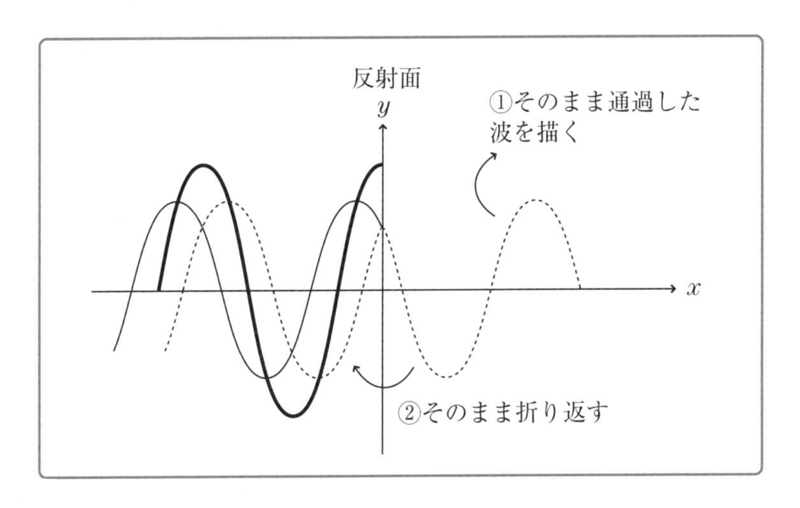

と、合成波はこのようになります。

➔境界点の媒質がガッチリと固定されている「固定端反射」

次は、「固定端反射」についてです。固定端とは、端っこの媒質がガッチリと固定されて動けない状態という意味です。

固定端の場合の反射の作図は、自由端に比べ1手間加えます。本来、通過していったはずの波をそのまま折り返すのではなく、y座標、つまり波の変位の正負の符号を逆転して折り返すのです。

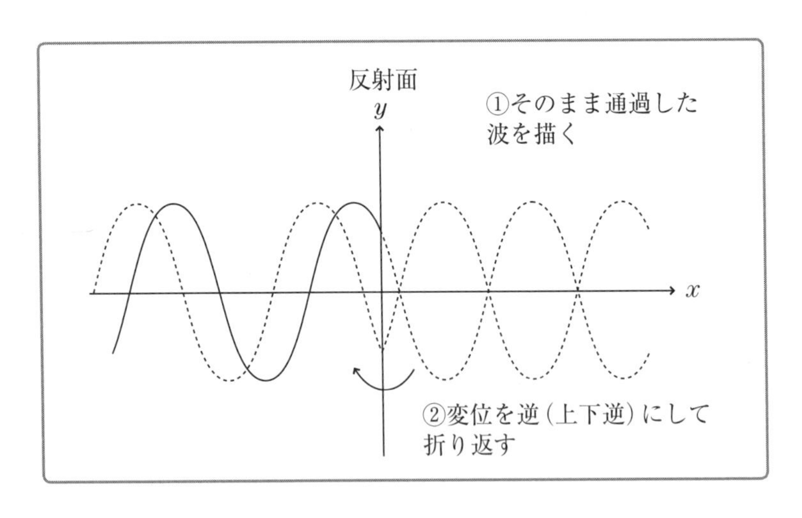

このときの合成波も確認しましょう。

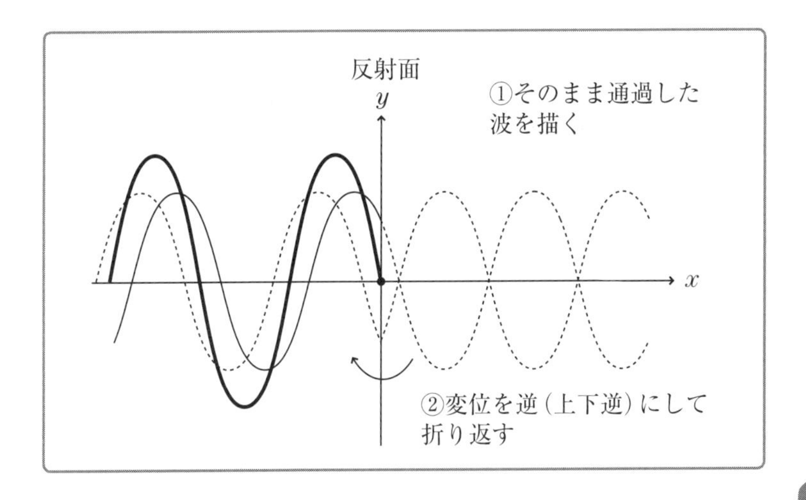

境界点が「固定」されているので、合成波の境界点の変位が必ず「0」になっているというのがポイントですよ。

6 「振動するだけで動かない波」はどう作る？【定常波】

➔まったく同じ波が出会うと「定常波」が生まれる

波長、振幅、速さの等しい2つの波が互いに逆向きに進んでいるとき、それらの合成波は、「定常波」という特殊な波を形成します。

つまり、まったく同じ波が逆走して出会ったとき、その波は「定常波」という波になるという理解で構いません。

定常波（もしくは定在波ともいう）とは、「見た目的には、その場でちゃぷちゃぷ振動するだけで、動いていない」という状態の波のことです。

➔定常波は一定の場所で上下の振動を繰り返す

具体的に考えてみましょう。

次の図のように、細い実線の波と、点線の波はいま互いに逆向きに進んでいます。これをt=0、1/4T、1/2T、3/4Tと時間変化したときの図を見てみましょう。Tは、周期を表しています。

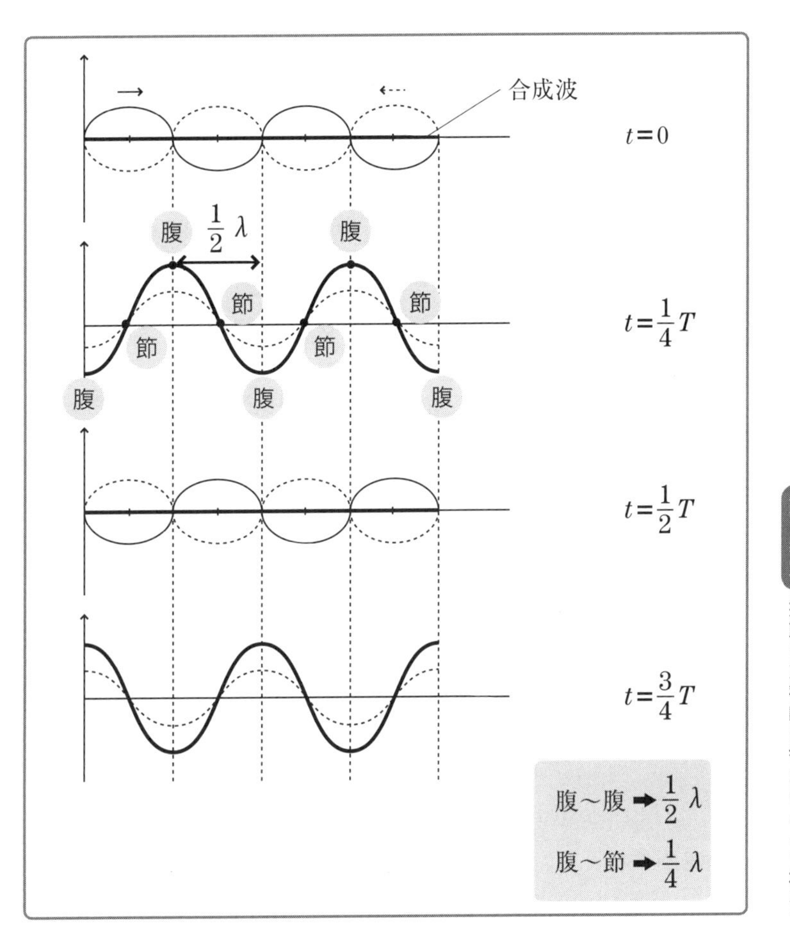

すると、それぞれの場合の太線で表した合成波は、横方向には進行せずに、一定の場所で上下の振動を繰り返すような波になることがわかりますね。これが「定常波」です。

ちなみに、大きく振動する場所を「腹」の位置、まったく振動しない場所を「節」の位置といいます。

「腹」と「節」は交互に並んでいて、その間隔は$\frac{1}{4}$波長だということも、図から理解できますね。

➔ 波の振動状態を角度に対応させたのが「位相」

最後に、カンタンに「位相」について確認しておきましょう。

位相とは、角度のことです。つまり、波の「振動状態」を「角度」に対応させて考えたものと理解してください。

具体的には、下図のように描けます。

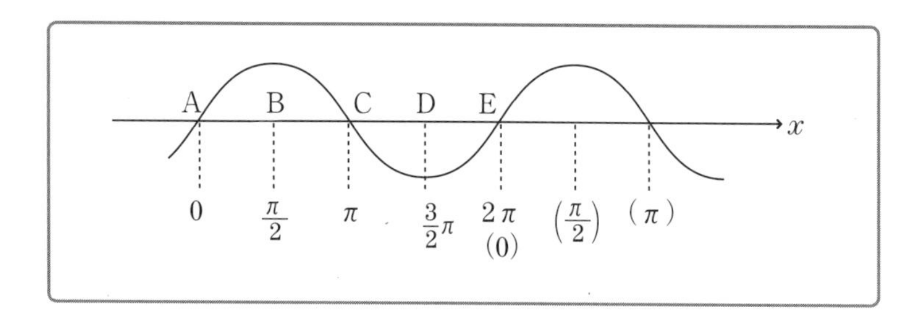

例えば山と谷のBとDでは、ちょうど位相がπずれていますね。これを逆位相といいます。

また、同じ場所であるAとEでは、位相にずれがありません(位相のずれは2πともいえますが……)。これを同位相といいます。

先ほどの「反射波」でいうと、「自由端反射」ではそのまま折り返しているので同位相、「固定端反射」では、逆位相となることも合わせてチェックしておきましょう。

7 ドラムは なぜセットになっている？【固有振動】

➔ 1つのドラムであらゆる音を出すことはできない

ここで、固有振動というものを新しく考えてみましょう。カンタンにいうと楽器のお話になります。

みなさんは何か楽器を弾けますか？

私は高校時代、軽音楽部でドラムを叩いていました。ドラムはヘッドと呼ばれる面の部分をスティックで叩くことにより、振動を起こして音を出しています。

ただし、1つのドラムであらゆる音を出すことはできません（ドラムにもチューニングはありますが、これは、いわゆるドレミの音を合わせるのではなく、ヘッドの面の張り具合を変えることにより、響く音を自分好みに調節するというものです）。

だからドラムセットなどは通常4つか5つのドラムからできているのですね。高い音が出るドラムはこれ、低い音が出るドラムはこれ、と決まっているのです。

➔ あらゆる物体は、作ることのできる音の高さが決まっている

つまり、物体によって作ることのできる音波の振動数（実は音の高さのこと）は決定しています。物体それぞれが持つ振動数を、そ

の固有の振動数という意味で「固有振動数」と呼んでいます。

基本的に力学的な物体はすべて「固有振動数」を持ちます。それを上手に利用したのが、「楽器」なのです。

ただし、ドラムのような面に生じる振動、つまり2次元の振動は、高校生が扱うにはかなりきついので、高校物理では主にギターなどの弦楽器での「弦の振動」と、クラリネットや笛などの管楽器での「気柱の振動」、つまり1次元できちんと解析できる波動を扱います。

8 弦はどのように振動する？【弦の振動】

➔弦の振動で作れるのは「両端が節となる定常波」

弦の場合、当然「両端を固定」しないと弦をピンと張ることはできません。

したがって、弦の振動で作ることのできる波は、両端が固定端反射されてできる定常波、もっというと「両端が100%節となる定常波」ということになります。

では、具体的に考えてみましょう。

➔もっとも波長が長い波が「基本振動」

まず、両端が節となる条件を満たし、その中でもっとも波長が長い波を考えると、次のような定常波になります。

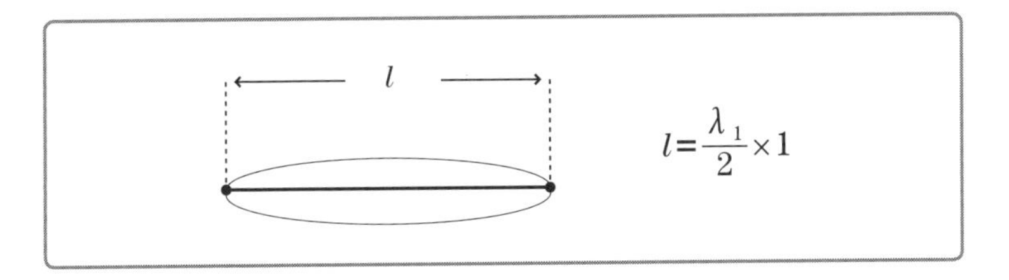

このとき、弦の長さをlとすると、いま、このlの中には半波長の波が入っているので、次の式が成立します。

$$l=\frac{\lambda_1}{2}\times 1$$

あえて、$\lambda/2$の横に1という数字をかけておきます。

この波長がもっとも長いときの振動を「基本振動」と呼んでいます。

➔ 振動が2つあるのが「2倍振動」

では、次に波長の長い波はどのようになるかというと、下図になります。

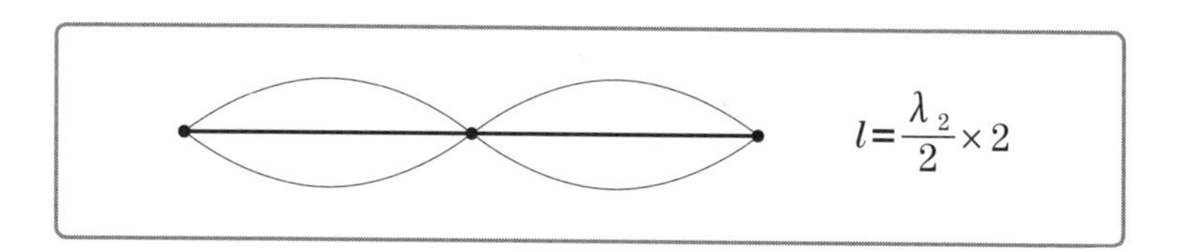

これは、lの中にキレイに1波長入っているので$l=\lambda_2$ですが、これもあえて次式のように表現してみましょう。

$$l=\frac{\lambda_2}{2}\times 2$$

このようにする意味は、「基本振動で作られる形が何個入っているか？」が瞬間的に読み取れるようにするためです。

基本振動で作られる形、これを葉っぱ1枚と考えましょう。すると、いまできている振動は葉っぱが2枚入っています。

つまり、基本振動で作られた振動の形の2倍になっているので、これを「2倍振動」といいます。

➔ 振動がn個あるのが「n倍振動」

もちろん、この次は「3倍振動」「4倍振動」……と増えていきます。

すると、n 倍振動のときにはどうなるかを考えると、以下のようになるはずです。

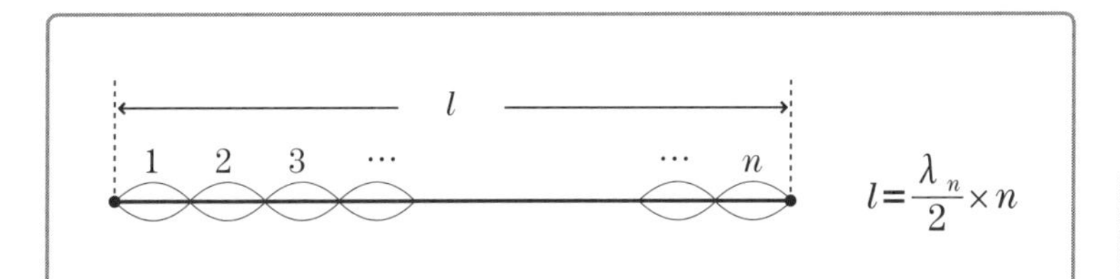

n 倍振動のときの l と λ の関係式は、次のようになります。

$$l=\frac{\lambda_n}{2}\times n$$

基本振動の葉っぱ1枚が、n 枚分入っていると理解してください。

➔ 振動数はどうなる？

では、次に振動数 f についてはどのような関係になるかも考えましょう。

基本振動での l と λ の関係式より、結局のところ $\lambda_1=2l$ となりますね。ですから、弦を伝わる速さを v とすると、基本振動の振動数 f_1 については次のように表せます。

$$f_1 = \frac{v}{\lambda_1} = \frac{v}{2l}$$

n倍振動の場合の振動数f_nについても同様に考えると、次のようになりますね。

$$f_n = \frac{v}{\lambda_n} = \frac{nv}{2l} = nf_1$$

と、このようにn倍振動の場合の振動数は、結局は基本振動のn倍ということになるのです。

9 弦の振動はどうやってコントロールする？【弦を伝わる速さ】

➔弦の張り具合と重さで、速さが決まる

弦にできる波の波長、振動数についての議論は終えました。では、波の速さについて詳しく扱ってみることにしましょう。

実は、弦を伝わる波の速さには、次の関係式が成り立つことがわかっています。

$$v=\sqrt{\frac{T}{\rho}}$$

$\left(\begin{array}{l} T \cdots \text{張力} \\ \rho \cdots \text{線密度} \end{array}\right)$

これが成り立つ理由はもちろんきちんとあるのですが、この証明はかなり難しいので本書では割愛します。

ただし、証明できないからといって丸暗記するのは愚行と再三お伝えしてきました。この式の意味はわりと簡潔です。結局、この式を日本語に訳すと「重い糸だと遅くなり、強く張ると速く伝わる」と、これだけなのです。

$\sqrt{\ }$をひとまず取り除いて考えると、わかりやすいでしょう。$\sqrt{\ }$をはずすと、とどのつまりvは張力Tに比例し、弦の線密度ρに反比例しているわけですから、このような日本語になることは納得してもらえると思います。

➔ 音を高くしたければ、長さを短くするか、弦を細くするか、張力を強くする

すると、先ほどのn倍振動の振動数f_nは、次のようにさらに書き換えることが可能です。

$$f_n=\frac{nv}{2l}=\frac{n}{2l}\sqrt{\frac{T}{\rho}}$$

この式も何の脈絡もなく無理やり覚えようとする高校生がいますが（かつての自分がそうでした……）、これは自分で導くものです。

人間は、音波の振動数が高いと高音に、低いと低音に感じるのですが、上の式からどうやれば音の高さ、つまり振動数を変えることができるかも容易に出せるでしょう。

例えば、音を高くしたいときには、「長さlを短くする」「細い弦にする（ρを小さくする）」「張力Tを強くする」などが方法として考えられるのです。

10 管の中の空気はどう振動する？【気柱の振動】

➔ 管楽器は「気柱の振動」で鳴っている

では、高校物理で問われる固有振動のもう1つの例、「気柱の振動」についての学習をスタートしましょう。

この、「気柱の振動」は弦の振動と比べるとわりかし好きだ、という高校生が多い印象なのですが、いかがでしょうか？

みなさんも、一度は経験あることでしょう。空きビンの口に息を吹き込んで「ポ〜ッ」と音を鳴らす、これがまさに「気柱の振動」です。筒や管の中にある空気分子を媒質とした振動が、気柱の振動なのです。

➔ 「気柱の振動」には2種類ある

「気柱の振動」は次の2つがあります。「片方閉管－片方開管タイプ」と「両方開管タイプ」です。閉管は「フタをしている」ということで、開管は「フタをしていない」という意味です。閉管側のフタの部分を「底」、開管側の開いている部分を「口」と一般的に呼んでいます。

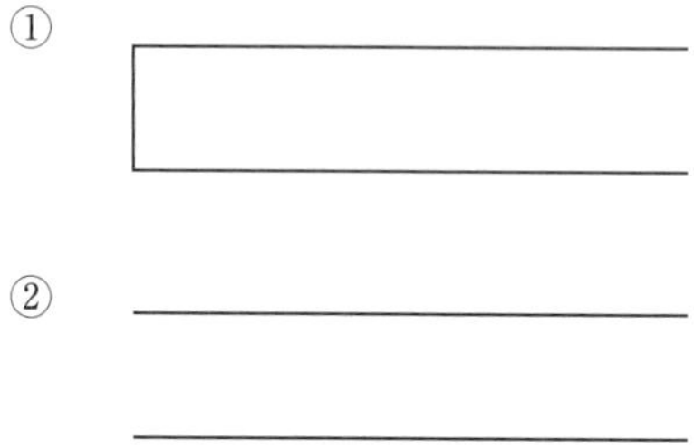

①

②

大事なことは、「底」付近の空気分子は固定されていて、「口」付近の空気分子は自由に動ける状態であると考える、という点です。つまり、「気柱の振動」では「底が固定端、口が自由端」と考えるのです。

これを、さらに深めると次の表現になります。

「底が節、口が腹」となる定常波になる、これが「気柱の振動」である。

よろしいでしょうか？

では、具体的にそれぞれの振動を考察していきましょう。

➔ 奇数倍振動しか現れない「片方閉管ー片方開管タイプ」

弦の振動と同じく、まずは「基本振動」の形（フォーム）をきっちりと捉えてみましょう。

底が節、口が腹となる定常波で、もっとも波長が長い波はどうなるでしょうか？

下図のようになりますね。

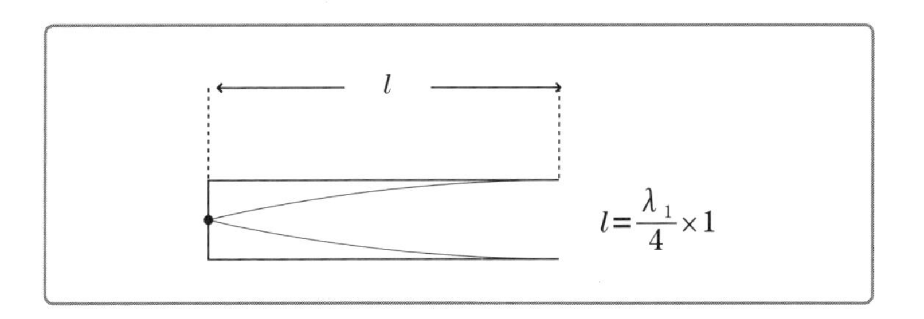

これが、「基本振動」です。形を見ると、管の中には1/4波長が入っていると理解できますね。

このときの、管の長さlと波長λ_1の関係式は以下の通りになります。

$$l=\frac{\lambda_1}{4}\times 1$$

もちろん$\lambda_1=4l$ですね。

では、「基本振動」の次に波長が長い波はどうなるでしょうか？

下図はありえませんよね？　なぜなら口が節になってしまっているのでNGです。

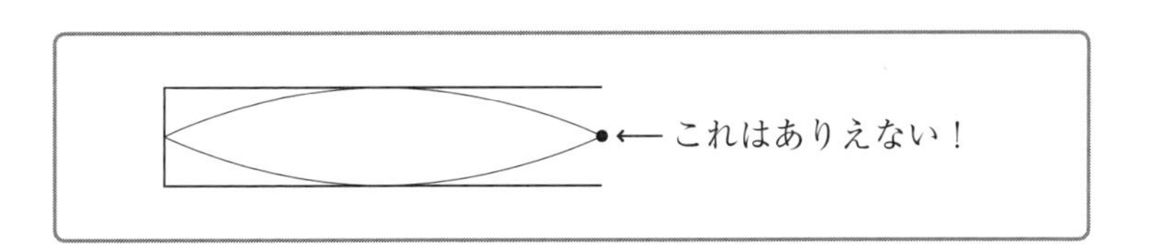

となると、2番目に波長の長い波は、次の通りになることが理解してもらえると思います。

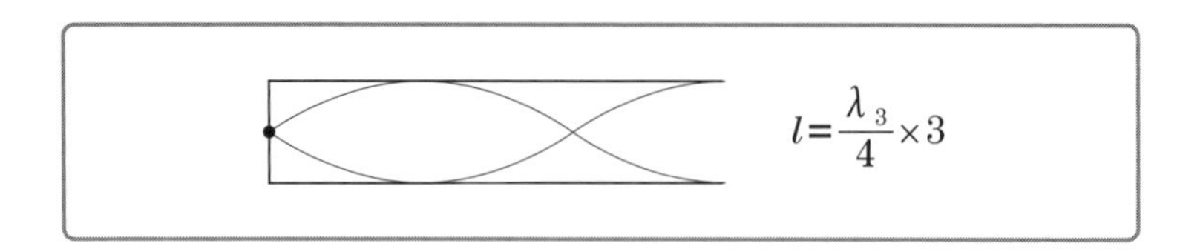

では、これは何倍振動でしょう？

2倍振動ですか？　違いますよね。だって、基本振動で作られた形は、3つ分入っていますよ。となるとこれは、「3倍振動」ということです。

——鋭い方はもうこの時点で気づいているのですが、実はこの「片方閉管－片方開管タイプ」では、「奇数倍振動」しか現れないです。つまり、「3倍振動」の次は「5倍振動」、「7倍振動」……と続いていくのです。

では、もう一度「3倍振動」を見てみましょう。このときの波長λ_3と管の長さlの関係式は以下の通りになります。

$$l=\frac{\lambda_3}{4}\times 3$$

もちろん「基本振動で作ることができる1/4波長が3つ分入っている」ということを表現した式に過ぎません。

では、これを一般化して(2*n*-1)倍振動を考えてみましょう。(2*n*-1)は当然、「奇数」を意味しています。

すると、図的にいうと下図のようになっているはずです。

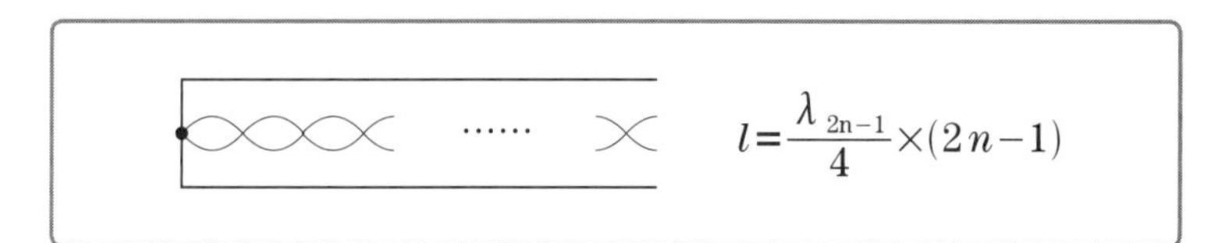

$$l=\frac{\lambda_{2n-1}}{4}\times(2n-1)$$

このときのlと波長λ_{2n-1}には関係式、$l=\frac{\lambda_{2n-1}}{4}\times(2n-1)$が成立します。

式変形すると、$\lambda_{2n-1}=\frac{4l}{(2n-1)}$となります。

今度は、振動数の話に移りましょう。

$$f_1=\frac{V}{\lambda_1}=\frac{V}{4l}$$

$$f_{2n-1}=\frac{V}{\lambda_{2n-1}}=\frac{V}{4l}(2n-1)=(2n-1)f_1$$

と、このように$(2n\text{-}1)$倍振動の振動数は、やはり基本振動の振動数の$(2n\text{-}1)$倍という、弦の振動と似た結果が出てきましたね。

➔ 弦の振動と同じ「両方開管タイプ」

両方開管タイプはいきなり図から紹介しましょう。下図をご覧ください。

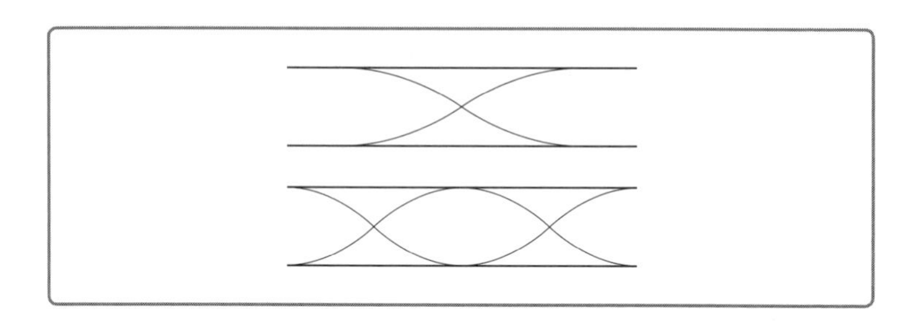

口が両端にあるので、図のように両端が「腹」となる定常波が形成されますね。

図より、「両方開管タイプ」では、弦の振動と同じく、整数倍振動になることも理解してください。

➔ ホントの腹はちょっぴり外にずれている

さて、「気柱の振動」についてだいぶ理解が深まったところで、謝罪をいたします。

実は、少しだけウソをついていました。ごめんなさい。

「気柱の振動」では、口が「腹」になるといいましたが、実は「腹の位置は、口よりも少し外側に存在する」ことが実験的にわかっています。

つまり、本当は次の図のようになっているのです。

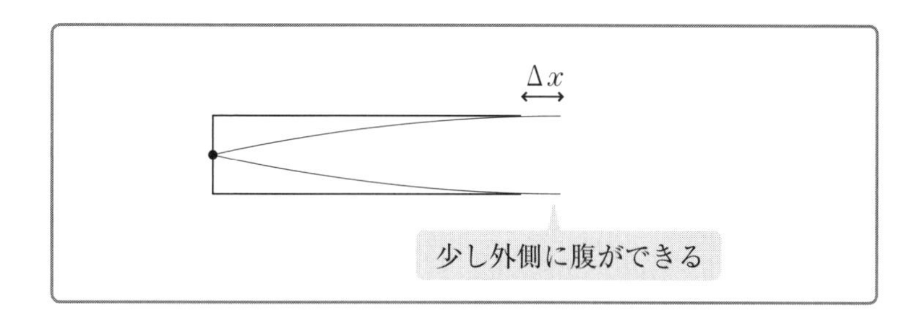

この図における、管の口から実際の腹の位置までの少しの距離Δxのことを「開口端補正」と呼んでいます（管口補正ともいいます）。

実際の入試問題では、開口端補正を無視して口が腹の位置として扱うこともありますが、この開口端補正の値を求めるものもあるので、問題文をよく見て、無視していいのかダメなのか判断することが肝要です。

公式を暗記したくない人のための

高校物理がスッキリわかる本

第5教室
音や光はどう伝わる？
【波動②】

ここからはもっと詳しく、音波や光という波動現象を考えていきましょう。「ドップラー効果」や「光の干渉」など入試でもよく問われる代表現象を扱いながら、それぞれの特性をしっかりと考察し、理解を深めていくことにしましょう。

音はどのくらいの速さで伝わる？
【音速】

➔音速を求められる式がある

音の速さ、つまり音速については昔から様々な方法で測定されてきました。遠くで大砲の音を鳴らし、聞こえるまでの時間を計ったりして求めていました。

いま現在、空気中を伝わる音速Vについては、次式が成り立つことがわかっています。

$$V = 331.5 + 0.6\,t$$

（t …温度［℃］）

➔暖かいと速くなる

この証明は、これまた高校生には辛いものがあります。式の意味を考えましょう。

音という波を伝える媒質は、空気分子です。ですから当然、その空気分子がどのような状態なのかによって、音速は変化します。

どう変化するかというと、媒質がよく動くほど振動を伝える速さはアップする、というのはカンタンに予測できるでしょう。

では、媒質の空気分子がよく動くというのは、どういう意味でしょうか？

熱力学では、分子の運動エネルギーが温度のことだとお伝えしました。つまり、空気分子がよく動くというのは、気温が高い、ということですよね。

よって、気温が高く、暖かければ暖かいほど、音波は速くなるということです。

通常、だいたい音速は340[m/s]くらいであることは、常識として知っておいてもよいと思います。

2 音源や観測者が動いている場合はどうなる？【ドップラー効果】

動いていると音程が変わってしまう

では、次に代表的な波動現象である「ドップラー効果」について考えてみましょう。

おそらく「ドップラー効果」という名称はみなさんも聞いたことはあるでしょう。よく救急車を例に取り上げられる現象ですよね。

救急車が遠くから近づいて来ると、高い音でサイレンが鳴っていたのに、目の前を通り過ぎた瞬間に音が低くなってしまう。おおざっぱには、このように捉えていると思います。

もちろん、聴く人が動いても「ドップラー効果」は生じます。

電車に乗っていて、踏切を通過するときに、踏切の音が「カーンカーン」と甲高い音から、通り過ぎたあとは「くぁ〜んくぁ〜ん」と低い音に変わるのに気づいていますか？　これもドップラー効果です。

ドップラー効果は式の導出方法が大事

確かに、現象論だけを見ると「近づくと高音に、離れていくと低音に聞こえる」というざっくりとした理解でもけっこうだと思います。

しかし、ここではもっと深く、「なぜ」ドップラー効果なんていう現象が生じるのか、その原因を究明していこうと思います。

ドップラー効果にはよく「公式」のようなものがあり、それに当てはめて振動数などを求めるんだ、と考えている高校生が多いのですが、それで対応できるのは本当にカンタンな問題のみです。

「ドップラー効果」は入試にもよく出題されるネタですが、そのほとんどが、「公式」と称される式の導出が問題になっています。したがって、しっかりと発生原理から理解することが要求されているのです。

もっとも、その発生原理は至極単純なので、いっさいビビることありませんよ。安心してください。

では、「ドップラー効果」がなぜ生じるのかを考察していきましょう。

➔ 音源Sが動くときのドップラー効果

まず音を出すもの（音源）が動いているとき、いったい何が起きているのかを考えてみましょう。音源は英語でsourceというので、よく音源にはSという記号を用います。

いま、音源Sから音速V[m/s]、振動数fで、1秒で「ぶ〜つ〜り」という音声が出るとしましょう。t=0で音を出してみるとすると、t=0で「ぶ」の音が出はじめて、t=1のときに「り」が出ることになります。

音源Sが静止しているときは、音速はVなので当然1[s]でV[m]進み、その中に振動数f個の波が入っていることになります。

もちろん、このときの波長λは、V[m]の中にf個の波が入っているので、$\lambda = V/f$となります。これはいいですよね。

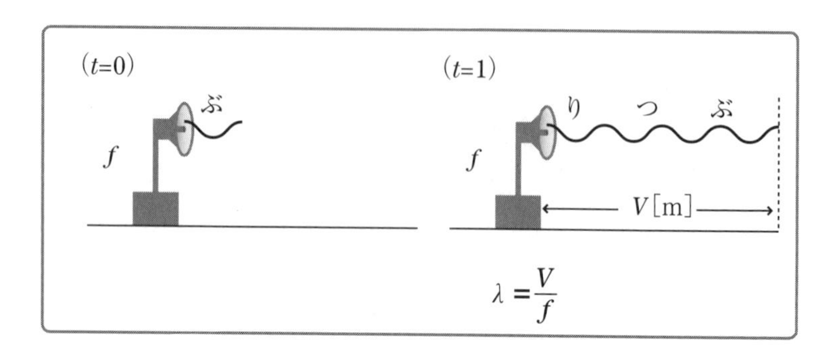

では、音源Sが動いているときはどうでしょうか？

$t=0$で、先ほどと同じように「ぶ」の音を発し、さらに速さv_sで動いているとします。

すると、$t=1$では、音源Sはv_s[m] 進んでいますね。したがって、「り」の音が出たとき、先ほどと比べ音波は$V - v_s$[m] の中に入るので、ギュッと波がつまっており、波長が縮むことになります。

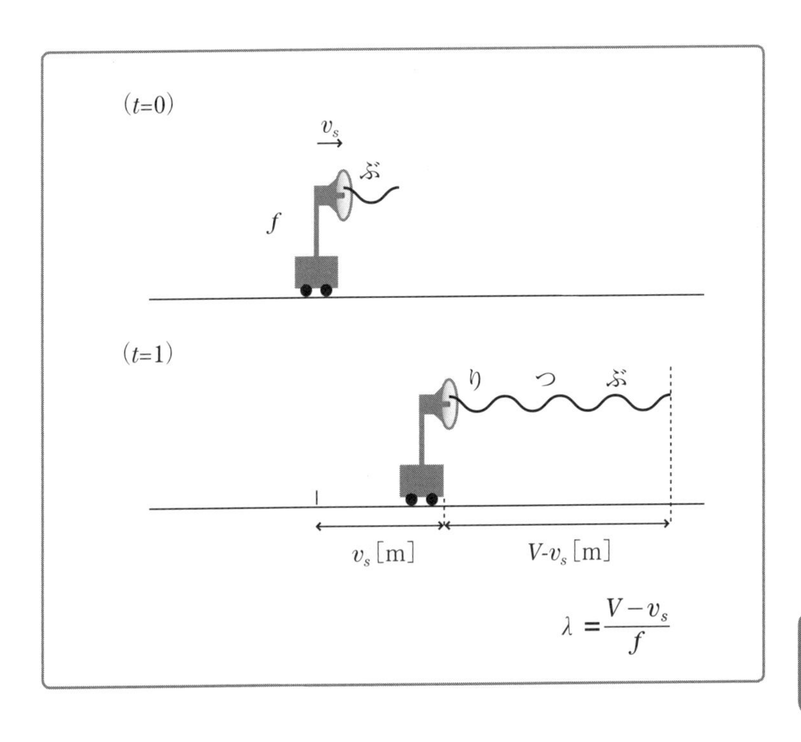

反対向きに進むと、逆に波長が間延びしてしまいますね。

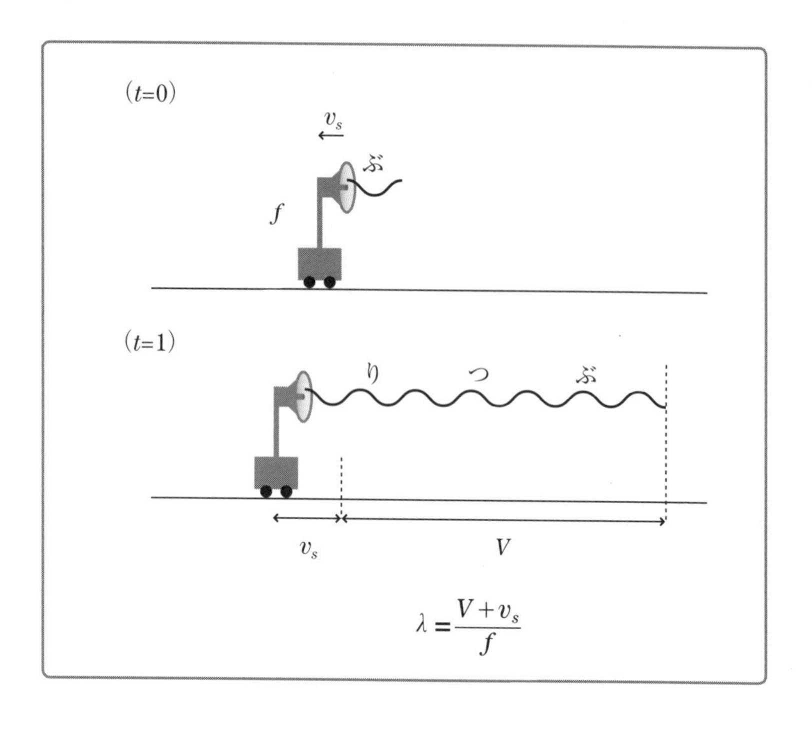

つまり、音源Sが動くと、「波長が変化する」ことになるんですね。

➔観測者Oが動くときのドップラー効果

では、音を聴く人（観測者）が動くと何が起こるでしょうか？

観測者は英語でobserverなので、Oという記号がよく使われます。

いま、音源Sは静止していて、波長λの音が音速Vで、観測者Oに向かってやってくるとしましょう。

もし、観測者Oが止まっていると、人はどんな波を耳でキャッチするのでしょうか？

t=0で、音速Vでやってきた波を聴きはじめるとしましょう。すると、t=1ではもちろんV[m]分の音を聞くわけですね。すると観測者Oが聴く音の振動数fは、$f=V/\lambda$になります。

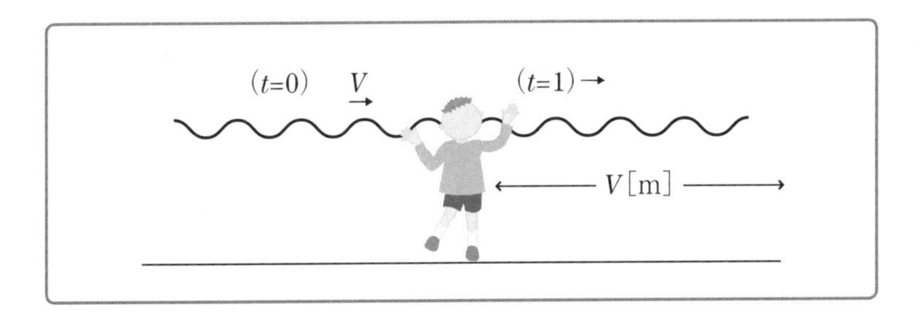

次に、観測者Oが動くときの話に移りましょう。

いま、音から速さv_oで「逃げている」観測者Oを考えましょう。すると、図のように人が聞く音は$V-v_o$[m]の中に入っている波の分だけになります。このときの振動数は、$f=(V-v_o)/\lambda$となりますね。振動数は、止まって聞くときよりも減ることがわかります。つまり、「低音」に聞こえるのです。

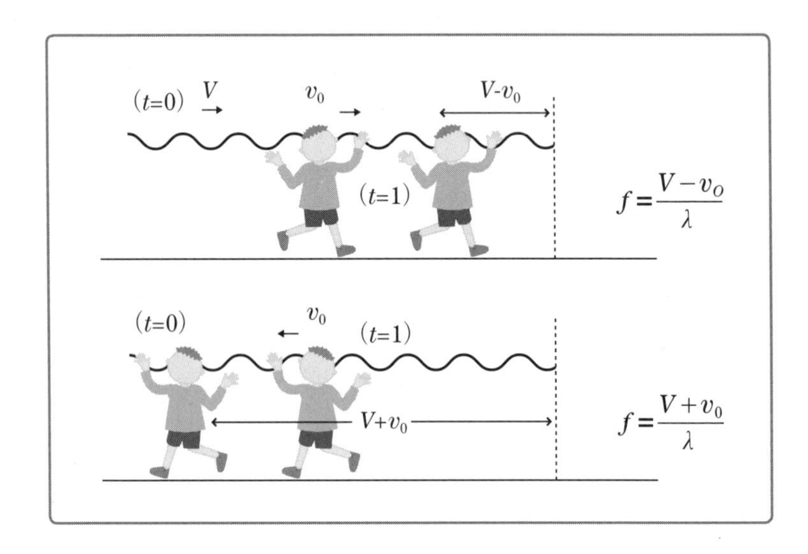

反対に、音に速さv_oで「向かっている」観測者Oを考えます。すると、図のように人が聴く音は$V+v_o$[m]の中に入っている波の分だけ聞くことになります。たくさんの波に耳がぶつかるわけですから、聞く波の個数は増えるのです。振動数fは、$f=(V+v_o)/\lambda$となり、確かに振動数は増えていて「高音」を観測していると理解できます。

➔ 音源Sと観測者Oが両方動くときのドップラー効果

では、まとめとして、音源Sと観測者Oどちらも右に動いているときを考えましょう。すると次のようになりますね。

観測する振動数をf_Oとすると

$f_0=\dfrac{V-v_O}{\lambda}$ に $\lambda=\dfrac{V-v_S}{f}$ を代入して

$$f_0=\frac{V-v_O}{V-v_S}f$$

はい、この上の式を「ドップラー効果の公式」と呼びます。丸暗記しようとする人が多いのですが、もうおわかりの通り、このようにアッサリと導出できるものなんですよ。

➔ 観測者Oの聞く振動数を図で求める方法

もちろん、これで「ドップラー効果」については原理から説明したのでもう十分なのですが、入試などでは最終的には「観測者Oの聞く振動数（観測振動数と呼ぶことにします）」を求めさせることが多いので、その「観測振動数」を瞬時に「図」で求める方法をお伝えしますね。

まず、音源Sでの音速Vとv_sの2つの矢印の先の距離を分母にします。次に、観測者Oでの音速Vとv_oの2つの矢印の先の距離を今度は分子にします。そして最後に、音源の振動数fをくっつけると、もうこれで「観測振動数」が求まるのです。

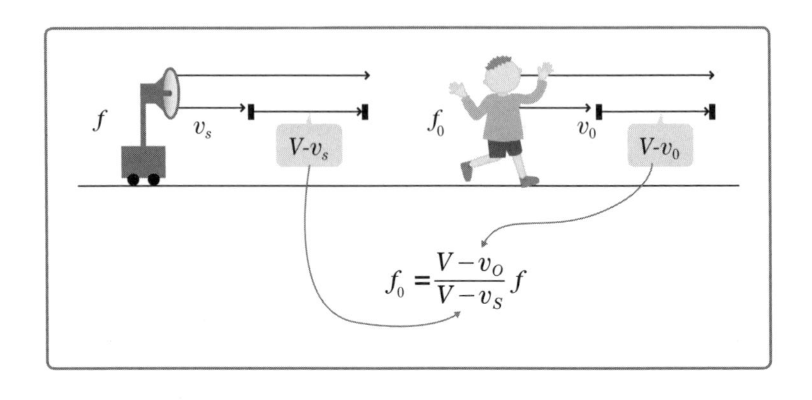

僕はこれを「観／音・図解法」と呼んでいます。

3 振動数が異なる音を同時に聞くとどうなる？【うなり】

➔ 振動数が少し異なる音を同時に聞くと発生する

では、音波現象の最後として「うなり」を扱ってみましょう。

みなさん、除夜の鐘の音を聞いたことはありますか？

「ごわぁ〜ん、ごわぁ〜ん」と聞こえますよね。これがまさに「うなり」現象です。

振動数の少し異なる2つの音（f_1、f_2）を同時に聞くと、音が小さくなったり、大きくなったりして「うわぁ〜ん、うわぁ〜ん」のように聞こえる現象を、「うなり」といいます。

単位時間あたりに、人間が聞くうなりの回数は$|f_1 - f_2|$となります。

➔ 振動数が「少しだけ」異なることが重要

「うなり」現象を観測するためには、「少し」異なる振動数を用意する必要があります。例えば、100［Hz］と101［Hz］などです。これが、あまりにも違いすぎると、人間の耳は2つの音として認識するので、「うなり」は観測できないのです。

そのため、この「うなり」は、楽器のチューニングなどで利用されることがあります。音叉などを用い、うなりが発生しないように、楽器を調律していくのですね。

4 光が反射するとき何が起こっている？【反射の法則】

→ 初等幾何光学はホイヘンスの原理でスッキリわかる

では、ここから高校の波動現象のクライマックスである「光」についての学習をはじめていきましょう。

まずは、初等幾何光学と呼ばれる分野についてです。これは、小学校や中学で勉強した「反射の法則」「屈折の法則」「レンズの像」などがテーマになります。

小学校や中学では結果のみを丸暗記して、その知識の運用が問われていたわけですが、高校物理では「反射の法則」「屈折の法則」などがなぜ成立するのかまで、きちんと解明できるので、その部分をごまかさずにやってみましょう。

さて、そのためには「ホイヘンスの原理」というものを理解する必要があります。オランダの物理学者ホイヘンスが発見した「ホイヘンスの原理」というのは、「波の伝わり方」についての1つのアイディアです。

いままで扱った1次元波動ではなく、これから扱う「2次元波動（平面）」や「3次元波動（空間）」では、この「ホイヘンスの原理」が非常に役立ちます。

➔ある瞬間の波面の各点から新しい波が生まれる

「ホイヘンスの原理」は、「ある瞬間の波面の各点が新しい波源となり、そこから次の新たな波（素元波という）を作り、それらの共通接線が次の波面となる」ということを主張しています。

まぁ、よくわかんないですよね。絵で考えていきましょう。

下図をご覧ください。お盆のような水槽があり、薄く水が張ってあります。

ここで、定規のようなもので水の端っこを上下に振動させると、図のように横並びの波がスイ〜ッと生じますね。これを「ホイヘンスの原理」で説明します。

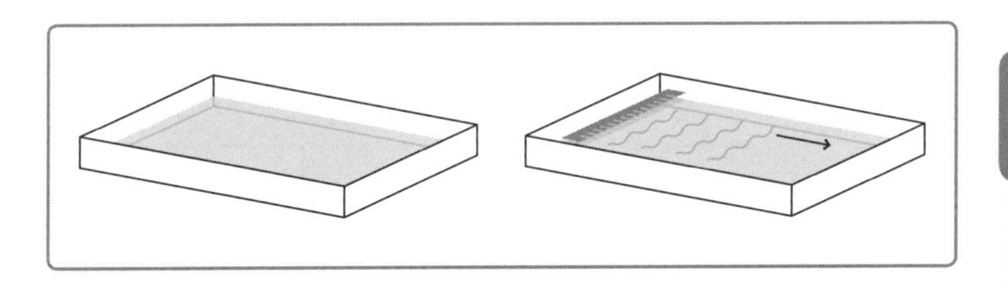

いま、定規で1回だけチャプッと水を振動させて、1つの波を作ります。

その波を構成している点を適当に考えましょう。いまは3つの点を考えるとします。

すると、その3つの点が、また波を生み出す波源となるのです。

具体的には、1つの点波源からは球面上に波が生じます。これは、水に指先でチョンッと触れたときにできる波を考えれば納得していただけるでしょう。

これを3つの点について考えると、3つの球面波ができますね。それらすべてに接する接線が、次の波面となるのです。

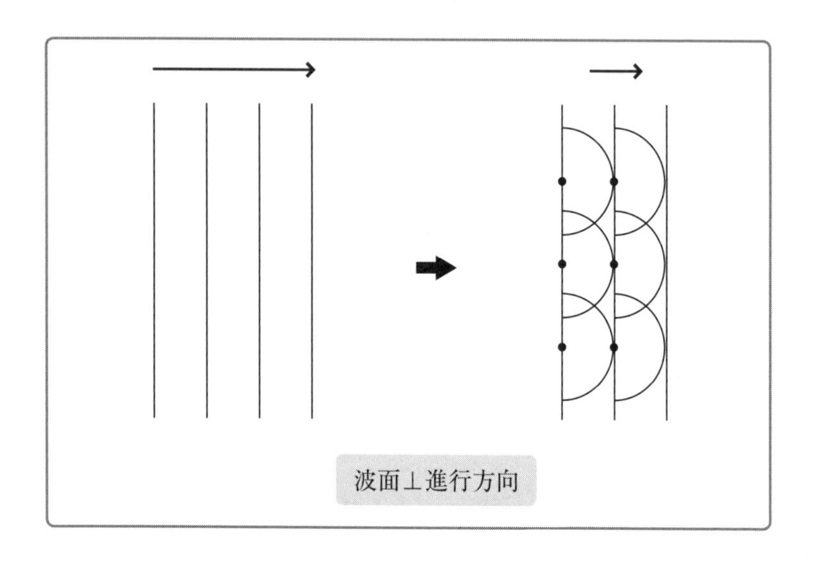

また、さらに考えれば、この波はどんどんと右へと進むことがわかりますね。

ここで、「ホイヘンスの原理」からわかる1つ重要な結果をいうと、「波面」と「波の進行方向」は垂直になる、ということです。つまり「波面⊥進行方向」が成り立つこともチェックしておきましょう。

➔ 入射光と反射光が同じになる理由

ここまで理解すると、「反射の法則」はすぐに証明することができます。

「反射の法則」は覚えていますか？

図のように、入射光と反射光があったとき、反射面に対して法線をとって、それぞれの光線とのなす角を「入射角」「反射角」と呼びます。この2つの角が同じ大きさになるというのが「反射の法則」です。

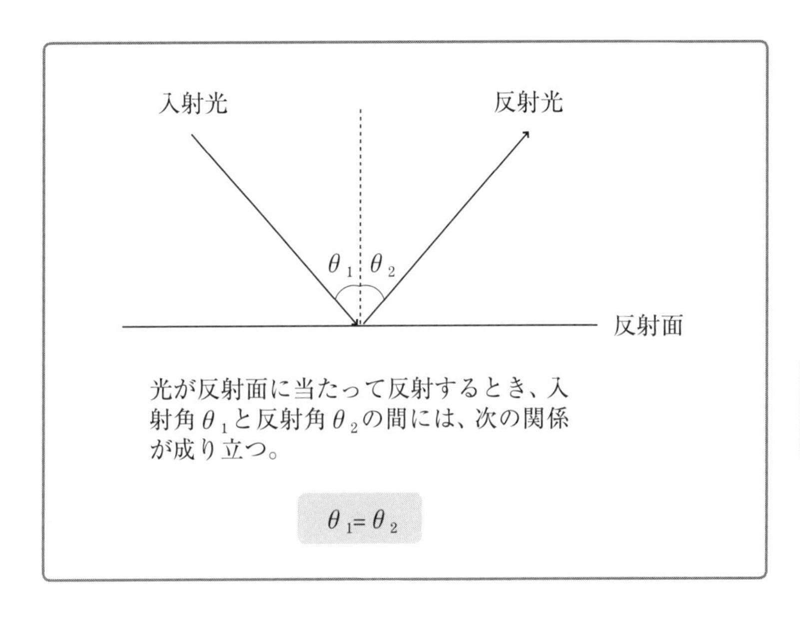

これを、「ホイヘンスの原理」を使って証明しましょう。

いま、図のように2本の平行線の光線を考えます。

その2本の平行光線の距離に当たる点線部分を「波面」と呼ぶと、この波面は反射面に向かっています。そして、1つの光線が点Aで反射面にぶつかったとき、もう一方の光線の同じ波面の場所は、点Bとなります。

したがって、点Bが点Cにたどり着くまでに、点Aではすでに半径ADの球面波ができることになります。すると図の点Cから円に接線を引いたとき、その接線こそが反射光の波面となります。もちろん、「波面⊥光線の進む向き」なので、この接線に垂直な向きが反射光の進行方向になります。

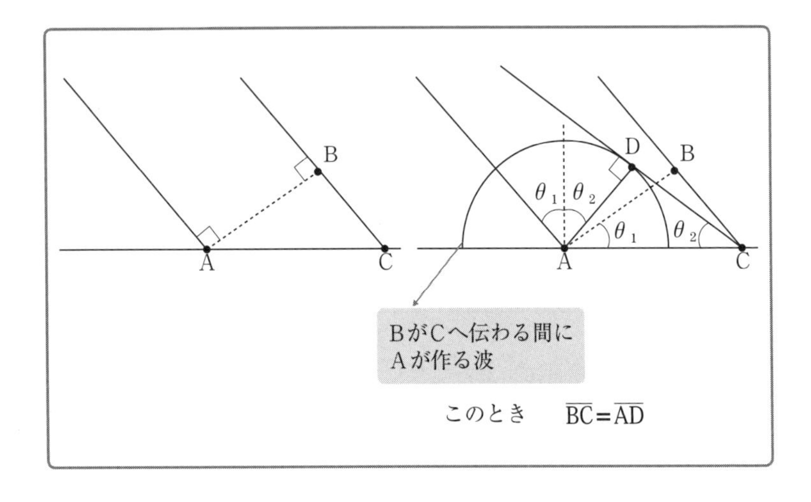

そうすると、直角三角形の合同条件より△ACB≡△CADとなります。よって、θ_1とθ_2は等しくなります。さらに、このθ_2は図の反射角に対応するので、入射角θ_1=反射角θ_2が導けるのです。

5 光が屈折するとき何が起こっている？【屈折の法則】

➔光の進みにくさを数値化したのが「屈折率」

では、次に「屈折」について考えてみましょう。

光が空気中から、水やガラスなど異なる物質に入り込むときに、光が折れ曲がって進む現象を「屈折」といいます。ここまでは小学校や中学でも扱うので、知っていると思います。

高校物理では、これを数式を用いて解析的に現象を捉えてみます。まずは、「屈折率」という言葉を定義します。

基本的に、光は真空中でもっとも速く、その速さはおよそ3.0×10^8[m/s]であることが知られています。これを光速といい、これより速いものも存在しません。

ところが、光が水やガラスに入り込むとき、スカスカの真空中よりもいくぶんか減速してしまいます。そこで、光の速さが「真空中のときに比べて、何分の1になったか」という数値を考え、それを「屈折率（正確には、絶対屈折率といいます）」と呼ぶことにしたのです。

例えば、「屈折率」が2ということは真空中に比べ速さは1/2になっていることを示しています。

つまり、「屈折率」は真空中では1であり、通常、真空以外の物質では1より大きい値になります。さらに、「屈折率」が大きいほど光は進みにくい、ということも理解していただけると思います。

➔ 屈折率と速さと波長の関係

さて、では本格的に「屈折の法則」なるものを確認してみましょう。

下図をご覧ください。いま媒質Ⅰを通ってきた光が、媒質Ⅱに入り込むときに図のように屈折して進んだとします。

このとき、境界面に垂直な法線と入射光のなす角を「入射角」、屈折光とのなす角を「屈折角」といいます。

ここで、媒質Ⅰでの光の屈折率をn_1、速さをv_1、波長をλ_1とします。同様に、媒質Ⅱではn_2、v_2、λ_2とします。

このとき、次の関係式が成り立つのが「屈折の法則」と呼ばれるものです（スネルの法則ともいいます）。

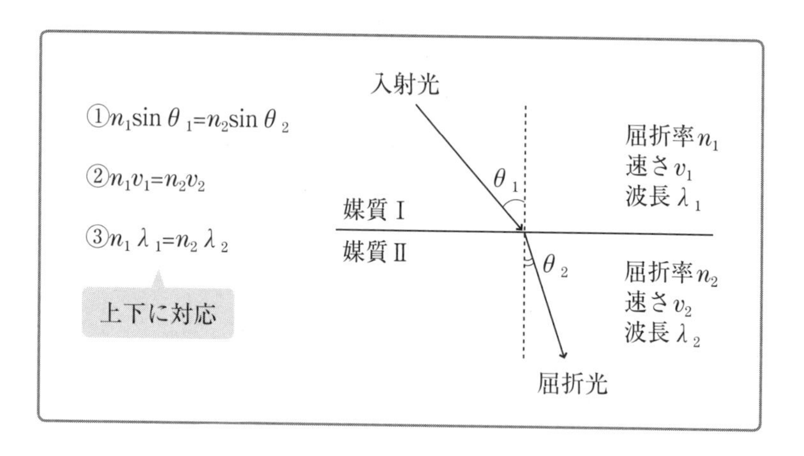

この式は、左辺が上の媒質Ⅰの情報で、右辺が下の媒質Ⅱの情報

になっていることも確認しておきましょう。

ちなみに、媒質1に対する媒質Ⅱの屈折率を「相対屈折率」といい、次式で表現します。いちいち毎回「真空を基準」にしたくない場合に有効です。

$$\boldsymbol{n}=\boldsymbol{n}_2/\boldsymbol{n}_1$$

➔屈折の法則もホイヘンスの原理で説明できる

では、この「屈折の法則」を、再び「ホイヘンスの原理」を用いて証明しましょう。

先ほどと同じように、2本の平行光線が媒質Ⅰから媒質Ⅱに向かっているとします。点Bで媒質Ⅱに入り込みはじめるときに、もう一方の光線の同じ波面の点は点Aとなります。

すると、点A～A'までに光が進む間に、点Bから生じた素元波は図のようになります。A～A'までにt[s] 間かかったとすると、A～A'はv_1tで、B～B'はv_2tとなりますね。

よって証明は次のようになります。

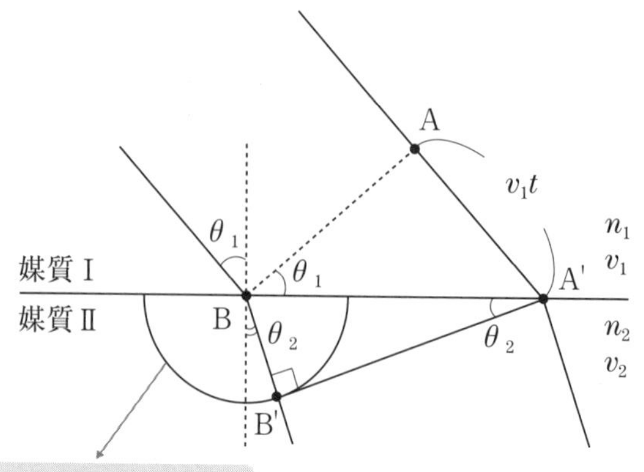

このとき、相対屈折率を

$$\frac{n_2}{n_1}=\frac{AA'}{BB'}=\frac{v_1t}{v_2t}=\frac{v_1}{v_2}$$ と定義する。

AA'=BA'sin θ_1、BB'=BA'sin θ_2 なので

$$\frac{n_2}{n_1}=\frac{BA'\sin\theta_1}{BA'\sin\theta_2}=\frac{\sin\theta_1}{\sin\theta_2}$$

また、振動数は不変なので $v=f\lambda$ より $\begin{matrix} v_1=f\lambda_1 \\ v_2=f\lambda_2 \end{matrix}$ なので、

$$\frac{n_2}{n_1}=\frac{v_1}{v_2}=\frac{f\lambda_1}{f\lambda_2}=\frac{\lambda_1}{\lambda_2}$$ になる。

ここで大切なのは、媒質ⅠとⅡでの光の振動数は、まったく等しいということです。初心者だと、「媒質が変わるとやはり振動数も異なるんだ！」と思う人が必ずいるのですが、それは間違いです。

手のひらを合わせ、横向きにして、上の手で5回パチパチと叩いてみましょう。すると、下の手のひらは何回叩かれるでしょうか？

もちろん5回です。

上下の媒質で振動数が不変なのは、カンタンにいうと、このような理由なのです。

6 光が外に出られなくなる角度がある？【全反射】

➔入射角を大きくすると光が外に出なくなる

「反射」と「屈折」について学んだところで、今度は「反射」と「屈折」の両方の知識を使う「全反射」という現象を確認してみましょう。

いま、水中から空気中など、屈折率が高いものから低いものへ光が出ていく場合を考えます。

ここで入射角を①や②のようにだんだんと大きくしていったとき、いつしか③のように屈折角が90°になりますね。このときの入射角を「臨界角」と呼びます。

そして、さらに入射角を大きくすると、④のように光は空気中にまったく出ないで、すべて水中に反射されるようになります。これを「全反射」と呼んでいます。

③で、臨界角θ_0については、屈折の法則より次式が成立します。

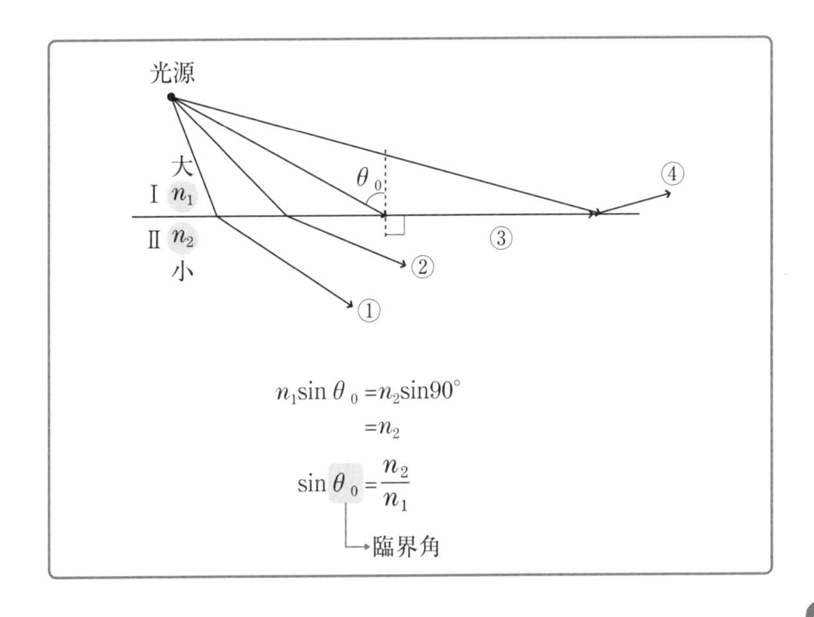

この式を満たすθ_0を超える入射角になると、全反射という現象が生じることになります。

➔ 光通信も全反射を利用している

なお、この理論を利用した有名なものに光通信、つまり光ファイバーがあります。

基本的には、光ファイバーは、屈折率の大きいコアと、屈折率の低いクラッドという2つからできています。

そして、コア内に入った光を全反射することで、遠くまで情報を伝えているのです。

7 「レンズ」を使うとどんな現象が起こる？【レンズ公式】

➔レンズとは「すべて同一の点を通るような屈折が生じる」道具

では、次に「レンズ」についての学習を行います。

もちろん、「レンズ」自体を知らない人はまずいないでしょうが、そもそも「レンズ」とはいったいどのような道具か、ということを確認しましょう。身近なものほど、理解しているつもりになっている、ということはよくあるものです。

レンズとは、「レンズに入ってきた光が、すべて同一の点を通るような屈折が生じる道具」のことです。

そして、レンズに対して平行光線が入ってきた光が集まる点を「焦点」といいます。凸レンズでは「焦点」は入射光とは反対側に、凹レンズでは入射光側に「焦点」ができます。焦点にはよくFという記号が使われます。

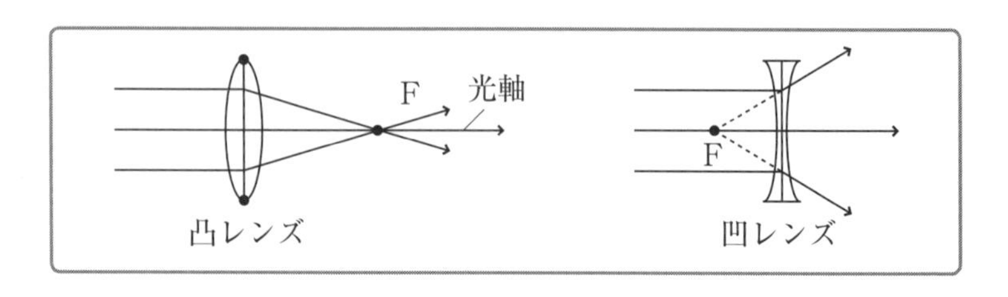

高校物理では、まずこのような「レンズ」という道具を与えられたとき、どのように扱っていきますか、ということが問われます。もちろん、レンズというものをどのように作成するのか、ってことも物理の問題になるわけですが、高校ではそこまで踏み込むことはまずしません。

そこで、「レンズ」を用いるとどのような現象が起こるかを考えてみましょう。特に「レンズ」には、「レンズ公式」なるものが存在します。多くの高校生がこれまた丸暗記に走りがちな分野ですが、この本ではもちろんきっちりと証明します。

➔「レンズ」を用いた「像」の作図の仕方

「レンズ」では、「像」を結ぶという操作を中心に現象を捉えていきます。なので、「レンズ」を用いた「像」の作図の仕方をまずは紹介しましょう。

像の描き方は、次の2通りの線を描ければ十分です。

①レンズに平行に入射する光線は、焦点を通るように屈折する

②レンズの中心を通る光線は、そのまままっすぐ進行する

では、さっそくレンズの像の作図と、「レンズ公式」の証明を行いましょう。

➔凸レンズのレンズ公式を作図で求めよう

凸レンズとは、その名の通り、中心部分にふっくらと厚みがあるレンズのことです。

①物体を焦点の外側に置いた場合（a>f）

このとき、作られる像は下図のようになり、これを「実像」と呼んでいます。

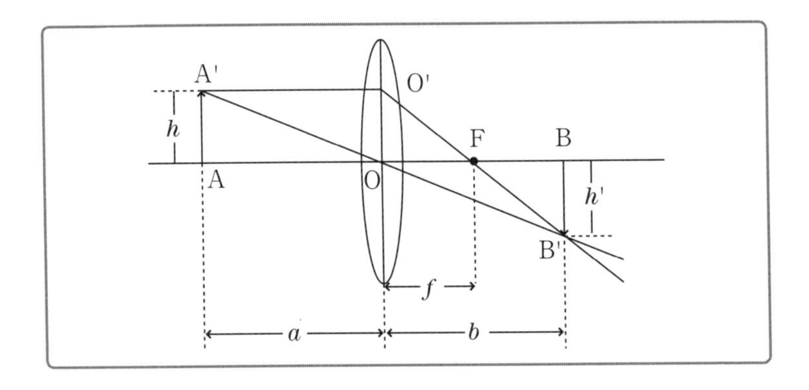

さて、ここでもとの物体の高さhと像の高さh'の比を「倍率」といいます。この倍率の表し方には、次の2通りの相似関係を用いた方法があり、ここから「レンズ公式」を導出できます。

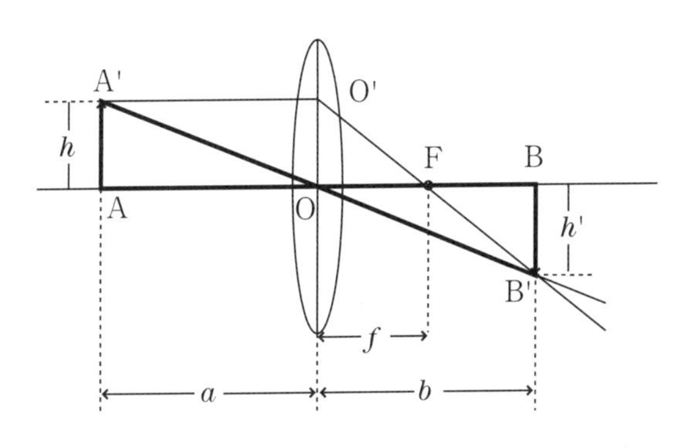

△OAA'∽△OBB'より

$$\frac{h'}{h}=\frac{b}{a} \quad \cdots①$$

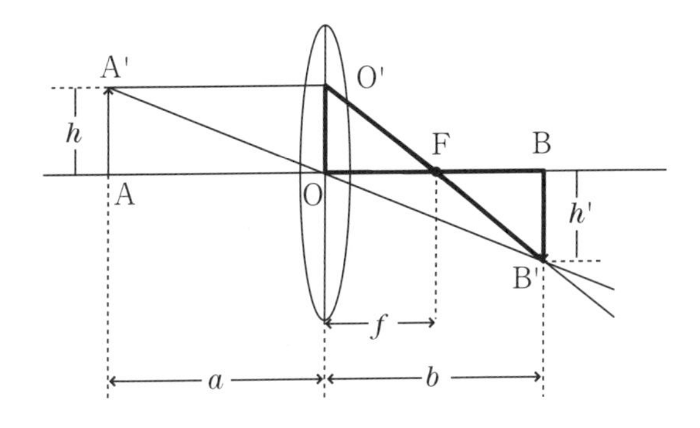

△FOO'∽△FBB'より

$$\frac{h'}{h}=\frac{b-f}{f} \cdots②$$

①、②より

$$\frac{b}{a}=\frac{b-f}{f}$$

$$\therefore \frac{1}{a}+\frac{1}{b}=\frac{1}{f}$$

②物体を焦点の内側に置いた場合（a<f）

このとき、作られる像は下図のようになり、これを「虚像」と呼んでいます。

虫眼鏡で見ている像は、この「虚像」になります。もとの物体よりも後方にできるので、必ず拡大されたものになるわけですね。

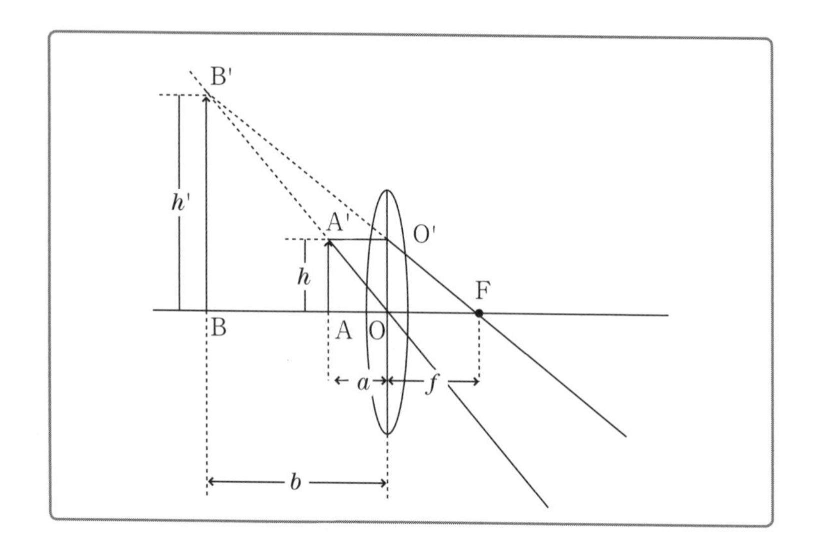

このときの倍率に関する式は、以下のようになります。

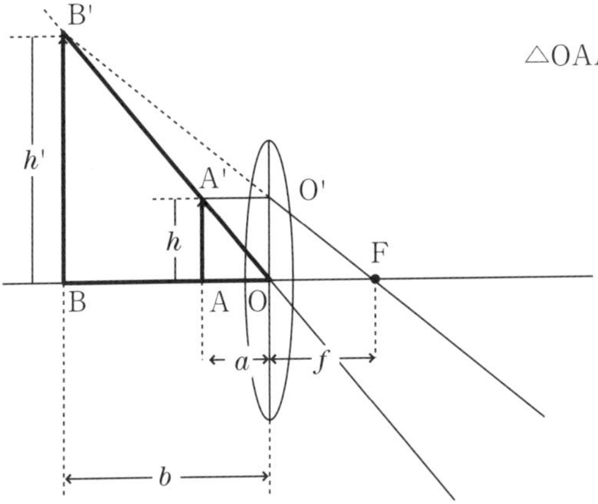

△OAA'∽△OBB'より

$$\frac{h'}{h}=\frac{b}{a} \quad \cdots ①$$

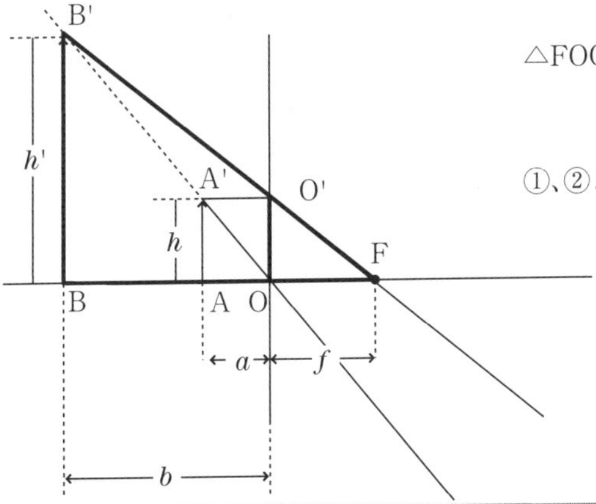

△FOO'∽△FBB'より

$$\frac{h'}{h}=\frac{b+f}{f} \quad \cdots ②$$

①、②より

$$\frac{b}{a}=\frac{b+f}{f}$$

$$\therefore \frac{1}{a}+\frac{1}{-b}=\frac{1}{f}$$

すると、bが負になっているだけで、形式的には何も変わらないことがわかります。

➔凹レンズのレンズ公式を作図で求めよう

凹レンズとは、その名の通り、中心部分が周りより凹んでいるレンズのことです。

凹レンズで作られる象は下図のようになります。

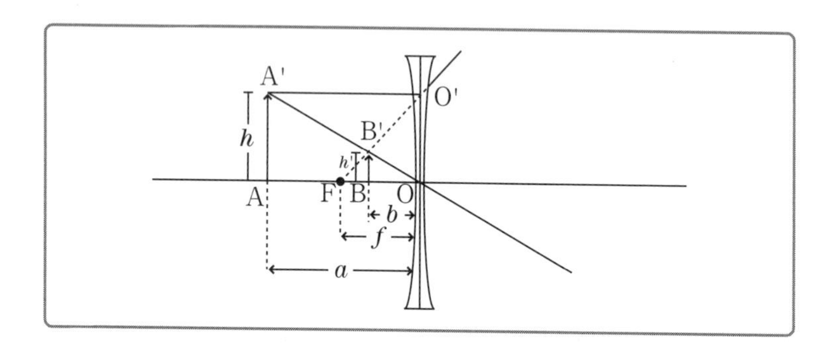

このときのレンズの式は、次のようになります。

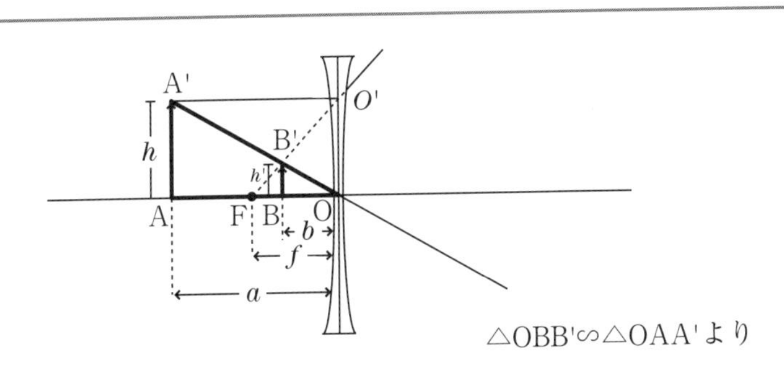

△OBB'∽△OAA'より

$$\frac{h'}{h}=\frac{b}{a}\ \cdots①$$

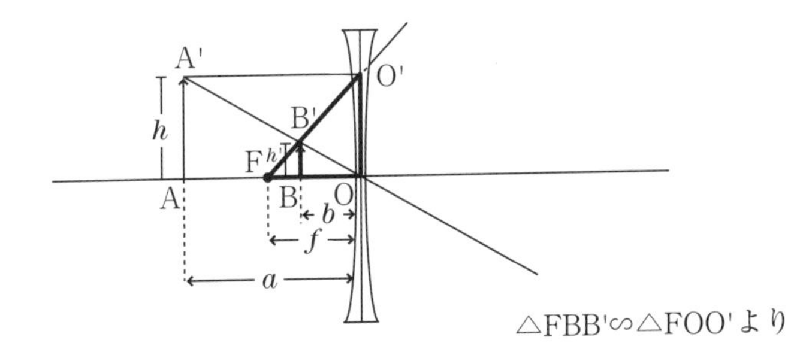

△FBB'∽△FOO'より

$$\frac{h'}{h}=\frac{f-b}{f}\ \cdots②$$

①、②より

$$\frac{b}{a}=\frac{f-b}{f}$$

$$\frac{1}{a}+\frac{1}{-b}=\frac{1}{-f}$$

すると、これまた形式的にはほぼ変わらず、fが負になっているだけということが見えます。

つまり、「レンズ公式」をまとめると次のようになりますね。

あらゆる場合で

$$\frac{1}{a}+\frac{1}{b}=\frac{1}{f}$$ が成立する。

ただし、

$$\begin{cases} b>0 \text{のとき実像} \\ b<0 \text{のとき虚像} \end{cases}$$

$$\begin{cases} f>0 \text{のとき凸レンズ} \\ f<0 \text{のとき凹レンズ} \end{cases}$$ であることに注意する。

8 2つの波が出会うとどうなる？ 【波の干渉】

→ 波は強めあったり、弱めあったりする

波の重要な性質に「干渉」があります。

まずは、水の波での干渉を考えてみましょう。

次の図は、水面を上から見たものだと考えてください。いま、S_1とS_2という点に、指先で同じタイミング（同位相という）でちゃぷちゃぷと波を立ててみましょう。このとき生じる波はまったく同じ波とします。

すると、その2つの波が点Pで出会うとき、もし2つの波の山と山が出会ったら大きい波になり、山と谷が出会うと波が消えます。これを「波の干渉」といいます。

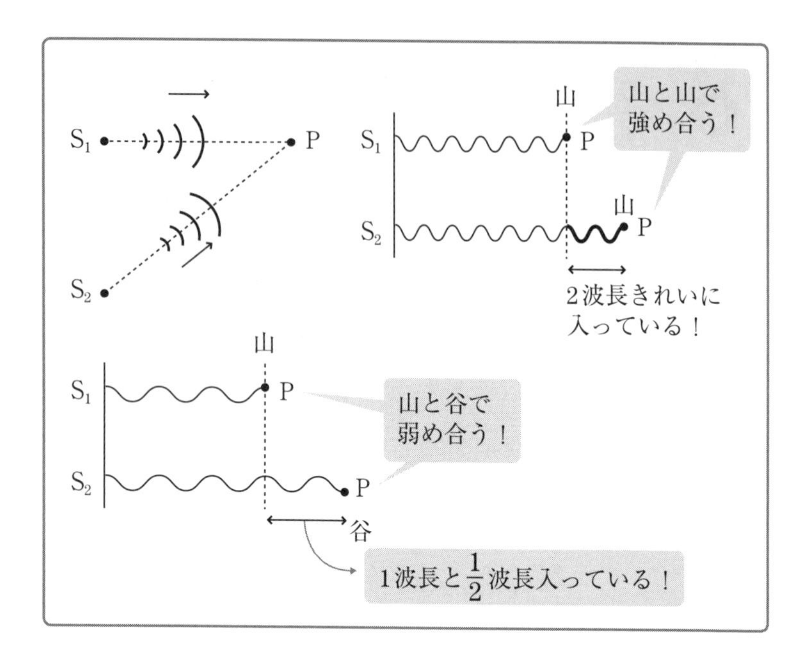

もちろん、音も波なので、干渉は起こります。音波の山と山が出会うと大きい音になり、山と谷が出会うと聞こえなくなるのです。

➔強めあうか弱めあうかは、経路差で決まる

さて、「干渉の条件」を詳しく見ていきましょう。

S_1とS_2から出た波が点Pでぶつかるときに、「山と山」で出会えば、波が進む距離が異なっても強めあいます。

逆にS_1とS_2から出た波が「山と谷」で出会えば、波は弱めあいます。

すると結局、次のようにまとめることができますね。

経路差$=m\lambda$のとき強め合う

経路差$=(m+\frac{1}{2})\lambda$のとき弱め合う

※mは整数

このように波が進んだ距離の差が、波長λの何倍になっているかということが「干渉の条件」ということです。

また、波が進んだ距離の差を「経路差」といいます（径路差と書くこともあります）。

9 光の正体は波？　粒子？【ヤングの実験】

➔光が波であることを示したヤングの実験

「光の正体とは何なのか」ということは、昔から人々の大きな疑問の1つでした。

そして、その議論では「光は粒子である」「光は波である」という2つの主張が対立してきました。

さて、「干渉」は、物体の運動にはない、波独特の現象です。では、「光」でもし「干渉」現象が観測できたらどう考えますか？

そう、「光とは波である」と考えることができますね。

それを実験的に示したのが、トーマス・ヤングという科学者です。彼は「ヤングの実験」という有名な実験で、光が波の性質を持つことを発見しました。「ヤングの実験」は、大学入試においてもよくネタになるものです。

トーマス・ヤングは物理学や医学、そして考古学や文学と、様々な分野で才能を発揮した天才です。ヤングは医者をしているときの目の解剖学的な研究から、光学について興味を持ったといわれています。

ヤングが行った実験は、以下のような装置を用いたものでした。

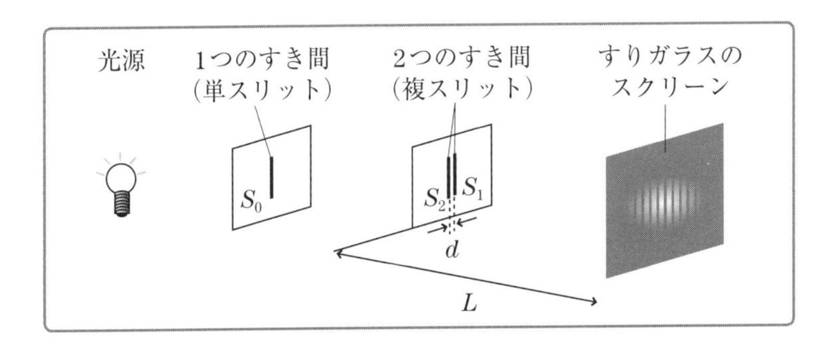

光源から出た光は、単スリットを通り、その先の複スリットから同時に出て、スクリーンに届きます。このとき、スクリーンに、明るい部分と暗い部分が交互に並んだ縞模様が観測されたのです。

この明暗の縞模様を、ヤングは、光が干渉し、強めあったり弱めあったりしたことが原因なのでは、と考えました。そういう意味で、この縞模様を「干渉縞」と呼びます。

こうして、この実験から光には「干渉性」があることがわかり、光は波の1種だと結論づけられたのです。

➔ヤングの実験に単スリットが必要な理由

さて、ここで多くの高校生が思う疑問の1つに「なぜ単スリットが必要なのか？」というものがあると思います。

確かに、最初から複スリットを通しても干渉するように思えますよね。

実は、この単スリットの効用は「光の干渉性を高める」ということにあります。もっというと「同位相の波にする」ということです。

通常、太陽光や豆電球などから出てくる光というのは、様々なタイミングでバラバラに光が出ています。これでは、うまく「干渉」は観測できないのです。

「干渉」を観測するには、同じ場所から同じタイミング、つまり同位相の光を用意する必要があります。そのために、一度単スリットを通しているのです。

もちろん、もともと同位相の光が出るレーザー光などを使えば、この単スリットは省略可能です。ちなみに、豆電球や太陽光など干渉性が弱い光を「インコヒーレントな光」、干渉性の強いレーザー光を「コヒーレントな光」と表現することもあります。

つまり、ヤングが見つけた、インコヒーレントな光をコヒーレントにする方法が、「単スリットを通す」ことだったというわけです(ヤングは偶然このことに気づいたようですが……)。

➔ヤングの実験を数式で表現してみよう

では、複スリットを通過した光が干渉し、明るくなったり暗くなったりする条件を、数式で表現してみましょう。

そのためには、まず、有名な「近似式」を紹介する必要があります。それが次の2つです。

①$(1+x)^n \fallingdotseq (1+nx)$ $(x \ll 1)$

②$\sin\theta \fallingdotseq \tan\theta \fallingdotseq \theta$ (θが小さいとき)

これは数学上とても重要な近似計算なので、知っている人も多いかもしれませんね。問題文にそもそも与えられていることもあります。

が、少しその中身を考えてみましょう。本来は「マクローリン展開」なるものを使用して証明するのですが、ここではその意味を感じ取ってもらえれば、それで十分です。

①$(1+x)^n \fallingdotseq (1+nx)$（$x \ll 1$のとき成立）

2項定理より

$$(1+x)^n = \underbrace{1+nx}_{\text{ここまで残す！}} + \underbrace{\frac{n(n-1)}{2}x^2 + \frac{n(n-1)(n-2)}{6}x^3 \cdots}_{x^2\text{以降は無視する！}}$$

②$\sin\theta \fallingdotseq \tan\theta \fallingdotseq \theta$

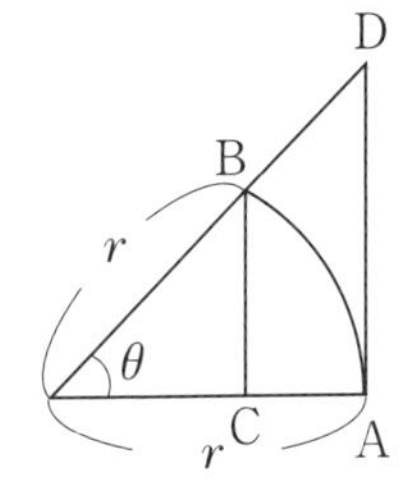

$\sin\theta = \dfrac{\overline{BC}}{r}$

$\tan\theta = \dfrac{\overline{AD}}{r}$

$\theta = \dfrac{\overset{\frown}{AB}}{r}$であるが

θが微少のとき

$\overline{BC} = \overline{AD} = \overset{\frown}{AB}$と見なせる。

それでは、「ヤングの実験」を数式で捉えてみましょう。

結局は、複スリットS_1とS_2から点Pまでの経路差を考えるだけです。この経路差の導出方法は、2通りあります。

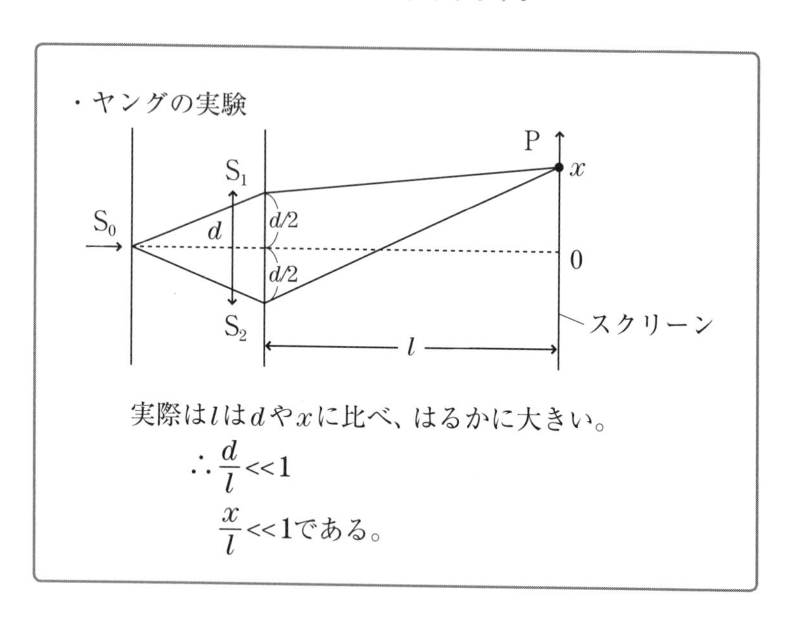

① ここで

$$S_1P=\sqrt{l^2+\left(x-\frac{d}{2}\right)^2}$$

$$S_2P=\sqrt{l^2+\left(x+\frac{d}{2}\right)^2}$$

$$S_2P-S_1P=\sqrt{l^2+\left(x+\frac{d}{2}\right)^2}-\sqrt{l^2+\left(x-\frac{d}{2}\right)^2}$$

$$=l\left(\sqrt{1+\left(\frac{x+\frac{d}{2}}{l}\right)^2}-\sqrt{1+\left(\frac{x-\frac{d}{2}}{l}\right)^2}\right)$$

近似式
$(1+x)^n \fallingdotseq 1+nx$
を用いる

$$\fallingdotseq l\left(1+\frac{\left(x+\frac{d}{2}\right)^2}{2l^2}-\left\{1+\frac{\left(x-\frac{d}{2}\right)^2}{2l^2}\right\}\right)=\frac{d}{l}x$$

②

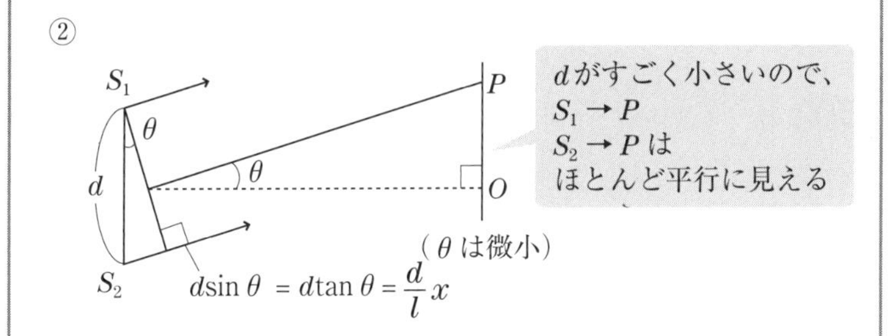

よって、明暗条件は以下のようになります。

$$\frac{d}{l}x=m\lambda \text{で 明}$$

$$\frac{d}{l}x=\left(m+\frac{1}{2}\right)\lambda \text{で 暗}\quad (m\text{は整数})$$

➔光はやっぱり粒子だった？

この実験で「光の波動説」は多くの人に認められ、光の議論は決着したかに思われました。

しかし、のちにアインシュタインが研究した「光電効果」という現象は、光を粒子と考えなければ説明不可能です。そのようなことから、再び「光の粒子性」は息を吹き返します。

結局、光とはいったい何者なのか、ということについては、原子物理の講で詳しく説明しますね。

10 なぜシャボン玉は虹色に光って見える？【薄膜の干渉】

シャボン玉が虹色に見える原因は「薄膜の干渉」

では、光の干渉の具体例として、「薄膜の干渉」についてもお話ししましょう。

シャボン玉が虹色に光って見えたり、道路で油膜が虹色に見えることってありますよね。あれが「薄膜の干渉」という現象です。

この「薄膜の干渉」を理解するには、まず「光学的距離と光路差」「反射による位相のずれ」について知る必要があるので、そこから考えましょう。

「真空中ならどれだけ進むか」を考える光学的距離と光路差

真空中（屈折率1）で、速さv、波長λで進行する光は、屈折率nの物質中で速さはv/n、波長はλ/nになります。

よって、図のように実際の距離がlのとき、それは光が真空中をnlという距離進んだことに対応しています。

この、nlの距離のことを「光学的距離」といい、その差を「光路差」といいます。「経路差」と似た言葉なので注意してくださいね。

特に、屈折光を考える干渉の場合は、この「光路差」を考えるとうまくいきます。

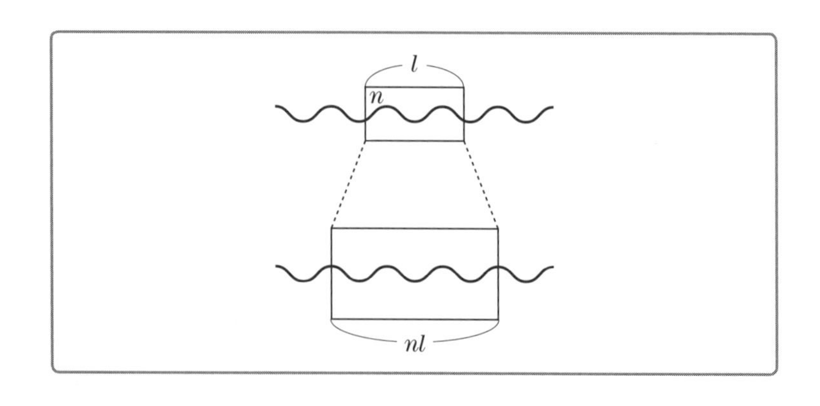

➔ 音と同じく、反射による位相のずれがある

反射には「自由端反射」と「固定端反射」の2つがありましたね。光の反射も同様です。光にも、この2種類の反射を考えることができます。

光の場合、重要なことは「屈折率の小さい方から大きい方へ入射したときの反射」か、その逆か、ということです。

屈折率の小さい方から大きい方へ入射したときは、「固定端反射」になります。

屈折率の大きい方から小さい方へ入射したときは、「自由端反射」になります。

この証明は、大学レベルでの電磁気学における電磁波の素養が必要なので、ここでは割愛させていただきます。

さて、固定端か自由端かで「位相にずれ」が生じることも学習済みですね。

もう一度まとめると次のようになります。

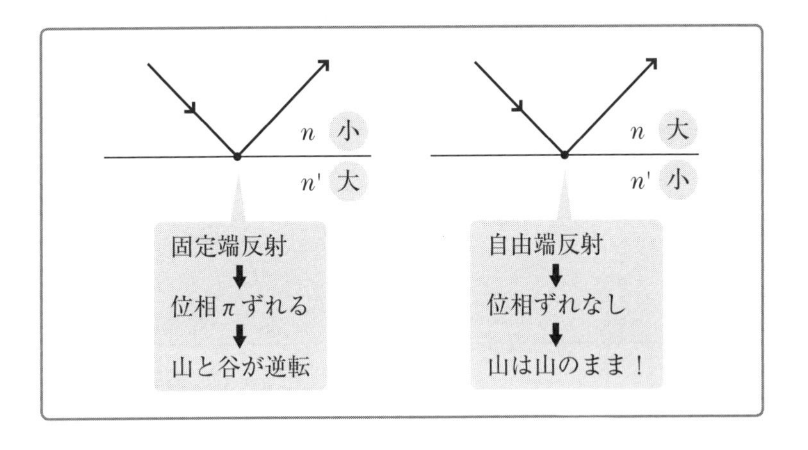

位相がπずれるということは、山だったところが谷になるということで、明暗の条件が逆転してしまう可能性を示唆していることを理解してくださいね。

➔ 薄膜の干渉を数式で表現してみよう

では、本格的に「薄膜の干渉」という現象を考察してみましょう。

次の図をご覧ください。

いま、空気中から、屈折率がnの薄膜に、入射角iで入射した光の干渉を考えます。ちなみに、薄膜の厚さをdとし、薄膜の下側も空気とします。さらに、空気の屈折率は真空と同じく1とみなせるという設定で考えましょう。

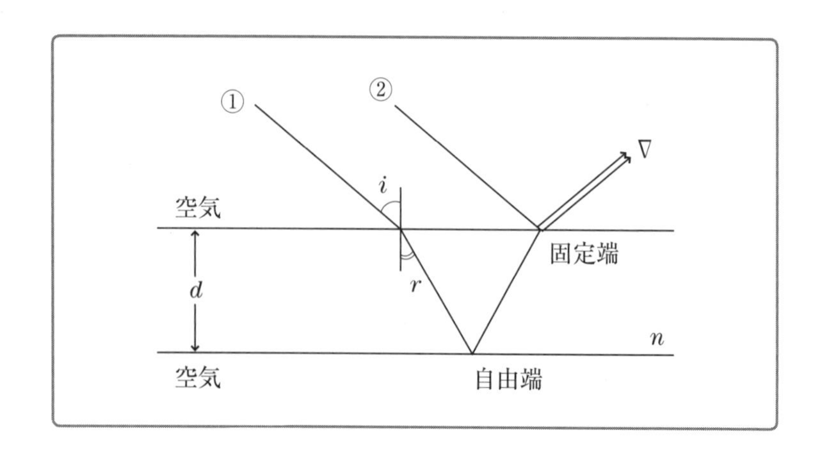

このとき、干渉する光は、2つあります。空気中から薄膜内に屈折して入り込み、反射し、また空気中に出ていった光線①と、そもそも薄膜の面で反射した光線②です。

もちろん、いままでと同じく明暗条件は経路差、今回は「光路差」を見ていくことになるのですが、光路差はホイヘンスの原理よりCE+ED分となります。

なぜかわかりますか？

ホイヘンスの原理より、点Bの波が点Dに進むまでに、点Aの波は点Cまで進むので、この時点での2つの光線の光路差は0なのです。

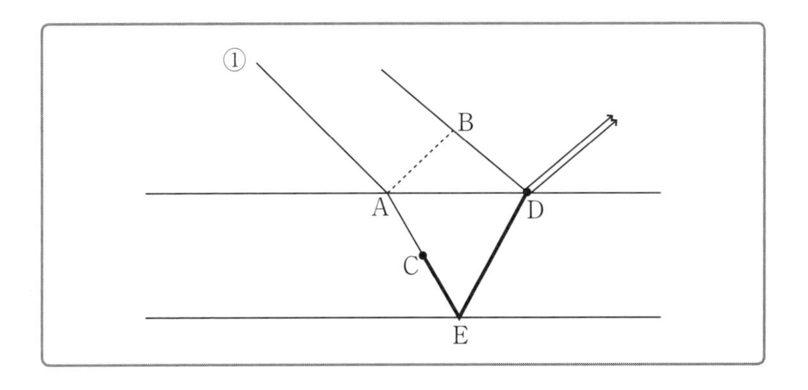

よって、あとはCE+EDを数式でどう表現するかがポイントになります。

これは幾何学的な手法ですが、折れ曲がった線の長さを求めるのは、非常に人間は不得意です。なので、対称点をとり、まっすぐにして長さを求めることが多いですね。

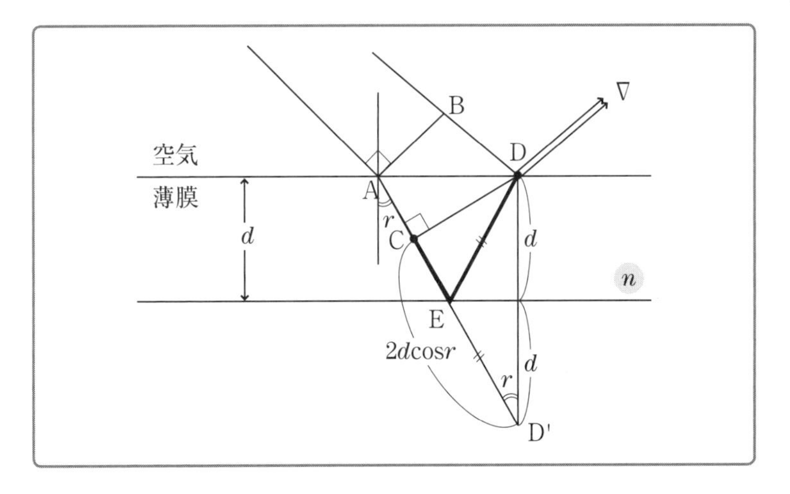

すると、光路差は次のように表すことができます。

$$\text{光路差} = 2nd\cos r$$

さて、光路差を求めたらこれで一件落着というわけにはまいりません。なぜなら、反射により、「位相のずれ」が生じている可能性があるからです。

今回は、光線①では位相のずれは「なし」ですが、光線②では位相が「πずれる」ことになります。すると一方の光のみが、山だった場所が谷へと変わるので、明暗条件も逆転することになります。

つまり、明暗条件は以下となります。

$$2nd\cos r = \left(m + \frac{1}{2}\right)\lambda \cdots \text{明}$$
$$2nd\cos r = m\lambda \cdots \text{暗}$$

もちろん、薄膜の下側を屈折率の大きい物質にすると、どちらの位相も「πずれる」ので、結局は位相のずれは相殺され、明暗条件もいつも通りとなります。注意してくださいね。

第6教室
電気の世界も力学的に表現できる？
【電磁気学①】

では、ここからは電気の世界に足を踏み入れてみましょう。大学入試においても、この「電磁気学」という分野は、「力学」同様必ずといっても過言でないくらい、どの大学も出題します。ということは、やはりそれだけ物理学において重要であるということです。

電磁気学と力学は何が違う？【電荷】

電磁気学は、実は力学と似ている

「電磁気学」を苦手な高校生は多いようで、「力学のようにイメージできないから、何かいや！」と思っているようなのですが、実はこれは誤った考えです。

「電磁気学」では、「ある粒子」についての議論を深めていきます。

そう、結局は電気の世界も、物体のような「ある粒子」の動きを考察していくと、うまく説明できるのですね。つまり、電気の世界も「力学」の理論は非常によく適用できるんです。

物体の代わりに電荷を扱うのが電磁気学

電気の世界で考える、この「ある粒子」を「電荷」といいます。

「力学」と「電磁気学」で研究するその対象をまとめると、次のようになります。

- **「力学」では、質量m［kg］の「物体」が研究対象となる。**
- **「電磁気学」では、電気量q［C］の「電荷」が研究対象となる。**

いいでしょうか。

「質量と電気量」「物体と電荷」という言葉が互いに対応している

と考えてください（特に、大きさを無視する物体を「質点」と呼ぶのに対し、大きさを無視する電荷を「点電荷」といいます）。

電気量の単位は［C］で、「クーロン」と読みます。

➔物体と違うのはマイナスがあること

さて、電気も力学に似ていることは感じ取っていただけたでしょうが、もちろん異なる点もあります。

それは、電気量には正負、プラスとマイナスが存在する点です。

これは中学理科でも出てくることですが、今一度注意しておきましょう。

2 電荷同士にはどんな力が働きあう？【クーロンの法則】

➔電気的な現象を数式で表現することは難しかった

電子工学のことを「エレクトロニクス」ともいいます。これは、ギリシャ語で琥珀を意味する「エレクトロン」から来ています。特に、電子のことをまんま「エレクトロン」ともいいますしね。

昔の人は「琥珀をこすると、周りのホコリなどがくっついてしまう」という現象を観測していました。つまり、電気的な現象は、昔から知られていたのです。＋の電荷同士や－の電荷同士は反発し合い（斥力といいます）、＋と－の電荷には引き合う力が働きあう（引力といいます）こともわかっていました。

しかし、それらの現象を数式で表現することがなかなか難しいため、力学よりも発展が遅れたのです。

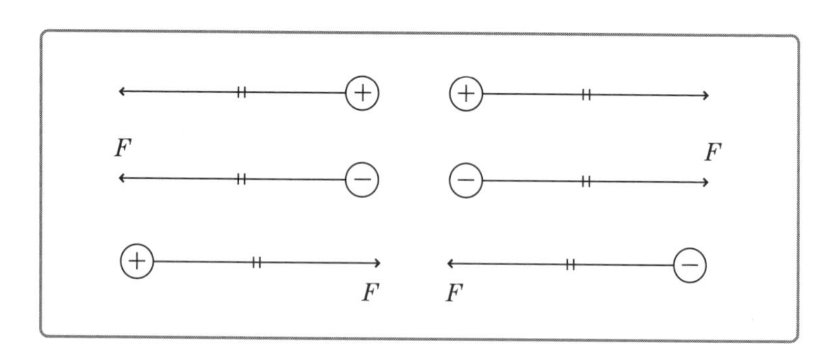

➔はじめて電荷同士に働きあう力を数式で表現したクーロン

そして、1785年に、フランスの退役軍人だったシャルル・ド・クーロンという科学者が、実験的に電荷同士に働きあう力を数式で表現することに成功しました。それが「クーロンの法則」と呼ばれるもので、次の形になります。

電荷 Q と q に働くクーロン力 F

$$F = k\frac{Qq}{r^2}$$

k … 9.0×10^9 [N・m²／c²] クーロンの法則の比例定数という
r …電荷間の距離

この電荷に働く力を「クーロン力」や「静電気力」と呼びます。

もちろん電気量の単位「C」は、クーロンからとって付けられたものですね。それだけ電気の世界に貢献した科学者なのです。

➔電気の力は、万有引力と似てる！

さて、この式を見たときに「あれ？」と違和感を抱く人は、鋭いです。この式とまったく同じ形式のものを、すでに私たちは知っていますよね？

そう、「万有引力」と同じ式なのです。

「万有引力の法則」は、「クーロンの法則」よりも100年ほど前に、ニュートンによって見出されました。「クーロンの法則」が発表されたとき、「まさか電気の力と、星と星が引き合う力が同じ式で書けるとは！」と、多くの人が驚いたといわれています。

おそらく、クーロンは最初からある程度「電気の力も、万有引力の式で書けるかもしれないな」と推論を立てて実験を行っていたんでしょう。

なお、このクーロンの法則は大学で学ぶ「マクスウェル方程式」から証明可能ですが、高校物理では、実験式として理解してください。実験式とは「実験してみたらこのような式になることがわかった」という意味です。

3 電荷が1つしかなかったらどうなる？【電場】

➔電荷は周りの環境から力を受ける

さて、「クーロンの法則」は非常に素晴らしい発見なのですが、1つ疑問が生じます。クーロンの法則の式を記述するには、2つの電荷の電気量Q、qと、電荷間の距離rという情報がわかっていないといけません。

では、もし一方の電荷、例えば電荷Qの居所がまったくわからなかったらどうでしょうか？

この時点で、もうクーロンの法則は書けないことになります。しかし、現実に電荷qには力が働いていることは観測できているのです。

そこで、人間はまた1つのアイディアを考えました。物理学というのは、いや、科学全体にいえることですが、何か都合の悪いことが起きたら、そのつど「修正案」「アイディア」を入れるのです。

今回は、次のようなアイディアを考えます。

電荷qは、その周りの空間によって力を受ける。

つまり、「電荷Qから力を受けた」のではなく、「周りの空間から力を受けた」という解釈に変えたのです。

これによって、電荷Qのことはひとまず何の情報も得られなくても、一応つじつまは合うようになったのです。

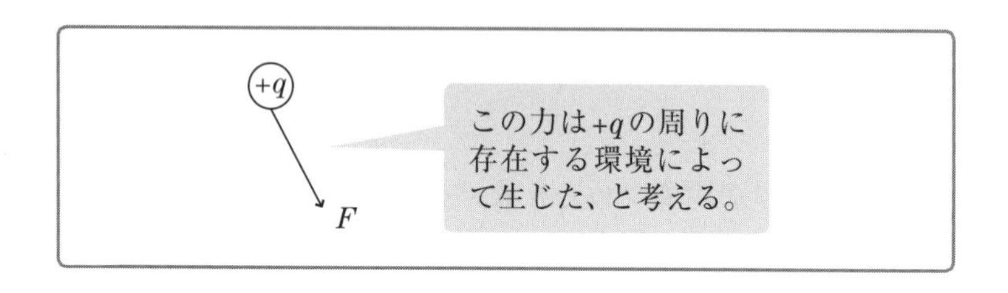

➔何かの性質を持った空間が「場」

空間に何かの性質を考えたとき、その空間を「場」といいます。

いま考えている「電荷に対して、クーロン力を作用させる性質を持つ空間」は「電場」といいます。

この「場」というアイディアは、最初はけっこうたじろぐというか、受け入れがたいものかもしれません。

でも、カンタンですよ。みなさんも日常的に考えています。

学校の教室でも、例えば先生に怒られているときには「空気が重いなぁ」とかいいますよね？　これは「教室という空間」に「空気が重い、雰囲気が悪い」などという性質を付与しているのです。

他にも、美人やイケメンがいるだけでその場が「キラキラ華やかになる」こともありますね。これも「キラキラとした場」を考えているのです。

ね？　「場」というものは生活の中でも普通に取り入れている考えなのです。あまり難しく考えないようにしていただきたいと思います。

➔ 1[C]の電荷に働く力が「電場」

では、もっと具体的に「電場」について考察しましょう。

まずみなさんに知ってほしいのは、「場」を評価するには「センサー」的な役割を持つものが必要だということです。

例えば、「ここは風が強いなぁ」と「風がある場」を考えたとき、風力や風向を調べるために「風見鶏」や鯉のぼりなどの「ふきながし」を持ってこないと評価することができませんね。

「電場」も同様です。電場も評価するには、それにふさわしいセンサーが必要です。それが、「1[C]の電荷」なのです。

電場の定義は次のようになります。

1[C]の電荷に働く力を電場という。

これは定義ですから、不満を持ってはいけません。そう決めたのだからしょうがないんです。

つまり、ある場所の電場を知りたかったら、何もいわずにそこに「1[C]の電荷」を持ってきて、どれくらいの力が作用するか観測したらいいのです。

ちなみに「1[C]の電荷」を単位電荷とか、試験電荷と呼ぶこともあります。

すると定義から、プラスの電荷qが受ける力の向きは電場と同じ向き、マイナスの電荷が受ける力の向きは電場と逆向きであることもわかります。

もちろん、定義から単位もわかりますよね。「1[C]に働く力」なのですから、単位は［N／C］となります。

結局は力のことなので、電場はベクトルであることも明らかです。

➔ 電場とクーロンの法則の関係、どっちを使ってもいい

電場はよくEという文字で表現します。

「1［C］に働く力」を電場Eと呼ぶわけですから、じゃあその電場に電荷qを持ってきたら、クーロン力Fは次の式で書けることもすぐに理解できますね。

$$\boldsymbol{F} = \boldsymbol{qE}$$

さらに、クーロンの法則と比較すると、電場Eは次のようになります。

$$F = k\frac{Qq}{r^2} \text{と} F = qE \text{より} \quad E = k\frac{Q}{r^2}$$

勘違いしないでほしいのですが、電場というアイディアを入れたからといって「クーロンの法則」を捨てるわけではありません。どっちも正しく、そのつど使い勝手がよい方で現象を捉えればよいのです。

物理学は、現実ありきの学問です。現実にある現象を語ることができれば、それで十分「正しい」のです。

➔重力場という「場」もある

さて、「電場」について考察をしてきましたが、実はみなさんは物理の世界において、もう1つの「場」というものを知っています。

それは「重力場」です。

そう、重力の紹介のときに「場の力」という言葉を使いました。あれこそが「重力場」なのです。

「力学」では、ある意味盲目的に、地表付近という「空間」には重力という力を与える「性質」があるんだ、と考えて$F = mg$という形で書けるとしてきました。この「重力加速度g」が「電場E」と非常に似ているのです。

考えると「gは1［kg］の物体に働く力」ともいえますよね。「Eは1［C］に働く力」であるという見方と、同じになるのです。

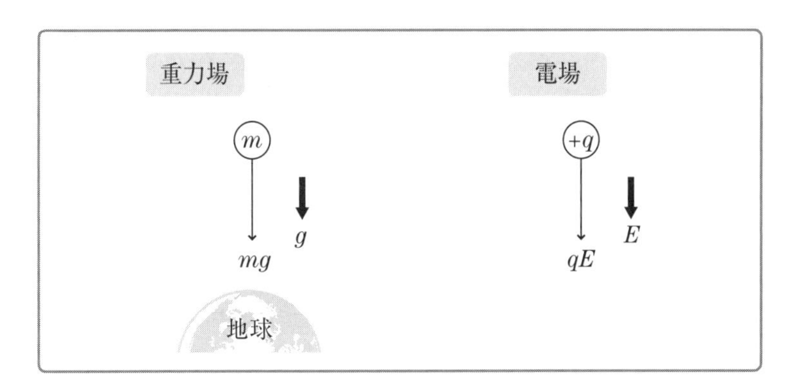

このように力学の目で電気の世界を考えていくと非常に理解しやすくなるので、常に力学世界と電気世界をリンクすることを忘れないようにしましょう。

4 電荷も位置エネルギーを持っている？【電位】

➔ 電気的な高さ（位置エネルギー）が「電位」

重力（万有引力）は、「保存力」です。これは似た式であるクーロン力についても同じことがいえます。

すると、「保存力」は「位置エネルギー」を定義できるわけなので、クーロン力による位置エネルギーも定義できるはずです。

クーロン力による位置エネルギー、これを「電位」といいます。電気的な位置エネルギーだから「電位」というのでしょう。

電位にはよくVという記号が使われます。

電位Vの定義は次のようになります。

> **1[C]の電荷が持つ位置エネルギーを電位という。**

またまた「1[C]の電荷」が登場します。その理由は、ただその方が扱いやすいからに他なりません。

単位もすぐに理解できるはずです。「1[C]の位置エネルギー」なので、単位は[J/C]です。

ただし、もちろん[J/C]で正解ですが、電位には[V]（ボルト）という呼び換え単位も用意されています。この「ボルト」という言葉の方が聞きなじみはありますよね。

ちなみに、「電圧」という物理量も単位は［V］ですが、「電圧」は「電位差」とも呼び、「電位の差」を表すので注意してください。だから電圧100［V］の電池などといわれたら、電池の正極と負極の間に100［V］の電位の差を付けるものだと理解しましょう（特に電池の電圧を起電力といいます）。

➔電位を数式で表現してみよう

さて、電位はどうやって計算すればいいのでしょうか？

そもそも「エネルギー」というのは「確約された仕事」なので、上の定義の日本語は次のようにいいかえることもできます。

1［C］の電荷に働く力がある位置から基準までにする仕事。

当然「1［C］の電荷に働く力」は「電場E」なので、「電場Eという力である位置から基準までにする仕事」を考えればよいのです。

では、電位の式を考えてみましょう。

万有引力の位置エネルギーと同様に積分計算をするので、きつい方は飛ばしても構いません。

いま、1［C］の電荷をある位置rから無限遠∞まで持っていくときの仕事を計算します。

すると電位Vは以下の式となりますね。

$$V=\int_r^\infty E\,dr$$

$$=\int_r^\infty k\frac{Q}{r^2}dr$$

$$=\left[-k\frac{Q}{r}\right]_r^\infty$$

$$=-k\frac{Q}{\infty}-\left(-k\frac{Q}{r}\right)=k\frac{Q}{r}$$

よって$V=k\dfrac{Q}{r}$

やはり形としては、万有引力の位置エネルギーに似ています。

さらに、エネルギーはベクトルではなく、向きを持たない「スカラー量」であることにも注意しましょう。

なお、1［C］の電荷が持つ位置エネルギーが電位Vですので、「q［C］の電荷の位置エネルギー」は当然Vのq倍で、qVとなります。これを、静電エネルギーUといいます。

電磁気学と力学はこんなに似ている

いままでの式をまとめると次のようになります。

	$+q$ [c]の	$+1$ [c]の	
力	$F=k\dfrac{Qq}{r^2}$ (クーロン力)	$E=k\dfrac{Q}{r^2}$ (電場)	➡ $F=qE$
位置エネルギー	$U=k\dfrac{Qq}{r}$ (静電エネルギー)	$V=k\dfrac{Q}{r}$ (電位)	➡ $U=qV$

これをすべてバラバラの知識として暗記しようとする人がいますが、それはいけません。つなげて理解しなければ意味がないのです。

究極的に暗記すべきものは「クーロンの法則」のみで、他は定義から立式することができるのですから。

5 電場を図で表現するにはどうしたらいい？【電気力線とガウスの法則】

➔ 数学の苦手なファラデーが考えた「電気の世界を絵で見る方法」

さて、ここで電場を視覚的に捉えるアイディアを考えたいと思います。これは、ファラデーという科学者が考案したもので「電気力線」といいます。

ファラデーは電場の法則として次のことを考えました。

> **①電場を作るのは電荷である。**
>
> **②電荷からは、電場を表現する電気力線なるものが出ている。**

①はすぐに理解してもらえると思います。クーロンの法則から電場の概念を導入したときのことを思い出してみてください。電荷Qの情報がいっさいわからないときに、電場なるものを考えたわけです。しかし、実際はどこかにある電荷Qにより電荷qは力を受けるので、とどのつまり「電荷Qが電場を作った」といえるのです。

②こそ、ファラデーのアイディアの真骨頂ですね。

イギリスで生まれたファラデーはとても貧しく製本屋で働いていました。そこで科学書や百科事典の製本をしているときに、電気の歴史や化学に興味を持ったといわれています。ファラデーは13歳のころから働いているので、数学の教育を受ける機会に恵まれませんでした。だからファラデーは「絵」でどうにか電気の世界を見ようとしたのです。

そこで発明したのが「電気力線」です。

ファラデーは電場の法則として「正の電荷からは湧き出す向きに電場が生じ、負の電荷には吸い込む向きに電場が生じる」と考え、下図のようなモデルを考えました。この電場の方向を視覚的に表したのが「電気力線」です。

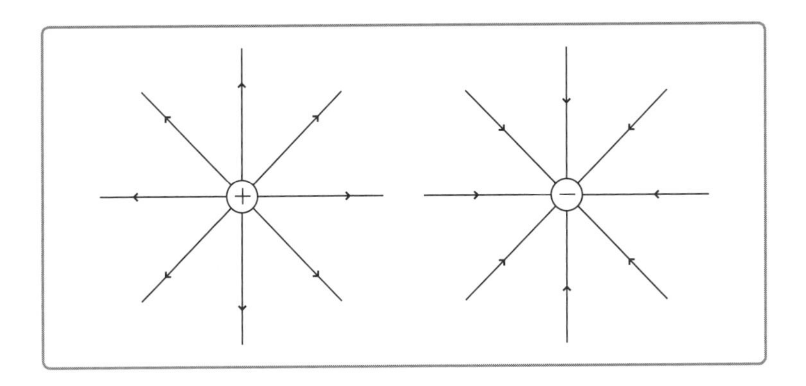

➔ 数学の天才ガウスが考えた「電気力線を数式で表現する方法」

そして、この「電気力線」に目を付けた科学者がいます。ガウスという科学者です。

ガウスは、ファラデーとは対称的に、数学の天才です。そこでガウスは、この「電気力線」を数学的に表現しようと試みました。それを「ガウスの法則」といいます。

まずガウスは、お約束ごととして、次のことを決めました。

電場Eの場所では、単位面積あたりE本の電気力線が出ている。そして全面積から出ている電気力線の総本数は電荷Qに比例している。

具体的に、大きさを持たない電荷（点電荷）Qから出ている電気力線を考えましょう。

「ガウスの法則」は、「電荷を囲ってしまう」ということがポイントで、囲った面積から何本電気力線が出てるかを調べるということなんです。

つまり、次のようになります。

電荷Qを球で囲む(カプセルに入れるみたいに)

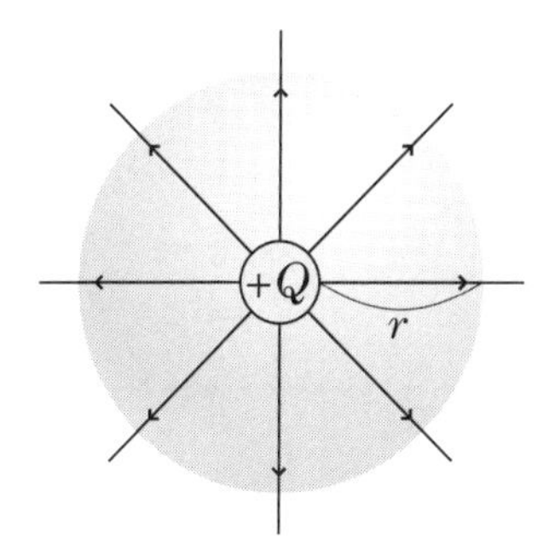

電気力線の総本数をNとすると、NはQに比例するので、

比例定数を$\frac{1}{\varepsilon_0}$などとすると

$$N=\frac{Q}{\varepsilon_0}$$ となる。

さらに $N=E\times S$ (面積)

$$=k\frac{Q}{r^2}\cdot 4\pi r^2$$

($4\pi r^2$:球の表面積)

$$=4\pi kQ$$

「ガウスの法則」は次の形で使うことが多いですね。

$N=\dfrac{Q}{\varepsilon_0}$ であり $N=E\cdot S$ なので、

$E=\dfrac{Q}{\varepsilon_0 S}$ である。

(ちなみに、ε_0を真空の誘電率という)

「ガウスの法則」は、様々なシチュエーションでの「電場」が求めることが出きるという点が、最大の効用です。

この「ガウスの法則」は、次の「コンデンサー」でも使うので、よく理解しておいてくださいね。

6 電気を貯めるにはどうしたらいい？【コンデンサー】

➔ 電気を貯める装置が「コンデンサー」

この講では、「コンデンサー」という装置についての学習を行います。大学では「キャパシター」などと呼ばれることもありますね。

小学校や中学校で「電池は電気の池と書くけど、電気を貯めているものじゃないよ」なんて教えられたりしませんでしたか？　その通りで、電池は電気を貯めてはいません。

では、電気を貯めることのできる装置とはいったい何かというと、それが「コンデンサー」なのです。そういう意味で「コンデンサー」は「蓄電器」と訳されます。

➔ 電子が自由に動き回れる物質が「金属」

では、「コンデンサー」の前に確認として、「金属」についてお話ししましょう。なぜなら「コンデンサー」を形成するときに「金属」を使用するからです。

金属（広義的には導体といいます）とは、「内部に自由電子を無数（と思えるくらい）に持つ物質」のことです。金属結合の仕組みなど細かい話をすると化学の守備範囲に入るので、ここではひとまず、このような物質が存在することを認めてください。

電子というのは、マイナスの電気を持った粒子です。その電子が内部を自由に動き回れる状態にある物質、これが「金属」です。

これに対して自由電子が存在しない物質を「誘電体」ないし、「絶縁体」といいます。

➔ 金属には静電誘導が起きる

「金属」の重要な性質として「静電誘導」という現象を押さえておきましょう。

下図のように、もともと下向きの「電場」が生じているとき、そこに金属をポンッと置くと何が起きるでしょうか？

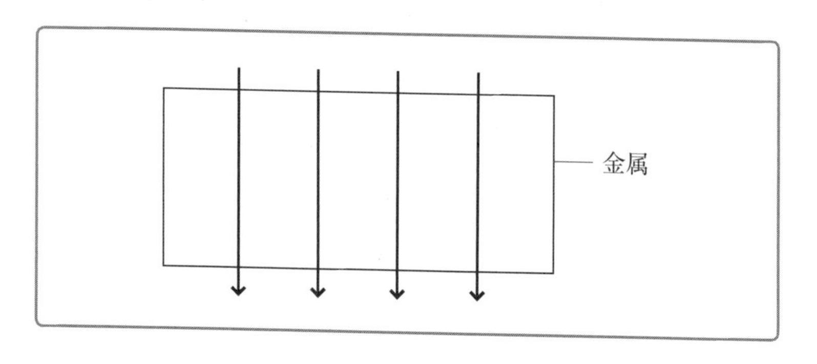

金属を置くと、自由電子は電場によって力を受け、ザーッと上側に移動します。そのため、金属内部では、上側に負電荷が、下側に正電荷が分布することになります。この現象を「静電誘導」といいます。

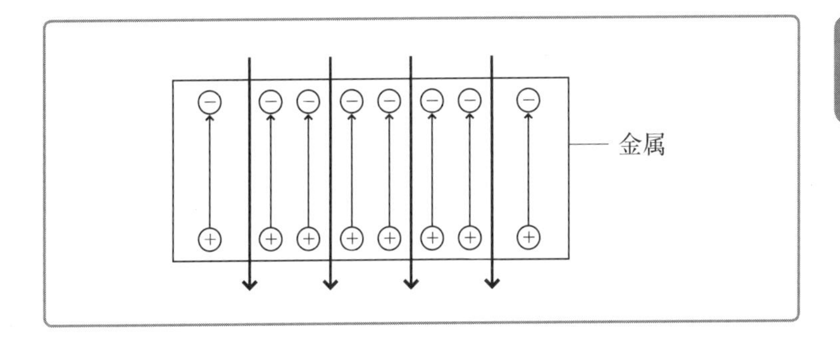

すると、もともとあった電場（下向き）と、静電誘導により金属内部にできた電場（上向き）が重なって、結局、金属内の電場は相殺されて0になります。

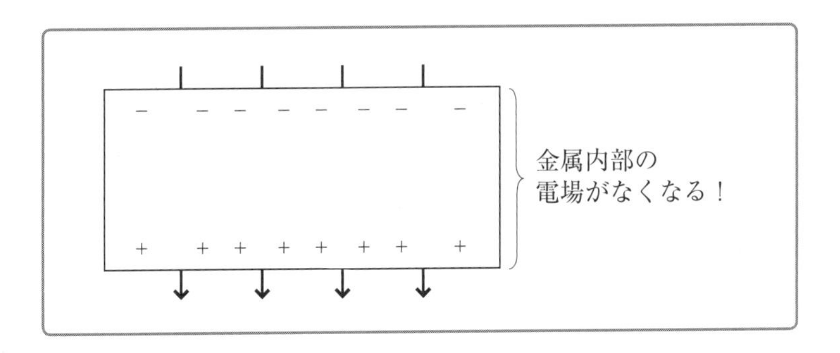

もちろん、電場が0ということは、クーロン力による仕事が0になるので、金属内は「等電位（電位がどこも等しいという意味）」になることも理解しておきましょう。

ここまで、よろしいでしょうか？

では、メインである「コンデンサー」について紹介しましょう。

➔ 2つの金属の間で電荷移動を起こせば電気が貯められる

コンデンサーというのは、「よくわかんない実験装置」と思っている人が多いのですが、単に「電荷がそこに分布しています」っていうだけの話であるってことを認識してください。

小学校のころ、下敷きで髪をこすって髪を立たせた経験がある方は多いと思いますが、これも「コンデンサー」といってもよいでしょう。あれは、こすることにより下敷きに負電荷が、髪に正電荷が分布して、それらの電荷が引き合って髪がたつのです。

もっと「コンデンサー」をおおらかに捉えてください。「ただ電荷が分布して見えますね！」ってそれだけですからね。

なお、きっちりと「コンデンサー」とは何かということを言語化すると、次のようになります。

> **2つの導体の間で、電荷移動を起こし、その電荷が分布した状態を維持したものをコンデンサーという。**

➔コンデンサーに貯められた電荷と電圧の比が「電気容量」

具体的に、下のようなコンデンサーを考えましょう。電池V[V]と平行平板の金属を2枚使って、下側から上側の導体板にQ[C]移動したときの図になっています。このとき「コンデンサーにはQ[C]の電荷が蓄えられている」といいます。

コンデンサーの導体板（極板といいます）の電荷は、対面で正負が必ず逆になります。

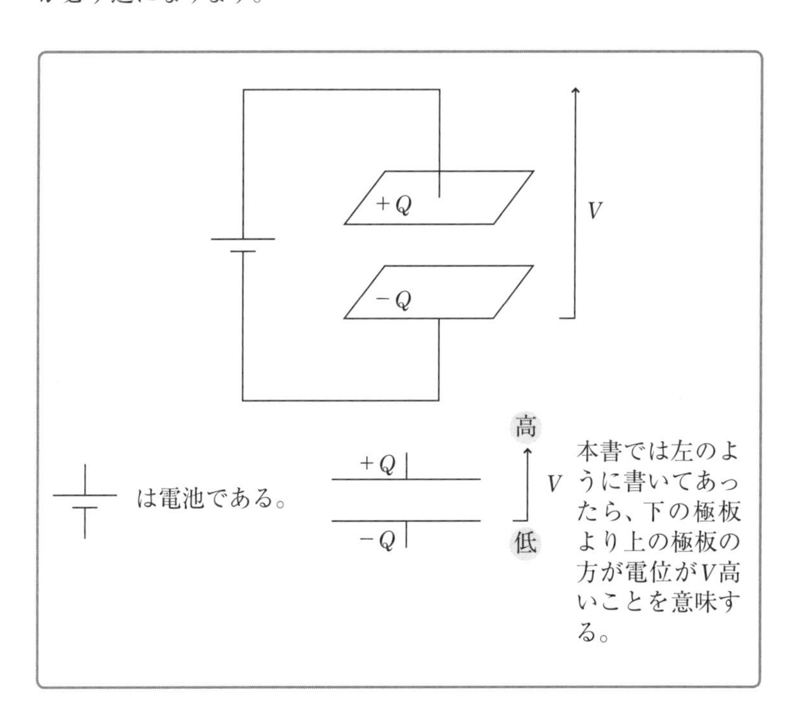

さて、このとき人間はコンデンサーをうまく扱うために、QとVの比、つまり$Q/V=C$とし、このCを「電気容量」と名付けました。

これにより、コンデンサーの基本式といわれる「$Q=CV$」が得られました。

いいでしょうか、この式は人間が作った式なのですよ。

電気容量Cの単位は、もちろん式から[C/V]ですが、呼び変え単位が設けられており、それを[F](ファラッド)といいます。もちろん、科学者ファラデーが由来ですね。

では、この電気容量を詳しく見ていきましょう。

7 コンデンサーにはどれくらい電気が貯められる？【電気容量】

2枚の金属の間に生じる「極板間電場」

電気容量Cはいったい何によって決まる値なのか、ということを考察していきましょう。そのためにはまず「極板間電場」「一様電場」について考える必要があります。

いま、コンデンサーの1枚の極板を持ってきて、これがどんな電場を作るかを考えます。前回学んだ「ガウスの法則」を用いると次のようになりますね。

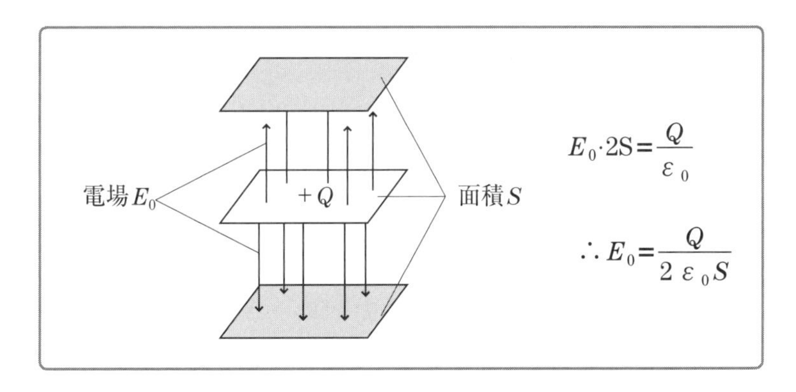

すると、結局、2枚並べたとき、その2枚の間に生じる「極板間電場」は以下となります。

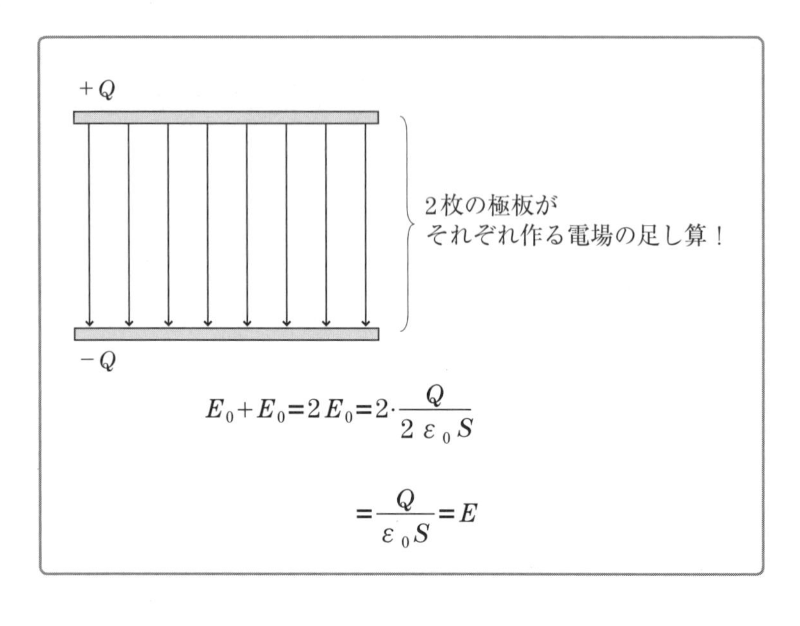

➔ コンデンサーにできた電場は「一様電場」

次に「一様電場」を考えましょう。

「一様」という言葉は「どこもかしこも同じ」ということです。コンデンサーには均一に電荷が分布していると考えるので、その間にできる電場は「一様」と扱えます。

ならばこのとき、コンデンサーにできた電場Eと電位差V（電圧）、極板間距離dには次の式が成り立ちますね。

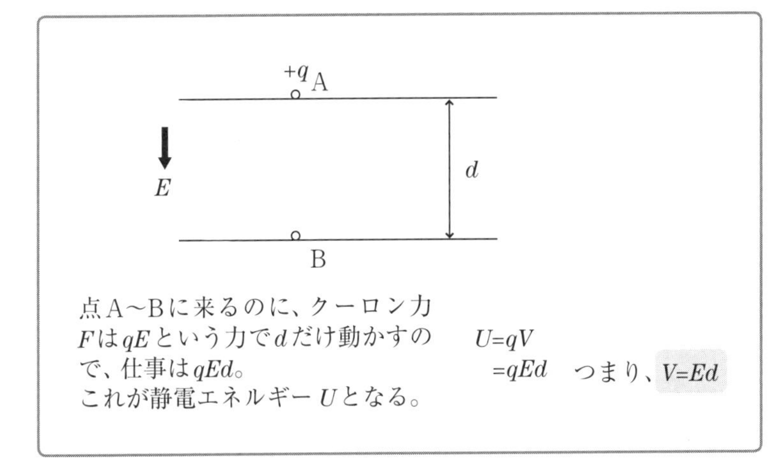

➔「極板の面積が大きいほど」「極板間の距離を近づけるほど」たくさん蓄えられる

ここまでわかっていると、電気容量Cはいったい何か、すぐに導出可能です。

定義より

$$C=\frac{Q}{V}$$

$$=\frac{\varepsilon_0 SE}{Ed}$$

$$C=\varepsilon_0\frac{S}{d}$$

これによって、「極板の面積が大きいほどたくさん蓄えられる」し、「極板間の距離を近づけるほどたくさん蓄えられる」ことがわかります。

「コンデンサー」を駐車場と考えてみましょう。当然、駐車場のスペースが広いと、たくさん車は入りますよね。このイメージから面積Sに比例することが理解できるでしょう。

一方、距離dに反比例する理由は、「近づくほど引き合うクーロン力が強まるから」と、ざっくりですが定性的に理解しておきましょう。

8 コンデンサーにはどれくらいエネルギーが貯められる?【コンデンサーに蓄えられるエネルギー】

➔コンデンサーに蓄えられた静電エネルギーを求める式

コンデンサーに関する内容で、残りの部分で問われるのは「コンデンサーに関するエネルギー」のお話です。

「コンデンサーに蓄えられた静電エネルギーU」は次式で与えられます。

$$U = \frac{1}{2}QV$$

ここで、「ん？　なんで$\frac{1}{2}$が付くの？」と疑問に思ってほしいのです。

だっておかしいじゃないですか。前に、「静電エネルギー$U=qV$」と紹介しました。だから、コンデンサーでも$U=QV$となってほしいですよね。

多くの高校生は「コンデンサーの静電エネルギーUは公式$U=\frac{1}{2}QV$だ！」と盲目的に暗記しているのですが、それだと結局目先の問題にしか対応できず、入試問題や、より深く現象を問われたときに、何もできないのです。

➔なぜ1/2が付くのか？

では、なぜ$\frac{1}{2}$となるのか証明しましょう。

2枚の極板は互いに電場を作って極板間の電場Eを作っています。2枚で電場Eなのです。つまり、1枚で電場$\frac{1}{2}E$を担っているということです。

ここで、電荷は電場を作りますが、「自分自身で」作った電場の影響は受けません。つまり、1枚の極版は「もう一方の極板が作った電場」からしか力を受けないのです。

すると、極板がもう一方から受けるクーロン力は、$\frac{1}{2}$QEであると理解できますね。

つまり$F=\frac{1}{2}QE$という力でdの距離の

仕事が可能なので、静電エネルギーUは

$$U=\frac{1}{2}QE\cdot d$$

$V=Ed$より

$$=\frac{1}{2}QV$$

このように証明することができました。

公式というものは一見ラクに学力を伸ばすことのできるツールのように見えますが、それはそう錯覚してるだけなのです。ゆっくりじわじわっと物理という学問を楽しんでもらいたいですね！

9 電気はどうやって流れている?【電流】

➔ 電荷の流れ、だから「電流」

「電流」というのは、小学校から聞きなじんでいる言葉だと思います。でも、定義を答えられますか?

昔の科学者は「電流」の大きさを次のように定義しました。

単位時間で導線の断面を通過する電気量を電流という。

電流の単位は[A](アンペア)であることは知っていると思いますが、これはアンペールという人の名前からとった呼び変え単位です。定義からそもそもの単位はどうなるかを考えると、[C/s]となりますね。

ちなみに、記号はよくIが用いられます。

➔ 電気だって高い場所から低い場所へ流れる

さらに、電流の向きは、とりあえず「正電荷の動く向き」とされました。

ところがこれ、実は昔の人のミスだったのです。というのは、こう定義してから100年くらい経って、「実際に動くのは負電荷である自由電子だった」ということが判明したからです。

もちろん、そこですべて修正してもよかったのですが、100年も経っているし、ミスったのは「向きのみ」なので、「電流という考えは、それはそれで認めよう。ただ、本当に動いてるのは自由電子だってことは知っててね！」となりました。

そこで、電流の向きをもう少しいいかえましょう。

「正電荷の動く向き」ということは「電場の向き」となります。「電場の向き」ということは「電位が高い方から低い方への向き」ということですね。

ここをしっかり押さえましょう。結局、「電位差」がないと電流は流れないのです。しかも、それは滝のように「高い場所から低い場所へ」ということになるのです。

➔ 電流Iの大きさを数式で表現しよう

では、次に、電子の運動をモデル化して、電流Iの大きさを評価してみることにしましょう。

下図をご覧ください。これは、導線をものすごく拡大したものです。

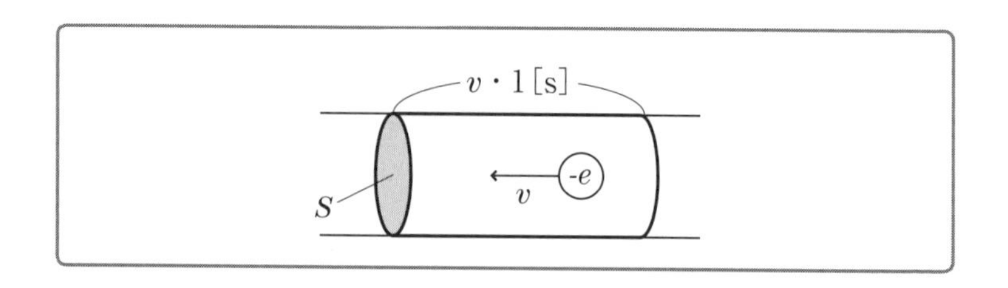

いま、電子は$-e$[C]、速さはv[m/s]で動いており、導線は断面積S[m^2]で自由電子数密度n[個/m^3]とします。自由電子数密度とは、導線1[m^3]中に何個の電子が入っているのかを数値化したものです。

このモデルでは、1[s]で、図の太線部分に入ってる電子が断面Sを通過しますね。太線部分に入っている電子の個数は、「電子数密度n」と「太線部分の体積Sv」のかけ算であるので、nSv個になります。

なので、以下のように、電流Iの大きさは数式で表現できます。

$$
\begin{aligned}
I &= (1\text{個の電気量})\times(\text{総数}) \\
&= |-e| \times nSv \\
&= enSv
\end{aligned}
$$

これを、よくゴロ合わせで暗記している方もいますが、意味のないことはやめてほしいと思います。もちろん、内容がきちんとわかっていれば、とりあえず結果は暗記しておく、なんてことも許されますが、最初から「丸暗記」はまったくの無意味です。

そもそもゴロ合わせというのは、何の脈絡もない年号などに使うべきであって、きちんと理由のある物理の式で使う意味はないんです。

> $I=vSne$と書いて
>
> 「私はブスね($I=v\,S\,ne$)」という語呂合わせがある

10 電気の流れやすさはどう決まる？【オームの法則】

➔オームの法則は、抵抗の定義だった

さて、次に「オームの法則」を考えます。「オームの法則」は理系に限らず文系の方でも聞いたことはあるくらい、認知度は高いものでしょう。

中学理科でも登場します。覚えている人も多いかと思います。「$V=IR$」ですね。

では、この式はどう生まれたのかを考えましょう。

錠前屋の息子として生まれたドイツの物理学者ゲオルク・ジーモン・オームは、高校で勤務していました。そして学校の理科室で、手作りの実験器具を使って様々な実験をしている間に「電圧Vをかけると電流Iが流れるとき、その比がだいたい一定になる」ことに気づきました。

そこで、VとIの比、つまり$V/I=R$とし、それを「抵抗」と名付けたのです。

そうなんです。「オームの法則」というのは、真実をいうと「抵抗の定義」を示している式なのです。

オームという人は「抵抗という物理量をきちんと定義した人」なのです。だから抵抗Rの単位に[Ω]（オーム）が使われるのです。

なんか似たものを前回扱いましたね。電圧Vで電荷Qが貯まったとき、その比$Q/V=C$とし、電気容量と呼ぶのでした。これとノリはまったく同じなんです。

➔抵抗は、導線の長さや断面積で決まる

では、もう一歩「抵抗R」についての考察を深めてみましょう。

Rを決める要因は何なのでしょうか？

定性的に、次のことがいえます。

①「導線の長さが長いと抵抗値は大きい」→Rは長さlに比例

②「導線の断面積が大きいと抵抗値は小さい」→Rは断面積Sに反比例

ジュースを飲むときのストローを想像してください。ストローが長いと、ジュースは飲みにくいですよね（電流は流れにくい→Rが大きい）。また、太いストローであれば、たくさんジュースが通過しますね（電流はよく流れる→Rは小さい）。

つまり、適当な比例定数ρを用いて、Rが次のように書けるのです。

$$R=\rho\frac{l}{S}$$

なお、ρは抵抗率といいます。

11 電気からどれだけ熱が発生する？【電力・ジュール熱】

→ 電化製品は熱が出る

「電力」という言葉は、日常でもよく聞きますね。「消費電力」という言葉もあります。いったい「電力」とは何のことでしょうか？

電化製品、パソコンでもスマホでも何でもそうですが、使っているうちに熱くなりますね。つまり、「熱」が発生しています。そう、電圧Vで電流Iを流すと、必ず熱が出るんです。

これは、金属内の陽イオンなどに電子がぶつかって、熱振動が生じることが原因です。分子など粒子が振動すると温度が上がることは「熱力学」で学習済みですね。

このとき発生する熱を「ジュール熱」といいます。

そして、特に「単位時間あたりのジュール熱」を「電力」といいます。

→ 単位から式を考えてみよう

電力はよくPで表し、次式で与えられます。

$$P=IV$$

なぜこの式になるのかは、単位から考えていきましょう。

電力の単位は、「単位時間でのジュール熱」という定義から、[J/s]となるはずです。そこで、IVで単位がそうなるか、確かめてみればよいでしょう。

すると右辺の単位は、[A・V]＝[C/s・J/C]＝[J/s]となり、確かに単位は「単位時間でのジュール熱」を意味しています。

このように単位から逆にどのような物理量かを調べることも可能であることは、知っておくとよいと思います。

なお、電力の単位[J/s]にも呼び変え単位[W]（ワット）があります。

ちなみに、ドライヤーやトースターなどは、この「ジュール熱」を利用した電化製品ですよ。

12 そもそも回路って何？【回路】

➔グルッと1周回っているのが「回路」

では、ここから入試でも非常に多く問われる「回路」についてのお話です。

「回路」というのは、電池や抵抗、コンデンサーやコイルなど、様々な回路素子と呼ばれる部品を導線などで接続し、ループを作ったもののことをいいます。

カンタンにいうと、とにかくグルッと1周回れるようにつながっていれば、それは「回路」なのです。

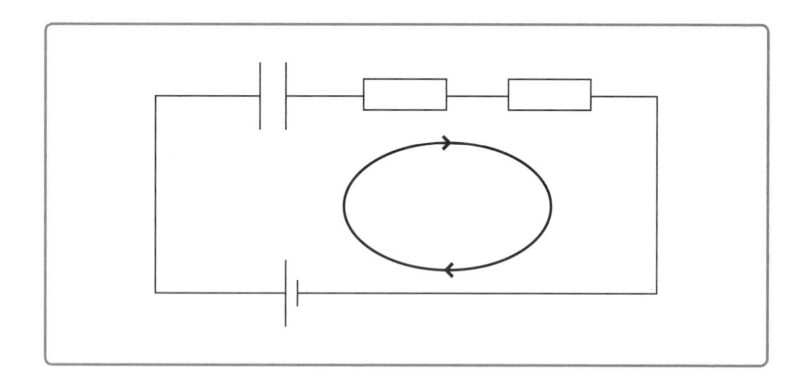

➔回路の問題の目的は「電荷の情報」を引き出すこと

さて、この「回路」を用いた問題は数多くあり、高校生が苦闘する大テーマなのですが、基本的なその目的というのがあります。

それは、「電荷の情報」を得ることです。詳しくいうと、「電荷の情報」というのは、次の2つになります。

①コンデンサーなどに「蓄えられる電荷(留まり続けている電荷)」の情報
②抵抗などに流れる「電流(移動している電荷)」の情報

この2つの「電荷の情報」を引き出すことが「回路」を扱っていく上でのゴールになります。

そして、この「電荷の情報」を引き出す方法は、非常に簡潔なんです。それは「電荷・電流保存則」と「回路方程式」を作ること、です。

13 回路の中で電荷は増えたり減ったりする？【電荷保存則・電流保存則】

➔電荷は勝手に消えたり現れたりしない！

電荷とは、電気量を持った粒子です。これらは当然、勝手に出現したり消滅したりは絶対にしません。

この内容を表すのが、「電荷・電流保存則」というものです。

具体例を見ながら確認しましょう。

➔孤立部分の中での電気量の合計は変化しない、というのが「電荷保存則」

まずは主にコンデンサーで利用する「電荷保存則」から見ることにします。

いま、次の図のような回路を考えます。3つのコンデンサーに貯まっている電荷は0、つまりまったく帯電していないものとします。

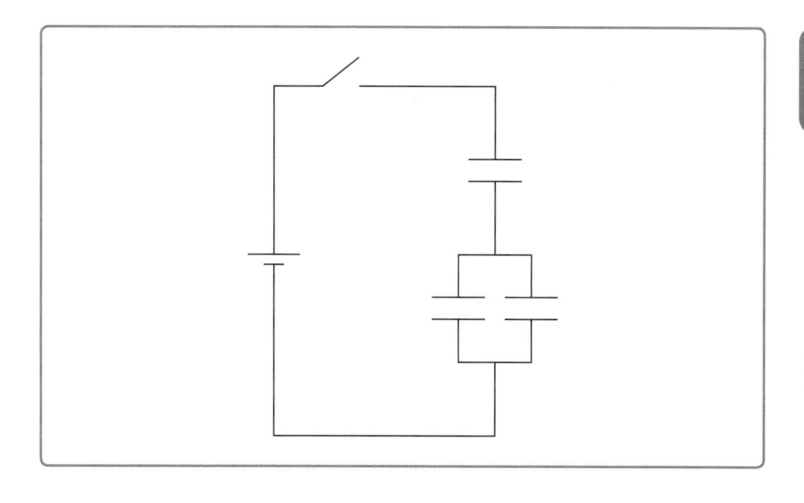

そこで、スイッチを入れて、コンデンサーを帯電させてみます。帯電したコンデンサーに貯まった電荷をそれぞれ、Q_1、Q_2、Q_3と仮定しましょう。当然、コンデンサーの対面にある電荷は正負逆になることに注意して仮定します。

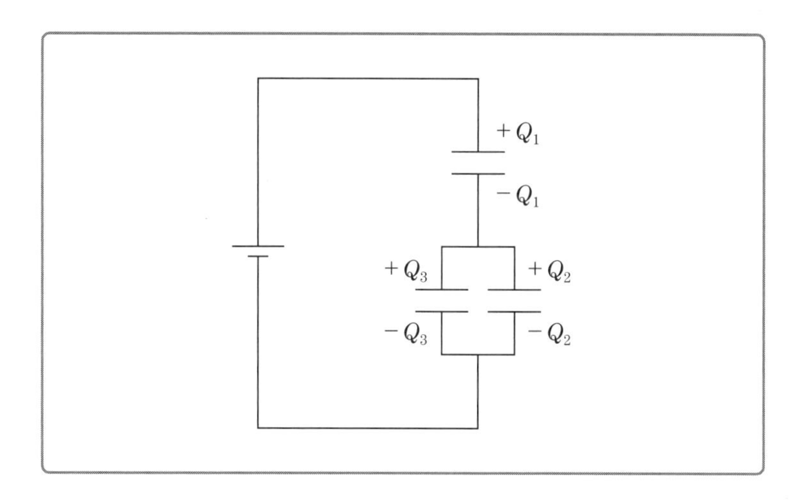

このとき、回路の中でスポッとカンタンにとれてしまう部分がありますね。それは下図の太線部分です。このようにスポッととれちゃう部分を「孤立部分」といいます。回路の中の「離れ小島」と表現する人もいますね。僕は、単純に「手でつかんでスポッととれてしまうところ」と表現します。

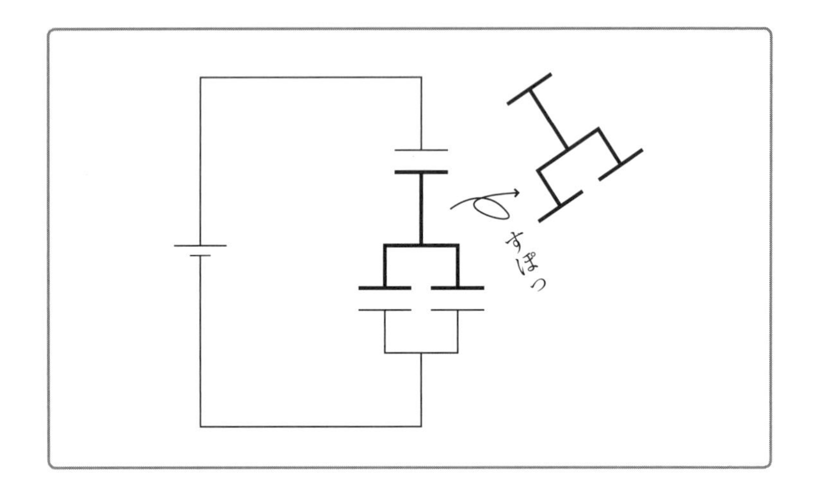

さて、この「孤立部分」の電荷は、もともとの図のように0でしたね。ところが、いまは $-Q_1$、$+Q_2$、$+Q_3$ という電荷分布が発生しています。

ならば、電荷は勝手に生まれたり消滅したりしないので、当然「$-Q_1+Q_2+Q_3=0$」という式が成り立たねばなりませんね。この式を「電荷保存則」というのです。

カンタンでしょう？

結局、「電荷保存則」は、電荷が自由に移動できない「孤立部分」

に対して使用されるもので、「孤立部分」の中での電気量の合計は変化しない、ということを語っているのです。

➔入ってきた分、出ていく、というのが「電流保存則」

次に、「電流保存則」についても考察します。こちらはもっとカンタンです。「電流保存則」は歴史的にいうと「キルヒホッフの第1法則」とも呼ばれるものです。

これも具体例から入りましょう。下図のように、回路中のある節点Aに、いま左側の導線から電流I_1、I_2、I_3が流入して、その後右側の導線にi_1、i_2と流出していったとします。

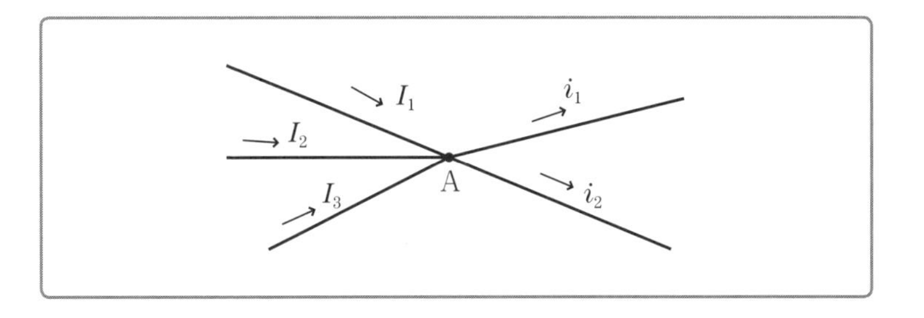

すると、当然、電荷の流れである電流も消えたりしないわけですから、次式が成り立つはずです。

$$I_1 + I_2 + I_3 = i_1 + i_2$$

これは回路中の節点における電流の「流入＝流出」の式であることが理解できます。もっと平素な言葉を使えば、「入ってきた分、出ていく」ということを語っているのです。

フタを開けてみれば「当たり前」で、なんてことはないとお思いになるかもしれませんね。でも、「当たり前なことを、意識的に考察する」ことが科学なので、バカにしてはいけないのです。

事実、毎年このような基本概念をきっちり学習していないことが原因となり問題が解けない、という高校生が非常に多いのですから。

14 回路の中で電位はどう変化する？【回路方程式】

回路をグルッと1周したら、電位はもとに戻る

では、回路の解析でもっとも重要な「回路方程式」について説明しましょう。これは歴史的にいうと「キルヒホッフの第2法則」と呼ばれるものです。

回路というのは、グルッとループができていることは説明済みですね、ということは、あるスタート地点からグルッと1周してきたとき、電位はもとに戻っていないといけません。

電位は電気的な位置エネルギー、つまり電気的な「高さ」を示すものと理解するとよいでしょう。

上がった分、下がるのが「回路方程式」

具体的に考えます。

図をご覧ください。これは抵抗のみで作られた回路です。電池の起電力はV、抵抗はそれぞれR_1、R_2とします。

ここで、まず抵抗に流れる電流を仮定しましょう。今回は、枝分かれなく、2つの抵抗には同じ電流が流れるので、どちらもIとします。

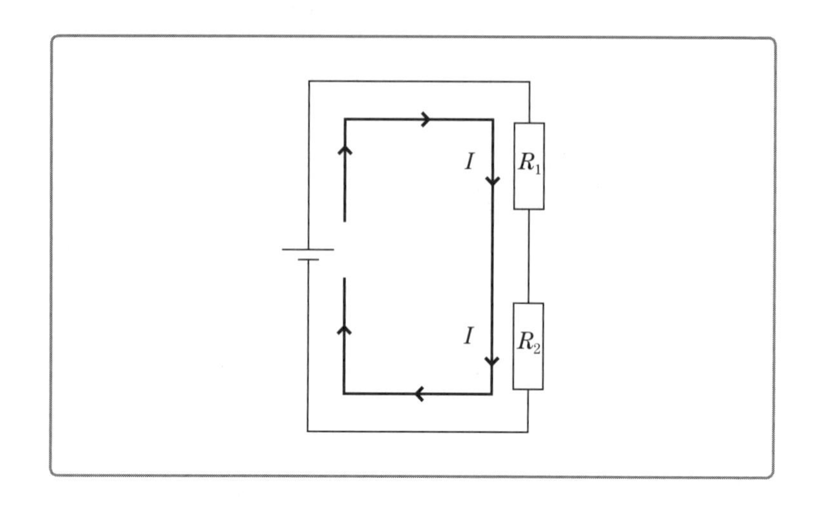

となると、抵抗にかかる電位差（電圧）は、下図のように仮定できますね。「電位が高いところから低いところへ電流が流れる」という決まりがあるので、自分で電流を仮定したら、電位の高低は自由に選べない点に気を付けてください。

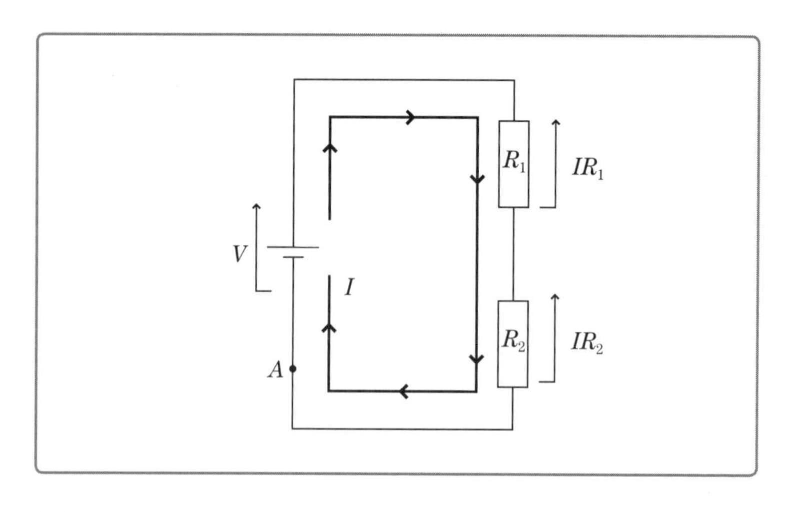

では、ここで電位の関係性について考えましょう。

回路のループをグルッと回ることを「山のハイキング」に例えます。当然、山をのぼったならば、ちゃんと降りてこないと帰宅できません。

回路も同じで、いまA点をスタート地点としてグルッと回路を回ります。すると、電池では、電位は「Vだけ上がり」ます。ならば、ちゃんとA点に戻ってくるには、その分だけ下がる必要があるのです。

もちろん、それは2つの抵抗で「IR_1とIR_2下がる」ことによりつじつまが合います。つまり、「$V = IR_1 + IR_2$」という式が成立するのです。

これを「回路方程式」といいます。

結局、回路方程式とは「電圧上昇＝電圧降下」という式であるのです。もっとカンタンにいうと「上がった分、下がるよね」ってだけなので、難しく考えないでくださいね。

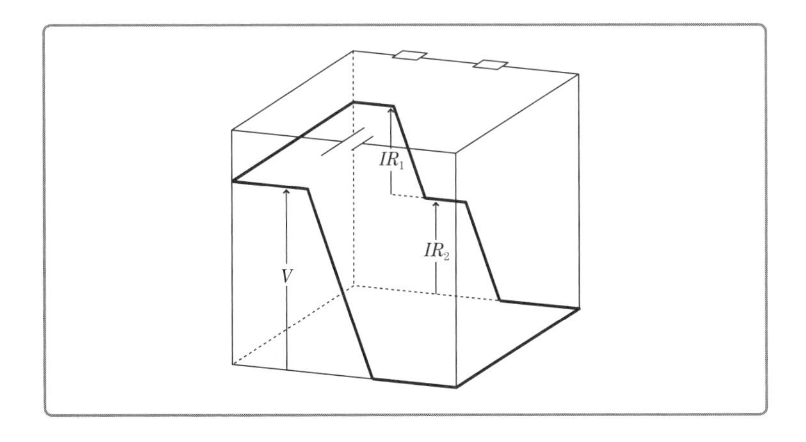

➔回路問題を解く方法は1つだけ

では、回路についての解析方法をまとめておきましょう。

①回路中のコンデンサーや抵抗での「電荷」、「電流」を仮定する。
②孤立部分での「電荷保存則」や、節点での「電流保存則」を立式する。
③回路にできたループに対して「電圧上昇＝電圧降下」という「回路方程式」を立式する。
④これらの式を連立して解き、仮定した「電荷・電流」を求める。

以上が、回路問題を解く方法です。もうこれだけなのです。

「回路問題は解法パターンが多いので大変だ」と思う高校生も多いのですが、高校物理で登場する回路問題は、基本的にすべて上に示した方法で解けます。

基本法則、基本原理をおろそかにしてはいけません。物理というのは、できるだけ少ない考え方で様々な現象を説明することに喜びを見出す学問なのですから、どんな回路が出てきたって全部同じである、ということを意識して、今後は回路を見ていってください。

第7教室
電気と磁気にはどんな関係がある？
【電磁気学②】

ここからは電磁気現象の後半戦である「磁場」についての学習を行っていきます。「磁場」とは何なのか、何から生まれ、何に影響を与えるのか。それらに対して人間はどんなアイディアで解決しようとしてきたのか、いっしょに学習していきましょう。

磁気的な力は、何が生み出している？【磁荷】

➔磁気的な現象も数式で表現することは難しかった

「磁場」もしくは「磁界」という言葉は、中学理科でも登場するので、知っている人も多いと思います。磁石の力そのもの自体は、はるか昔から観測はされていました。

例えば、「マグネット」という単語は、古代ギリシャのマグネシアという地方で、磁石が採取されたことから生まれました（羊飼いのマグネスという名の青年が磁石を偶然発見したことがマグネットの語源という説もあります）。

とにかく、鉄などがひき寄せられるという現象自体は、昔の人も知ってはいたのです。ただし、その内容を数学的に記述することはやはり難しく、電気現象と同じ時期に磁気現象もやっと解析されていきました。

➔電気現象になぞらえて磁気現象も解析された

電気的な力（クーロン力）を感じることのできる空間を「電場」と呼びましたね。それと同じように、人々は磁気的な力を感じることのできる空間を「磁場」と呼ぶことにしました。

「場」には、必ず発生原因が存在するはずです。

「電場」の発生原因は「電荷」であることをお伝えしましたね。人間は、ぶわーっと「電場」が湧き出す電荷を「正電荷」、逆に吸い込む電荷を「負電荷」と名付けたのでした。

当時の科学者は、当然のごとく、きっと磁場にもそれらに対応するものがあるだろうと予測し、磁場の発生原因を「磁荷」といいました。「磁場」が湧き出す磁荷を「N磁荷」、逆に吸い込む磁荷を「S磁荷」と先に名付けておいたのです。

このとき、磁場の向きを視覚化した線を「磁力線」といいます。

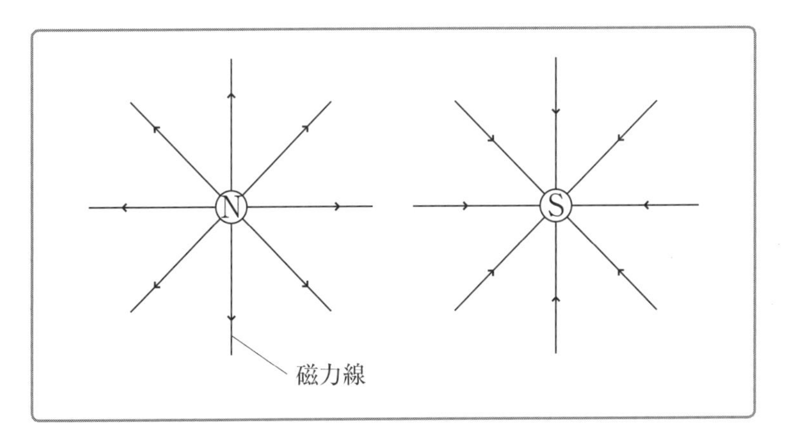

➔実際には磁荷は存在しなかった！

その後、科学者は「じゃあ、磁荷ってものを探してみよう。きっとあるはずだ！」と思って、磁荷の存在を示そうと努力しました。

ところが、驚くべきことに、いま現在にいたるまで、この「磁荷」は発見できていないのです。探せど探せど、この地球上、いや宇宙を見ても、「磁荷」という存在は立証できませんでした。

なので、人間は泣く泣く「この世界には磁荷は存在しない」ということを受け入れ、それを磁場の法則とするしかありませんでした。

こういうと、たまに「え？　磁石があるじゃん。あれって磁場が湧き出したり吸い込んだりしてるじゃん」って思う人もいますが、いま話題にしている「磁荷」というのは、そこからウニのように四方八方「湧き出したり」「吸い込んだり」している粒子のことです。

みなさんがよく知っている棒磁石というのは、磁力線がぐるりと回っているもので、四方八方出たり入ったりしているものではありません（棒磁石みたいなものは、正確には、磁気双極子といいます）。

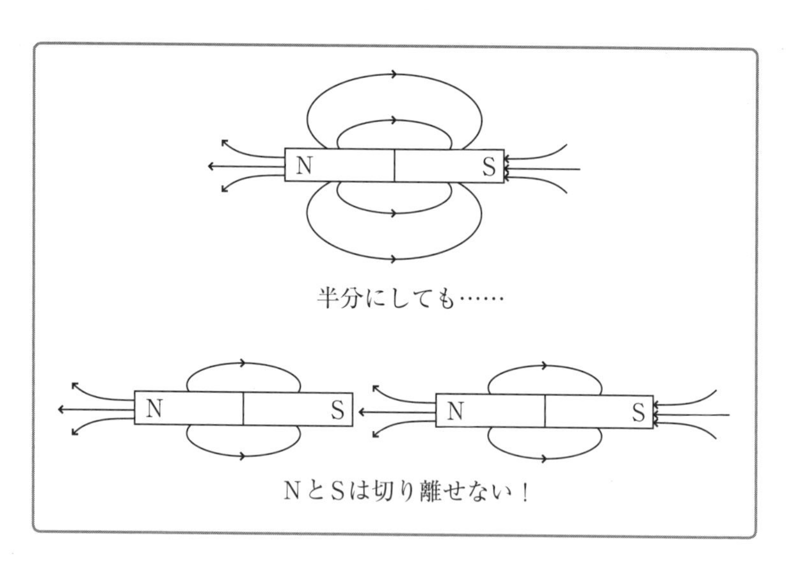

「じゃあ、半分に折ったらいいじゃん！」と思った方は、実際にやってみるとわかりますが、磁石を半分に折ると、またそこに新たなN極とS極が生まれるのです。これを、ずーっと繰り返し折って、原子・分子レベルに近いところまでいっても、まだ新たな極が生まれ続けます。

ですので、高校物理では、「磁荷」なんてものはこの世界にないんだ、ということをまず知っておいてください（ただし、現代物理学では「磁荷」の存在を完全に否定しているわけでなく、その存在を支持する立場もあり、いまも探してる科学者は多くいますので、もしかしたら、今後見つかるかもしれませんね）。

2 磁場の強さはどうやって表現する？【磁場】

「磁場の強さH」より「磁束密度B」が大事

「磁荷」の存在は立証できていないとしても、現実に「磁場」はあります。

ここで、「磁場」の表現については「磁場の強さH」と「磁束密度B」の2種類の表現方法があり、これまたこんがらがる人がたくさんいます。「どっちを使ったらいいんだ？」と悩みますよね。

答えからいうと、「磁束密度B」の方が重要な物理量です。ぶっちゃけてしまうと、現実世界に現れるのは「磁束密度B」で、「磁場の強さH」は計算上の都合で出てきてしまったもの、と理解してください。

そして、このBとHの間には、次式が成立します。

$$\boldsymbol{B} = \mu_0 \boldsymbol{H}$$

比例定数μ_0は「真空の透磁率」といいます。ひとまず単位換算のためのレートだと思ってよいでしょう。

とにかくBとHでは、Bの方が優位性は強く、重宝されます。よって、本書では「磁場B」と書いたら、「磁場という空間を表現する、磁束密度B」という意味だと解釈してください。「磁束密度B」の単位は[T](テスラ)となります。

➔ 実は電場にも「電束密度D」がある

納得いかない人も多いかもしれません。「電場はEという1つの表現でいいのに、なんで磁場はBとHの2つ用意されてるんだ？」と思うかもしれませんね。

そういう疑問を持った人は、鋭い人です。実は、電場にも、Eの他にもう1つの表現方法があるんです。それは、「電束密度D」というものです。

ただ、これは実用的にあんまり必要性がないので、高校物理ではほぼお目にかからないだけなのですね。

3 何が磁場を発生させている？【電流が作る磁場】

→ 動く電荷（電流）こそが「磁場」の発生原因

さて、では「磁場」はいったい何が作り出すものなのでしょうか？

それを発見したのは、デンマークの科学者、ハンス・クリスティアン・エルステッドという人でした。彼は、導線に電流を流すと近くにあった方位磁針（コンパス）が振れることに気づいたのです。

これは、当時の電磁気理論からすると非常に不可解な現象です。当時の科学者たちは、電流というものは導線内を流れる水のようなものと考えており、それが導線の外にある方位磁針に影響を与えるなんて考えもしませんでした。エルステッド自身も、この現象を発見したとき、発見の喜びよりも、「何だこれは？」という困惑という感情の方が勝っていたといいます。

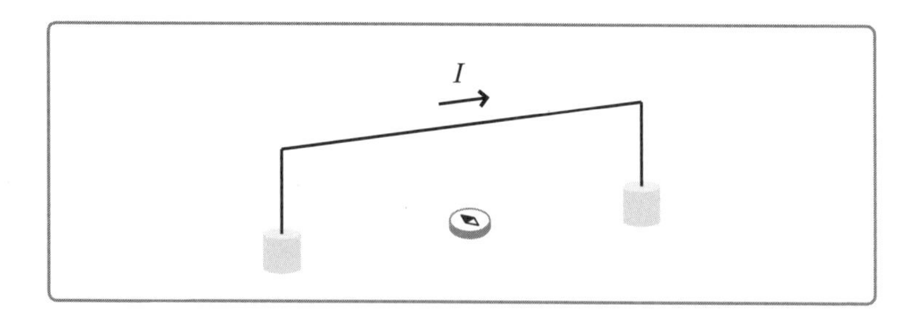

しかしながら、この実験は、「磁場」は電流、つまり「動く電荷」が

原因となって発生するんだということを示していたのです。

しかも四方八方に生じるわけではなく、電流の周りを「ぐるぐる取り囲むように」発生するとわかったのです。

➔ 磁場は、電流が右ねじを回して進む方向に発生する

エルステッドはこの現象を数式化しませんでした。数式化したのは、フランスのアンドレ・マリ・アンペールという人です。電流の単位［A］の由来になった人物ですね。

アンペールはまず、「磁場の作られ方」について、次のことを法則化しました。

磁場は、電流が右ねじを回して進む方向となるような周り方でぐるぐると取り囲むように発生する。

これを「アンペールの法則」ないし、「右ねじの法則」といいます。「右ねじの法則」は中学理科でも出てくるので、下図で軽く確認だけしておきましょう。

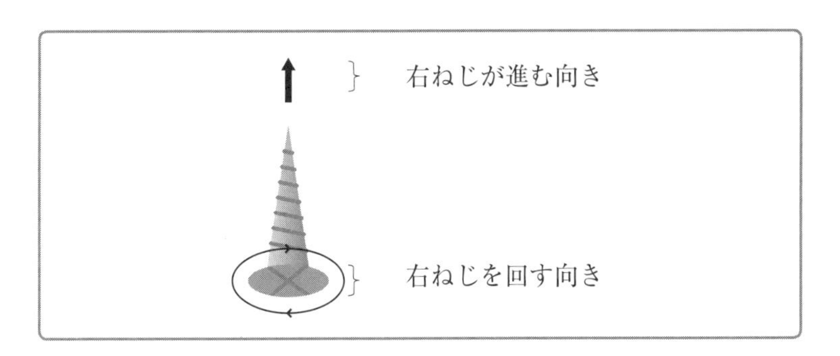

➔電流が作る磁場を数式で表現しよう

さて、高校物理では、次の3種類のシチュエーションにおける「電流が作る磁場」について数式が登場するので、紹介します。

①無限に長い直線電流が作る磁場

まず、「磁場」の向きは「右ねじの法則」より下図のようになります。そして、このときの「磁場B」と「磁場の強さH」は、以下の式で与えられます。

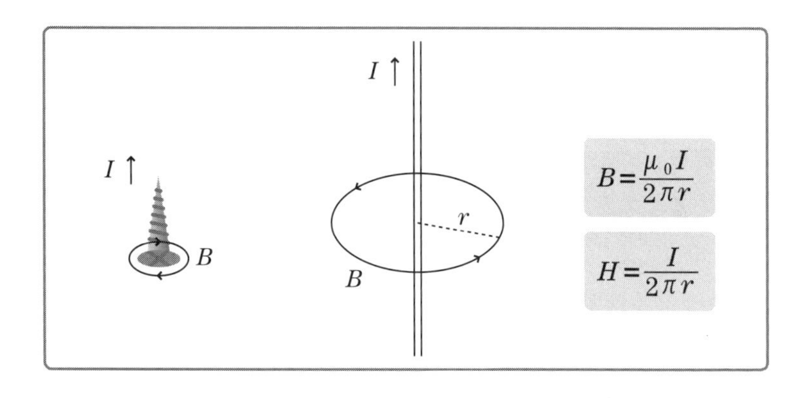

この証明は高校物理の中でも1、2を争うくらい難しいものなので、ここでは式の紹介のみに留めておきます。ただ、式の中に導線からの半径rの円周$2\pi r$という情報が含まれていることは知っておいてください。

ちなみに、このことから「磁場の強さH」の単位は「A/m」だということもわかりますね。

②円形電流（1巻きコイル）が作る磁場

導線をグルッと円形に曲げたものを「コイル」といいます。この1巻きのコイルに流れる「円形電流」は、どんな磁場を発生させるのでしょうか？

まず、「磁場」の向きは下図のようになります。ちょっと先ほどよりもイメージがしづらいですが、何段階かに分けて絵を描くと、理解できると思います。このときのBとHは次式になります。

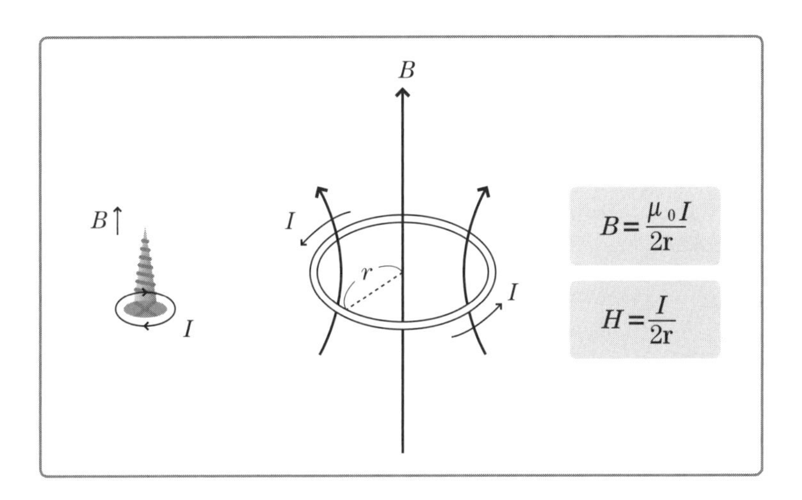

③ソレノイド・コイルの電流が作る磁場

②の円形コイルをたくさん並べたものを「ソレノイド・コイル」といいます。

次の図でのソレノイド・コイルに流れる電流が作る磁場の向きはカンタンで、②のときのように1巻きの部分を取り出して考えればいいだけですね。②のときにできた磁場がたくさん発生しているというだけです。BとHの式は次式となります。

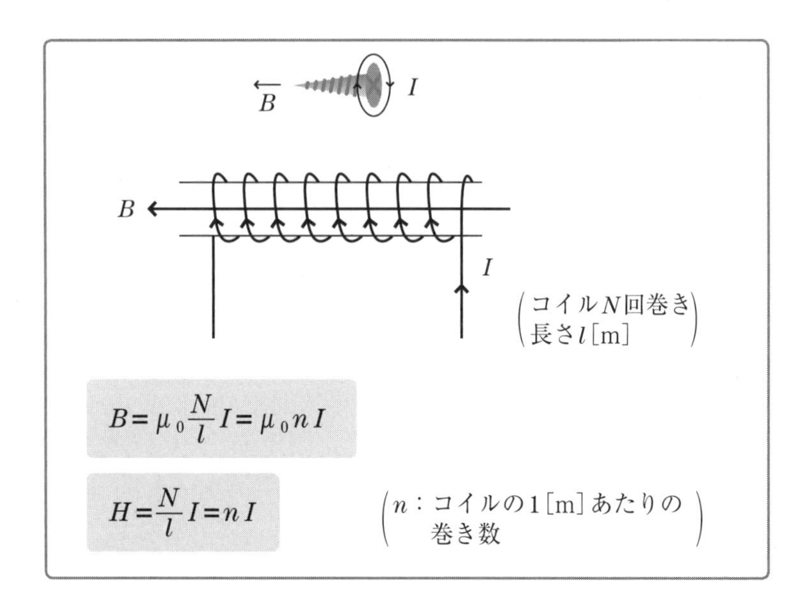

なお、ここまではまだHは登場させていました。それは、この「電流が作る磁場」までは、Hを高校物理では利用することもあるからです。

しかし、先ほどもいいましたが、本当にあるのは「磁束密度B」の方です。よって次の講以降は、もうHは登場しません。

➔逆転の発想で「電磁誘導」を発見したファラデー

さて、このエルステッドの実験を見た科学者マイケル・ファラデーはこう考えました。

「電流が磁場を作るなら、逆に磁場をいじったりすれば、電流が取り出せるのでは？」

これを「電磁誘導」といいます。

現代において「電動モーター」や、電車やバスに乗る際の「ICカード」は非常によく利用していますが、それはファラデーの電磁誘導現象の発見がないと生まれることはありませんでした。まさに、天才的な発想という他ありませんね。

この電磁誘導については、後ほど詳しく取り上げます。

4 電荷は磁場から どんな力を受ける？【ローレンツ力①】

→ 電場でも磁場でも同じことが起こる

ここでは、「磁場」がいったい何に対して影響を与えるのかを考えていきたいと思います。鋭い方は、もう推測・予測できるかもしれませんね。

科学者は「きっとこの世界は、キレイで美しい調和のとれた法則があるに違いない」と思って日々、研究しています。そうした、もっとも調和のとれた考え方の1つに、「対称性」というものがあります。数学者や科学者は、この「対称性」が大好きです。

電場について思い出してみましょう。電場の影響を受けるのは「電荷」です。電場を作る原因も「電荷」です。

そこで、磁場についても同様なことが起きていてほしいと科学者は願い、その願いは自然界に受け入れられ、現実のものとなりました。

つまり、磁場を作る原因は「動く電荷」で、磁場の影響を受けるのも「動く電荷」であると、ちゃんと実験結果が語っていたのです。

→ 磁場から「動く電荷」が受ける力が「ローレンツ力」

電場から「電荷」が受ける力を「クーロン力」といいましたね。

磁場から「動く電荷」が受ける力を「ローレンツ力」といいます。

名前の由来は、ヘンドリック・ローレンツという人から来ています。ローレンツは電磁気現象に多大な貢献をしていて、あのアインシュタインが「私の人生において、もっとも重要な人物だった」と語っている人物です。ちなみに、第1回ノーベル物理学賞受賞者はヴィルヘルム・レントゲン（X線の発見で有名）ですが、ローレンツは第2回ノーベル物理学賞受賞者なんですよ。

さて、ローレンツ力で重要なポイントは、「動く電荷」しか磁場の影響はないということです。磁場の中で止まっている電荷にはローレンツ力は作用しません。

「動く」という言葉は、「速度を持っている」という意味です。つまり、「速度を持った電荷」が、磁場の影響を受けるということです。

ちなみに、このときの「電荷」は「荷電粒子」と呼び変えることも多いです。基本的に同じものを指しているので、あまり神経質にならなくても大丈夫ですが……。

➔ローレンツ力の向きは「フレミングの左手の法則」でわかる

ここで、厄介なことに「ローレンツ力」の向きが少々とっつきにくいのです。クーロン力のように、電場の方向と同じ向きに力が発生するということではありません。

「ローレンツ力」の向きについては、「フレミングの左手の法則」で決定することができます。

これは、ジョン・フレミングというイギリスの電気工学者が考案したもので、「電荷の速度（流れる向き）」「磁場の向き」「ローレンツ力の向き」の関係性を瞬間的に求めるときに有効です。

「電荷の速度」「磁場の向き」「ローレンツ力の向き」、この3つはすべて互いに直交していて、下図のような関係性が成り立ちます。

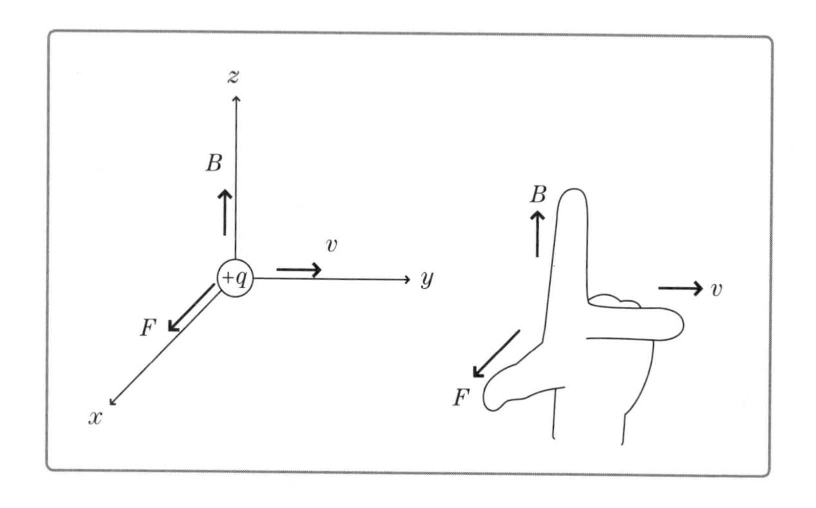

このときの「ローレンツ力」の大きさは、以下の式で表されます。

$$F = qvB$$

これは公式ではありません。「荷電粒子」に働く力をこう考えると、うまくこの世界を説明できるから、人間はこの式を法則として受け入れている、というだけです。ちなみに、負の電荷の場合、力の向きは逆となるので注意しましょう。

この式から「磁場B」の単位について、次のように深い考察をすることも可能になります。

$$F = qvB$$

$$[\mathrm{N}] = [\mathrm{C}]\cdot[\mathrm{m/s}]\cdot[\mathrm{T}]$$

$$[\mathrm{T}] = \left[\frac{\mathrm{N}}{\mathrm{C\cdot m/s}}\right]$$

[A=C/s] より

$$= \left[\frac{\mathrm{N}}{\mathrm{A\cdot m}}\right]$$

もしくは

$$[\mathrm{T}] = \left[\frac{\mathrm{J/m}}{\mathrm{C\cdot m/s}}\right]$$

$$= \left[\frac{\mathrm{C\cdot V/m}}{\mathrm{C\cdot m/s}}\right] = \left[\frac{\mathrm{V\cdot s}}{\mathrm{m^2}}\right]$$

➔磁場から力を受けた荷電粒子は、らせん運動をする

さて、「荷電粒子」が「磁場」から力を受けたとき、その「荷電粒子」の運動はどのようになるのかを考えてみましょう。

実は、「磁場中の荷電粒子」は、いつも同じ「ある運動」を行うことがわかっています。

具体例で考えてみましょう。

いま図のようにx、y、z軸の3つの軸をとり、原点から荷電粒子がx-z平面に斜めに速度vで射出されたとします。つまり、荷電粒子はy軸方向には速度成分を持っていないということです。平たくいうと、「$x-z$平面に速度vのベクトルがペタッと張り付いている」と考

えて問題ありません。

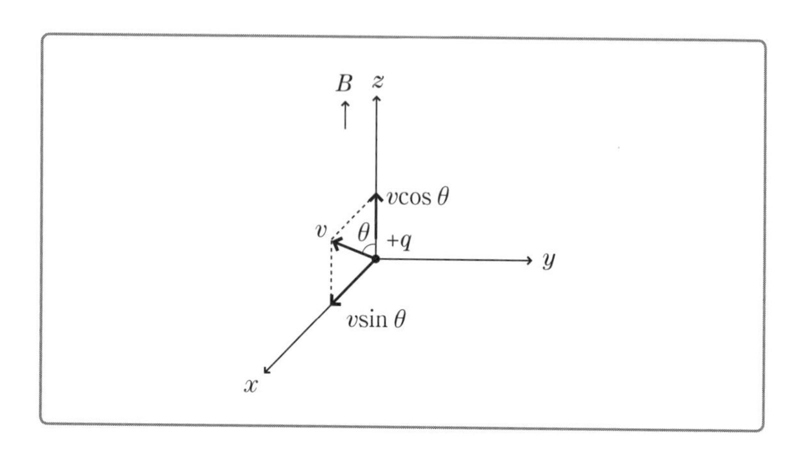

さて、このとき「磁場B」は一様で、z軸方向に平行に、図のように発生しているとします。すると瞬間的に次のことがいえないといけません。

「荷電粒子はz方向には力を受けない！」

なぜだかわかりますか？

「ローレンツ力」は「磁場」に直交しているので、「磁場方向」に力を受けることはないのです。だから「磁場」の向きがわかっているなら、「磁場と同じ方向には力は受けないよね」ってことは、瞬時に思い浮かべることができるはずなのです。

では、いったいどのような力がどの向きに作用するか、詳しく見ていきましょう。

まず、斜めに入射している速度vをx軸、z軸成分に分解します。

先ほどの議論から、z軸方向に力は作用されないので、速度の成分である$v\cos\theta$は「ローレンツ力」とはまったく関係のないものですね。「ローレンツ力」に関与しているのは、x成分である$v\sin\theta$の方です。

ここで見やすいように、z軸方向から$x-y$平面を見下ろすような図にしてみましょう。

注意してほしいのは「磁場の向き」です。いま、z軸から「見下ろすように」$x-y$平面を見ているので、「磁場の向き」は「紙面の裏から表向き」ですよ。

なお、「紙面の裏→表向き」のとき、⊙と書きます。ねじが自分の方へ向かってくるイメージです。

逆に、「紙面の表→裏向き」のとき、⊗と書きます。ねじが本の方へ向かっていくイメージですね。

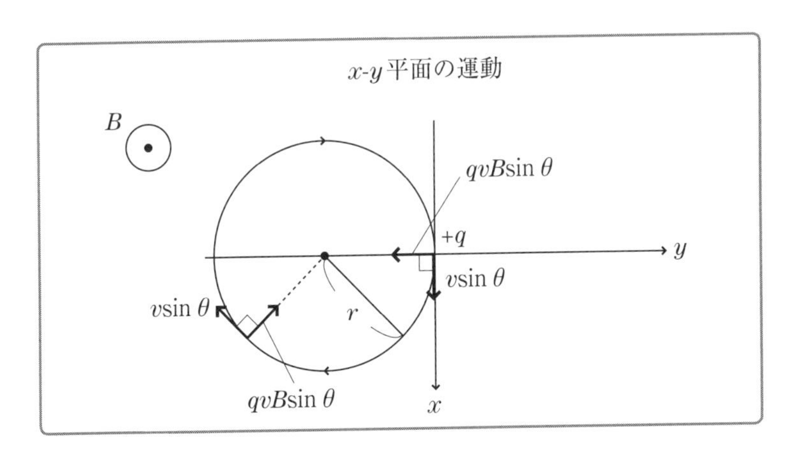

ここで「フレミングの左手の法則」を用いると、「ローレンツ力」の大きさと向きは、図のようになります。

このローレンツ力は常に同じ大きさで、常にある一点に向かっている力となります。これはまさしく「円運動」で勉強した「向心力」に他なりません。

そうなんです。磁場中での荷電粒子の運動は、必ず「円運動」が観測されます。荷電粒子を磁場の中に放り込むと絶対にぐるぐると「円運動」をするのです。これは有名結果として、知っておいても損はないと思います。

なお、このときの円運動の半径をrとすると、向心運動方程式からrを求めることができます。

磁場Bからのローレンツ力$qvB\sin\theta$を向心力とする図のような等速円運動をする。

このときの半径はr、速さは$v\sin\theta$である。

ここで向心運動方程式より

$$m\cdot\frac{(v\sin\theta)^2}{r}=qvB\sin\theta$$

$$r=\frac{mv\sin\theta}{qB}$$

さらに、「円運動の周期」も付随して導出できます。

周期 $T=\dfrac{2\pi r}{v\sin\theta}=\dfrac{2\pi m}{qB}$

ここでも重要な情報が見つけることができますね。周期Tの式をよくご覧ください。式の中に速度vに関する情報はいっさい含まれておりません。

式に入っていない変数は「何でもよい」ということです。つまり、速度によらず一定の周期でぐるぐる回るということがわかるのです。

これは、サイクロトロンなどの粒子加速器などで重要な役割を担う結果なんです。

では、z軸方向の運動はというと、「力がない」ので、「加速度は0」となり、常に速さ$v\cos\theta$の等速で運動するはずです。つまり、円の軌道をぐるぐる描きながらz軸方向に進むように見え、次の図のような「らせん（螺旋）運動」をするのですね。

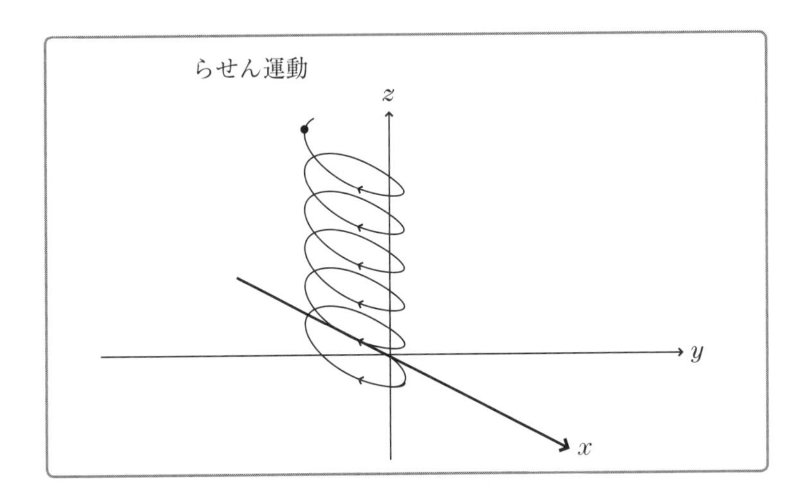

5 電流は磁場からどんな力を受ける？【ローレンツ力②】

➔ 当然、電荷の流れにも力は発生する

「動いている電荷」には、磁場からの力が発生することはわかりました。となると、「動いている電荷の集団」ともいうべき「電流」だって、当たり前のように力を受けるということは予想できます。

そこで、今度は、「電流」に対して磁場がどんな影響を与えるのかを考察しましょう。

「電流」は導線中を流れるとき、あたかもその導線に力が作用しているように観測できるわけですが、それをミクロな視点から数式で評価してみます。

➔ 電流に働くローレンツ力を数式で表現してみよう

次の図をご覧ください。導線を太く書いたモデル図です。

導線は、断面積S[㎡]、自由電子数密度n、自由電子の速さv[m/s]とします。このときの電流の大きさは$I=enSv$ですね。ただし、自由電子の進行方向と電流の向きは逆であることに留意してください。

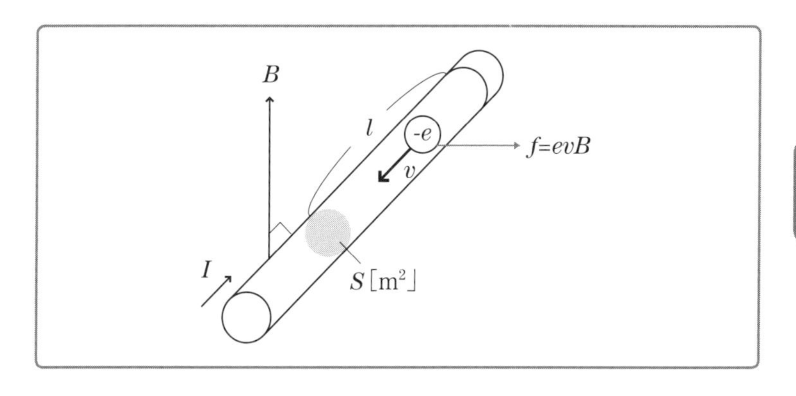

いま、磁場と導線は直交しているとします。

すると結局、導線のlという長さの部分に作用するローレンツ力は、その長さの中に含まれる自由電子の個数、つまりnSl個の自由電子が受ける力の合力となります。

つまり、導線に働く力はF=（自由電子の個数）×（自由電子1個に働くローレンツ力）です。

$$
\begin{aligned}
F &= nSl \cdot f \\
&= nSl \cdot evB \\
&= l(enSv)B \\
&= lIB
\end{aligned}
$$

すると結局、ここでも次の図のように「フレミングの左手の法則」は成立します。

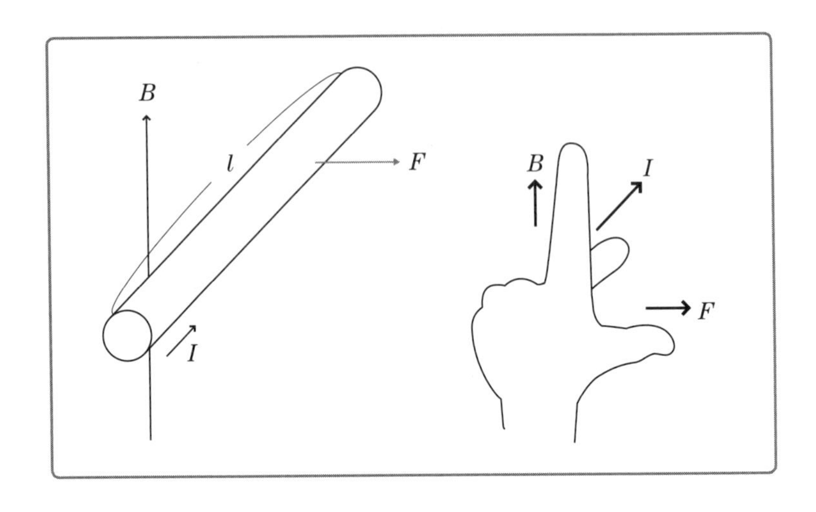

なお、歴史的には、先にこの「電流に働くローレンツ力」が測定され、数式化され、のちに「荷電粒子（電荷）に働くローレンツ力」の数式が求められています。

6 磁場の中で導体棒を移動させるとどうなる？【電磁誘導】

➔磁場をいじると、電流が生まれる

マイケル・ファラデーは、1791年に、イギリスの貧しい鍛冶職人の3男として生まれました。

ファラデーは13歳から20歳ほどまで、製本屋で働いていました。科学についての本の製本に携わるうちに、科学（特に化学）に興味を持ったといわれています。

そこで、当時の有名な化学者であるハンフリー・デービーの助手になった彼は、助手として様々な実験に関わり、以前お話しした「エルステッドの実験」の研究をしはじめました。

「エルステッドの実験」は、「電流を流すと、磁場が生まれる」ことを示しています。そこでファラデーは、「じゃあ、磁場をいじると、電流が生まれるのではないか」と考えました。

ファラデーの発想がきわめて天才的なところは、「磁場をいじると～」と考えたところです。ただ単に磁石を導線の近くに置いておくだけでは電流は生まれません。磁石を動かす、つまり「磁場をいじって」、はじめて電流を得ることに成功したのです。

➔ 電磁誘導には2種類ある

さて、このように「磁場の変化」を利用して、電流を流そうとする「起電力」を生み出す現象を、「電磁誘導」といいます。カンタンにいうと、電池を作ってみよう、ということです。

つまり、ただの導線やコイルを電池にする仕組みが電磁誘導なのです。電磁誘導で生じた起電力を「誘導起電力」といい、このとき流れる電流を「誘導電流」といいます。

電磁誘導は、主に次の2つに大別されます。

> **①磁場中を移動する導体棒の中の電荷に働くローレンツ力による電磁誘導**
> **②磁場そのものをダイレクトに変化させることによる電磁誘導**

ここでは、①について考察してみましょう。

➔ 磁場中で移動する導体棒は、電池と同じ

図の導体棒のモデルで考えます。

いまはカンタンにするために+1［C］の電荷が動くことを考えましょう。図のように導体棒は速度vでy方向に、磁場Bはz軸方向に生じているとします。すると導体内の+1［C］の単位電荷はx軸方向にローレンツ力を受けます。

そして、その力でO～Pまで動かされるとき、当然仕事をされるわけで、その値は仕事＝（一定の力）×（距離）なのでvBlとなります。このvBlこそが、導体棒に生じる誘導起電力です。

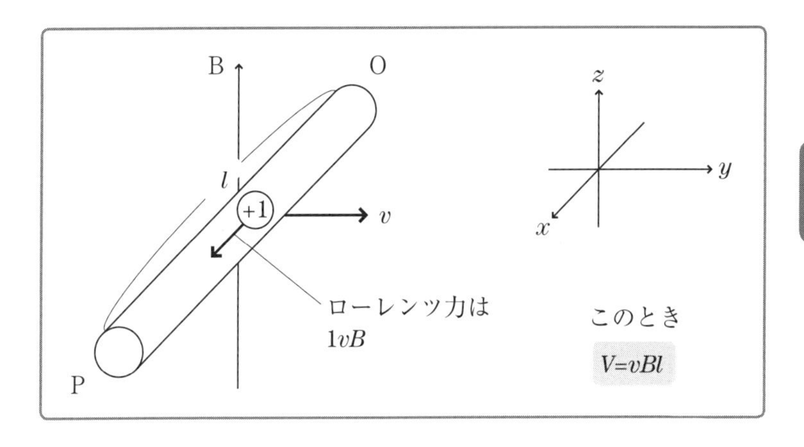

よって、このときの導体棒は、下図の電池と等価であると解釈できるのです。

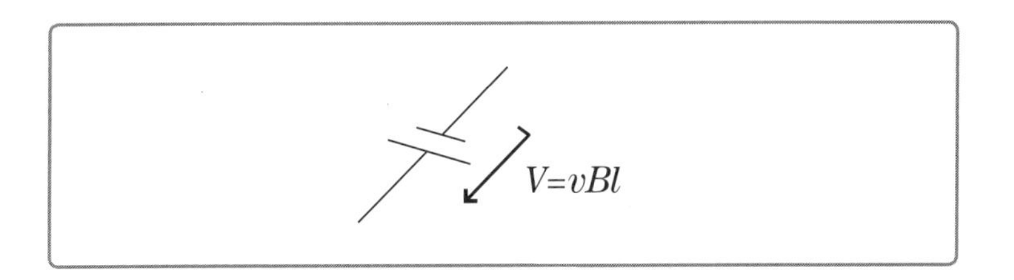

なんで仕事をしたら電池と同じなのか、わかりますか？

そもそも起電力Vの電池といわれたら、それは単に「電圧がV上がるところ」ではなく、「単位電荷に対してVという仕事をするところ」という意味になります。つまり電池とは「電荷に対して仕事をする装置」なのです。

➔ 磁束を面積で割った値が「磁束密度」

さて、もちろん毎回ローレンツ力を考慮してみれば誘導起電力はすぐに求まりますが、次のようなアプローチでも求めることはできます。

磁束について理解を深めていきましょう。

磁束密度Bをこれまで「磁場」と扱ってきましたが、そもそも磁束密度とはいったい何なのか、ということを考えます。

磁束密度とは、その名の通り磁束の密度です。人口密度とは人口の密度ですよね、「人口を面積で割った値」です。磁束密度も同様で「磁束を面積で割った値」なのです。

じゃあ、磁束とは何なのかというと、磁束とは「磁束線の本数」のことです。磁束線とは「磁場」を仮想的に表現するために視覚化した線のことです。

ここで「あれ？」となる人はちゃんと復習している方ですね。「磁場を表す線は、磁力線っていうんじゃないの？」と疑問を持つでしょう。

実は磁束線と磁力線は、どちらも「磁場」を仮想的に表す線なので、似ているのですが、異なる部分もあります。磁力線は途切れることもありますが、磁束線は途切れることなくつながっているなど、違う点もあるのです。

しかし、ここはあまり細かいところまで気にせず、「磁場を表す線のこと」と素朴な理解で十分です。

磁束線の本数を「磁束Φ」といい、単位は[Wb]（ウェーバー）となります。磁束は定義より、「磁束＝磁束密度×面積」なので、「Φ＝

BS」となります。

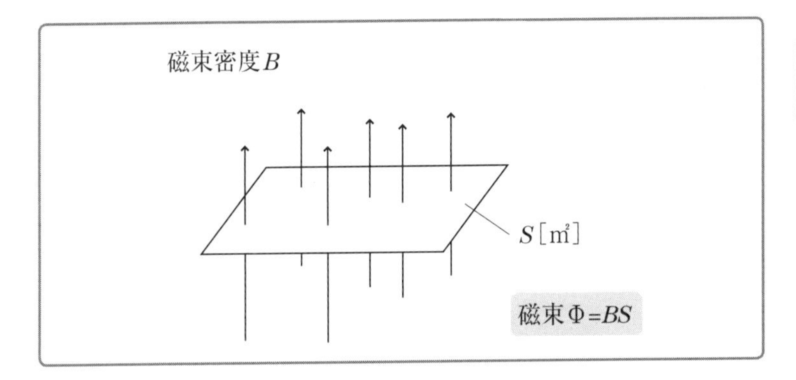

このことから単位についての考察ができ、［T］＝［Wb/m²］になることもわかりますね。

➔誘導起電力は「導体棒が1秒間に切る磁束の本数」ともいえる

さて、もう一度、導出した誘導起電力の式を見てみましょう。

$V=vBl$です。

これは次のように翻訳できます。

導体棒が1秒間に切る磁束の本数が、誘導起電力になる。

この意味がわかるでしょうか？

次の図をご覧ください。あえて、「磁束線」を書き込んだ図を用意しました。

いま、導体棒を、磁束線を切る刃物のようにイメージしてください。ここに長さlの導体棒が速さvで突っ切ってくるとき、1秒間で当然v[m] 横に進むので、導体棒は面積vlだけ磁場を「切る」ことになります。その本数は当然（磁束密度B）×（面積vl）なので、vBlとなります。

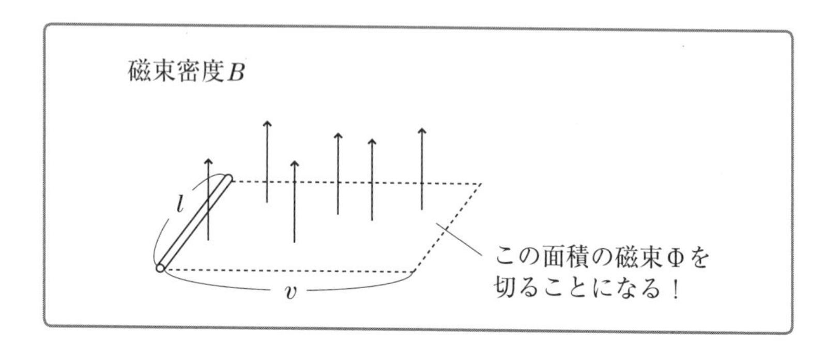

これこそが誘導起電力であるという解釈も可能なのです。

瞬間的に誘導起電力のみを出したいときには「1秒間で切る磁束が誘導起電力」という考えはかなり有効なので、おススメです。

7 磁場そのものを変化させるとどうなる？【ファラデー・レンツの法則】

➔コイルは変化が嫌い

では、次に②の「磁場そのものをダイレクトに変化させることによる電磁誘導」について考えていきましょう。

ここでは、コイルを用いて考えます。中学理科でも「電磁誘導」は登場しますが、中学理科ではこの②の方のお話が出ていましたね。

いま、1巻きのコイルを用意して、「電磁誘導」を考察します。ポイントは「コイルは変化が大っ嫌い」ということです。

4コマにして「電磁誘導」の現象を追っていきましょう。

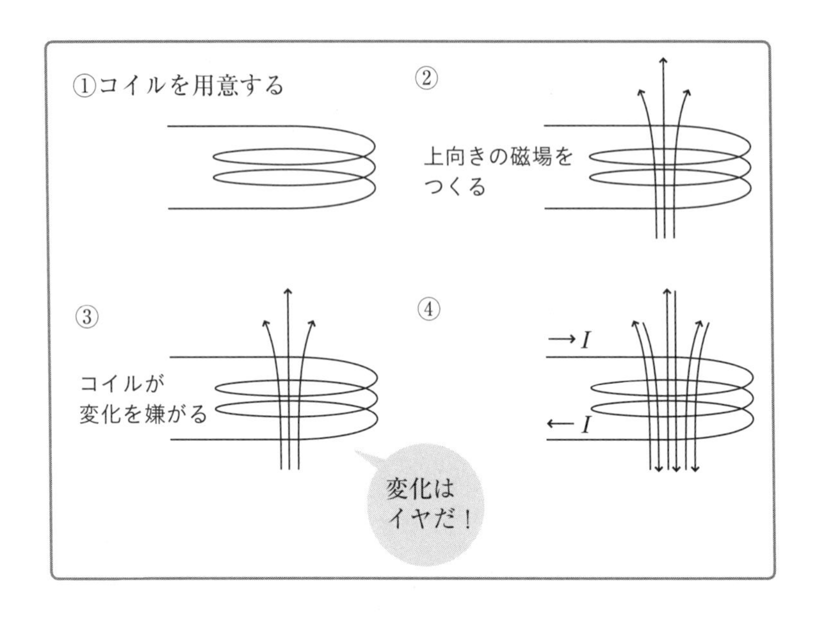

このように、コイルは「変化を嫌う」という性質を持っているので、どうにかして「もとに戻そう」とするように働くのです。今回は「上向き磁場が発生」→「もとに戻したい！」→「下向き磁場を作れば相殺できる！」→「自分で電流を流せば磁場を下向き磁場を作れる！」と、なって「電磁誘導」が起こっています。

「コイルは変化を嫌う」という性質は、次の講でも重要になるので、よく理解して次に進みましょう。

➔磁束の時間変化が誘導起電力になる

このとき、ファラデーは誘導起電力Vの大きさについて、実験から次のことを法則として発見しました。

$$V=d\Phi/dt$$

これは少し難しい式かもしれません。$V=\Delta\Phi/\Delta t$と書いている本もありますが、上の式の方がより正確な表記です。

これは、翻訳すると「磁束の時間変化が誘導起電力である」という意味になります。もっと堅いいい方をすると「磁束の時間微分が誘導起電力である」となります。

➔誘導起電力は、変化の逆向きに流れる

さらに、この式を発展させて「向き」の情報まで加えることも可能です。

「誘導起電力の向き」については、定性的に次の「レンツの法則」が成立します。

「磁束の変化を妨げる磁場」を作る電流を流そうとするような誘導起電力になる。

つまり、「変化を嫌う向き」ということ、「変化の逆向き」ということです。

その意味で、マイナス記号「－」を付け加えたものを、最終形「ファラデー・レンツの法則」といい、次の形になります。

$$V=-d\Phi/dt$$

もちろんこれは、1巻きコイルの誘導起電力なので、N回巻きの場合はN倍にしましょう。

➔ IHが加熱できるのも電磁誘導のおかげ

自転車に付いているライトも「電磁誘導」を利用したものが多いですね。

自転車のライトには、乾電池で光らせるものもあれば、ペダルをこぐことにより点灯させるものもあります。ペダルをこいで点灯させるものが「電磁誘導」を利用したものです。

これは、タイヤを回転させることで、ライトの装置にしくまれている磁石をぐるぐる回転させ、絶えず磁場を変化させているのです。それにより誘導電流が生じ、ライトが光るというわけです。

このように電磁誘導を利用した製品は数多くあるのですが、その中でもう1つ「IH」について紹介しましょう。

火を使わなくても加熱調理できる「IH」、みなさんも聞いたことがあると思います。

この「IH」という言葉は、「Induction Heating」の略で「誘導加熱」という意味になります。この誘導とは、「電磁誘導」のことなのです。

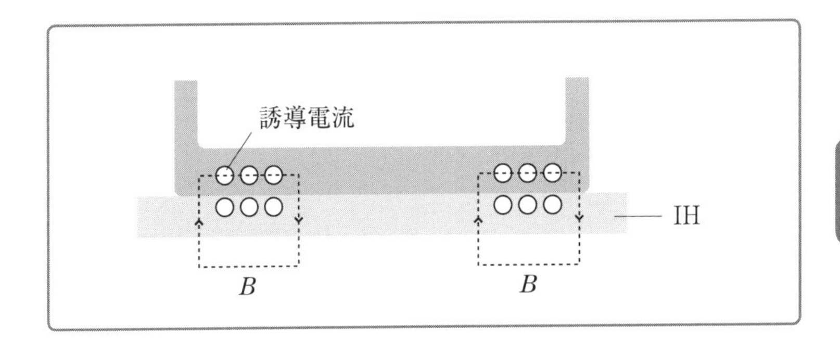

IHにはコイルが仕込まれており、図のように磁場を変化させて「電磁誘導」を起こし、IH用のフライパンや鍋に誘導電流を流します。この電流の発熱作用によって、温かくなるのです。だから、土鍋などの絶縁体では、IHは使えないのですね。

ファラデーが「電磁誘導」を発見したとき、ある婦人に「それがいったい何の役に立つの？」と問われたそうです。そのときファラデーは次のように答えました。

「あなたは生まれたばかりの赤ん坊が何の役に立つかわかるというのですか？」

その赤ん坊は立派に成長し、このように、私たちの生活になくてはならない存在へとなりました。

科学とは常に生きていて、成長しています。いま、この瞬間は「これがわかって何に役立つのか？」と一見不思議に思う研究も多いのですが、いずれそれが大きな変革を起こす引き金となる可能性もあるんだ、ということを知っておいてください。

8 コイルに磁場ができるとどうなる？【自己誘導】

➔コイルは永遠の反抗期

では、コイルについての理解を深めていきましょう。

コイルの特徴的な現象に「自己誘導・相互誘導」というものがあります。

この2つの現象を理解するためには、やはり「コイルは変化をとことん嫌う！」ということを知っておく必要があります。いうなれば、「コイルは永遠の反抗期だ」ともいえるでしょう。

以前、コイルに電流を流すと磁場が発生する、という現象をお伝えしましたね。エルステッドの、あの実験です。コイルはとてもわがままで、「自分自身が作った磁場」でさえ嫌がり、その磁場を打ち消そうとする電流を流そうとして、起電力を生じさせるのです。

ね？　とてもわがままで反抗的な存在、それがコイルなのです。

この現象も、以下の2コマで表現しましょう。

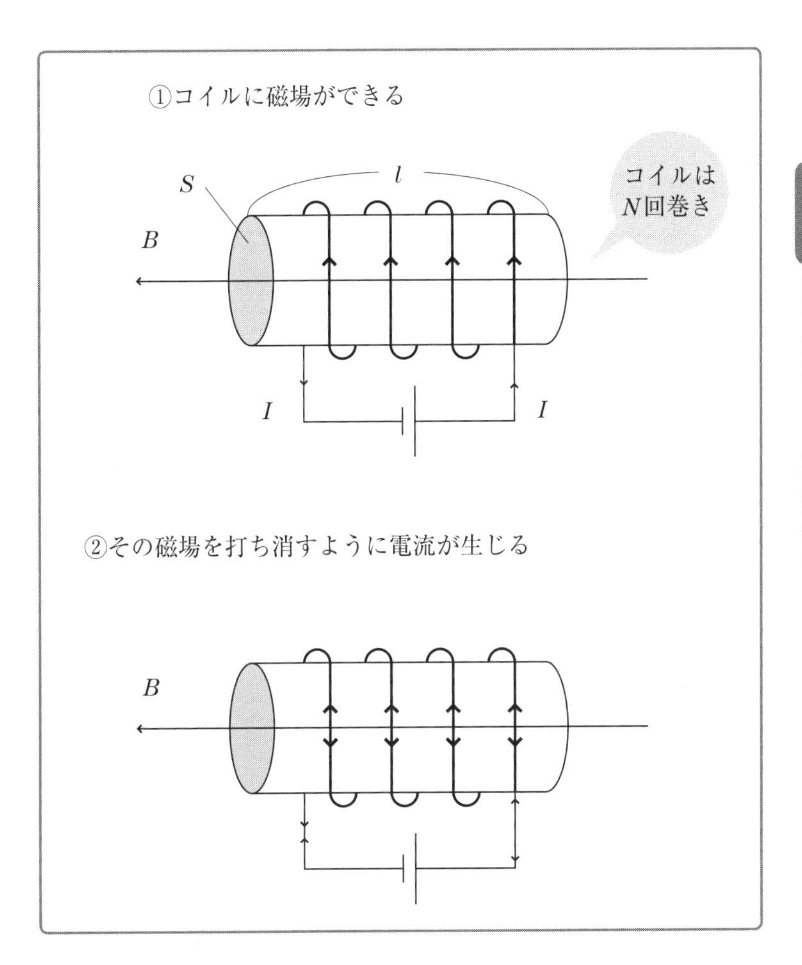

つまり、コイル自身が「電池」のようになり、電流を流そうとしてしまうのです。このような現象を「自己誘導」といいます。

➔ 自己誘導を数式で表現してみよう

では、数式で考えてみましょう。

ここでも前回学んだ「ファラデー・レンツの法則」を用います。

いったい誘導起電力はどのような形になるのでしょうか？

$$B=\mu_0 \frac{N}{l} I$$

磁束 $\phi = BS = \mu_0 \frac{NS}{l} I$

このときの誘導起電力 V は

$$V=-\frac{d\phi}{dt}\times N$$

$$=-\mu_0 \frac{NS}{l}\cdot\frac{dI}{dt}\times N$$

$$=-\underbrace{\frac{\mu_0 N^2 S}{l}}\cdot\frac{dI}{dt}$$

このとき、上の式の $\underbrace{\qquad}$ 部分を、
自己インダクタンス L といい、単位は［H］（ヘンリー）である。

よって

$$V=-L\frac{dI}{dt}$$

9 他のコイルが作った磁場にどう反応する？【相互誘導】

→ 誰彼構わず反抗しまくる

次に学ぶのは「相互誘導」です。

ただし、もうある程度イメージはできませんか？

「自分自身が作った磁場」に反抗するのが「自己誘導」でしたね。ならば、「相手のコイルが作った磁場」に反抗するのが「相互誘導」だろうと予測できる人も多いでしょう。その通りです。

他のコイルが作る磁場の変化に反応して誘導起電力を生む現象を「相互誘導」といいます。

この現象も2コマで確認してから数式の評価に入りましょう。

①

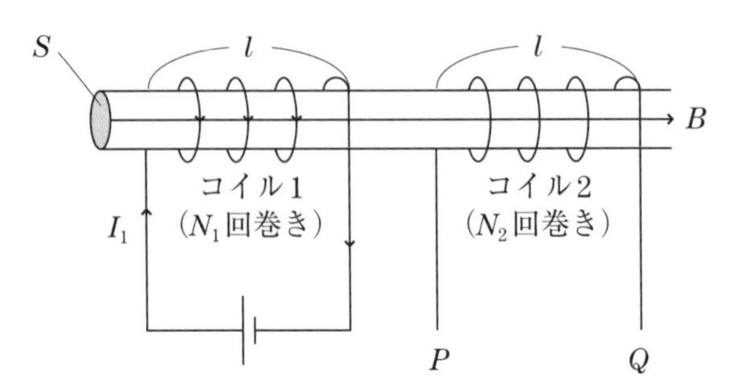

コイル1が作った磁場Bがコイル2にも入る
※コイル1と2は長さlである

②

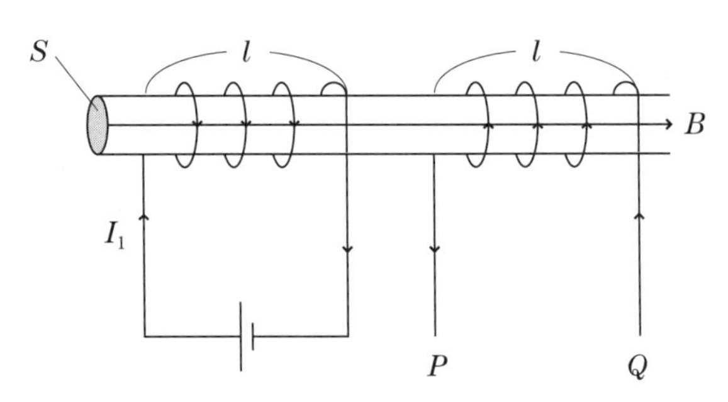

コイル2がBに反抗して、
コイル1とは逆向きの電流を流そうとする

➔相互誘導を数式で表現してみよう

このときの誘導起電力は、以下のように導出できます。

コイル1と2を貫く磁束ϕ_1は

$$\phi_1 = B \cdot S$$

$$= \mu_0 \frac{N_1 S}{l} I_1$$

コイル2で生じる誘導起電力Vは

$$V = -\frac{d\phi_1}{dt} \times N_2$$

$$= -\underbrace{\frac{\mu_0 N_1 N_2 S}{l}}\cdot\frac{dI_1}{dt}$$

上の式の ⏟ の部分を、
相互インダクタンスMといい、単位は[H](ヘンリー)である。

よって

$$V = -M \cdot \frac{dI_1}{dt}$$

ちなみに、この「相互誘導」は変圧器(トランス)などにも用いられています。

10 交流ってどんな電流？【交流回路】

交流は三角関数的な周期で変化していく

では、電磁気の最後のテーマである「交流」についてのお話をしましょう。

私たちの家庭に流れてくるのは交流電流である、ということは知識として知っている人も多いと思います。

交流とは、絶えず周期的に電流の向きが変化していく仕組みのことをいいます。そのときの電圧を「交流電圧」、電流を「交流電流」と呼んでいます。

回路において交流は㊀という記号を用います。

一般的な交流は三角関数的な周期で変化していくので、例えば交流電源の電圧は以下のように$v=v_0\sin\omega t$などと表現することができます。

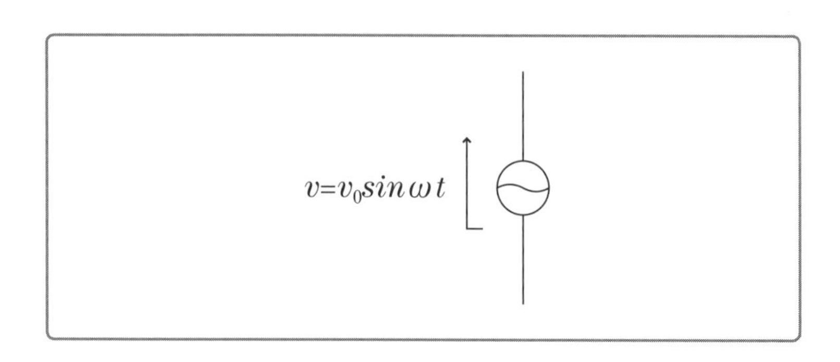

交流は「実効値」や「インピーダンス(リアクタンス)」などの用語がたくさんあったり、「三角関数」の扱いでとまどったり、どうしても微積分を使わないといけない部分があったりと、難しいところがいくつもあるのですが、いままで通り1つ1つゆっくりと確認していけば大丈夫です。

では、交流電圧$v=v_0\sin\omega t$の電源を「抵抗」「コンデンサー」「コイル」それぞれにつないだとき、どのようなことが起きるかを考察してみましょう。

➔ 抵抗Rにつないだとき(R回路)にはどうなる?

下図のように交流電源と、抵抗Rをつなぎます。このとき抵抗に流れる電流を図のようにi_Rと仮定しましょう。

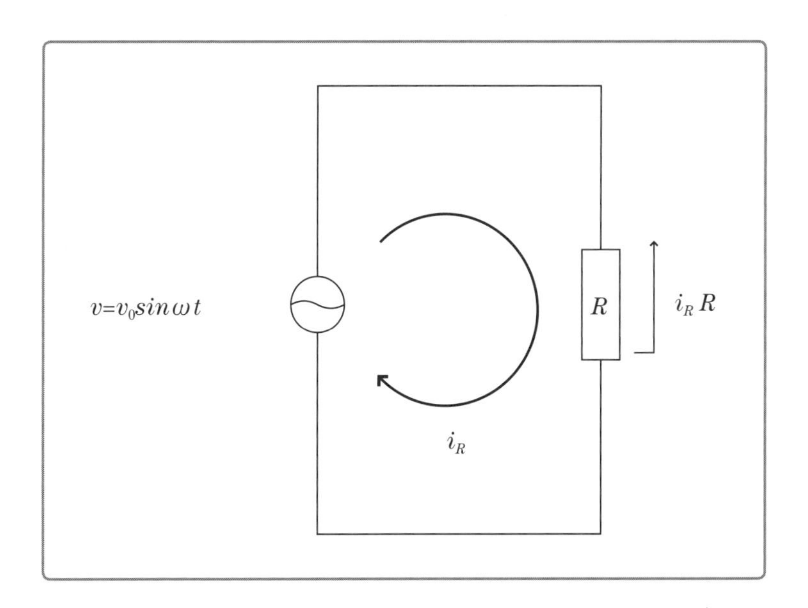

交流回路でも、回路方程式を作るというスタイルは変わりません。回路方程式から、電流は次のようになります。

$$v_0 \sin \omega t = i_R R$$

$$\therefore i_R = \frac{v_0}{R} \sin \omega t$$

このとき、電圧と電流の式を見比べると、どちらも□$\sin \omega t$という形になっていて「同位相」であることがわかります。つまり電圧が最大のとき、電流も最大ということで、「タイミングが一緒」ということです。

さて、ではここで「実効値」という値を定義いたしましょう。「実効値」とは、電圧や電流の大きさの目安（平均）になるものだと考えてください。このときの平均は「2乗平均ルート（根号）」を採用します。

これには理由があります。三角関数は、そのまま平均をとってしまうと、下図のように平均値が0になってしまい、何の参考にならなくなってしまうのです。

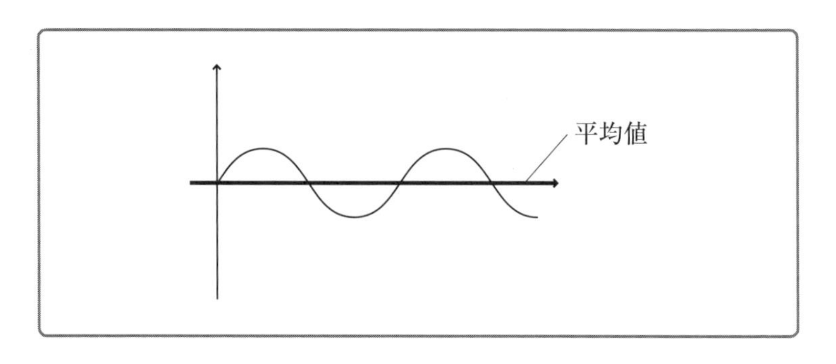

よって、三角関数の大きさを見たい場合は、2乗して平均をとったものにルートをくっつけるという「2乗平均ルート」を用います。三角関数の「2乗平均ルート」は下図のようになります。

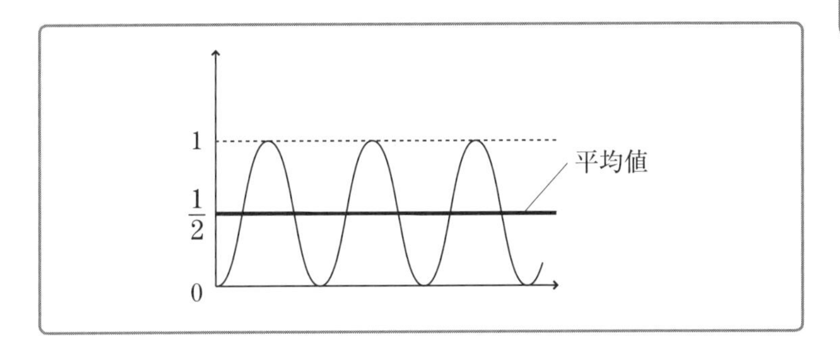

さて、この「2乗平均ルート」を用いて、具体的に電圧と電流の「実効値」を求めてみると、以下のようになることがわかります。

電圧

$$\sqrt{\overline{v^2}} = v_0 \sqrt{\overline{\sin^2 \omega t}} = \frac{v_0}{\sqrt{2}}$$

電流

$$\sqrt{\overline{i_R^2}} = \frac{v_0}{\sqrt{2} R}$$

日本の家庭用のコンセントには100［V］の電圧がかかっているのは知っていますか？　これは、「実効値」が100［V］の意味なのです。だから、交流電圧の最大値はその$\sqrt{2}$倍の約141［V］なのですよ。

さらに、もう一つ、「インピーダンス」という値も定義しましょう。「リアクタンス」と呼んでも構いません。

インピーダンスは、電流の通りにくさの目安、つまり「抵抗」に相等するものだと考えます。具体的には、「交流電圧と交流電流の実効値の比」で計算します。

したがって、このときの「インピーダンス」は次のように計算できます。

インピーダンス

$$\frac{\frac{v_0}{\sqrt{2}}}{\frac{v_0}{\sqrt{2}R}}=R$$

これは、まんまRとなるので、この値を「抵抗」とそのまま呼ぶのです。

ちなみに「インピーダンス」は、電圧と電流の最大値の比という見方も可能です。

$$\frac{v\text{の最大値}\, v_0}{i_R\text{の最大値}\, \frac{v_0}{R}}=R$$

➔ コンデンサーCにつないだとき（C回路）にはどうなる？

次に、下図のように交流電源と、コンデンサーCをつなぎます。このときコンデンサーに流れこむ電流と貯まっていく電荷を、図のようにi_cとqと仮定しましょう。

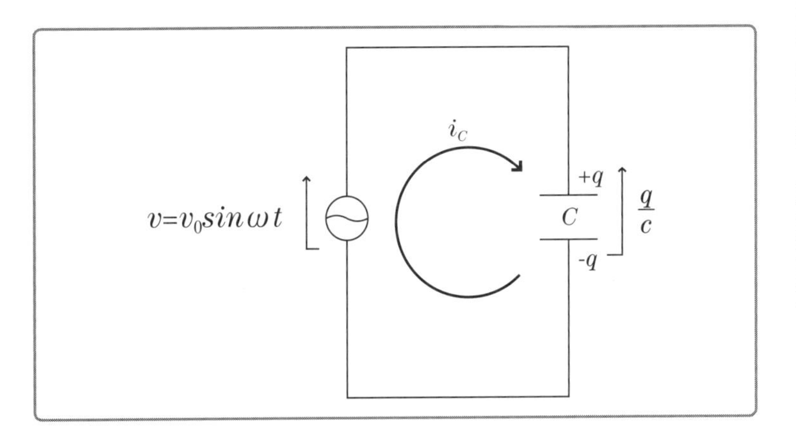

すると、回路方程式は次式になります。

$$v_0 \sin \omega t = \frac{q}{c}$$

ここで、電流は貯まる電荷qの時間変化、つまり次式のような微分の形で与えられると考えられます。

$$i_C = \frac{dq}{dt}$$

以上2式からi_cが求まります。微分を使うので難しいと感じられる人は、飛ばしても構いませんよ。

$v_0 \sin \omega t = \frac{q}{c}$ より

$$q = c v_0 \sin \omega t$$

これを $i_C = \frac{dq}{dt}$ に代入すると

$$i_C = \frac{d}{dt}(c v_0 \sin \omega t)$$

合成関数の微分

$$= \omega c v_0 \cos \omega t$$

$\cos\theta = \sin\left(\theta + \frac{\pi}{2}\right)$ より

$$= \omega c v_0 \sin\left(\omega t + \frac{\pi}{2}\right)$$

この式からわかることは「i_cはvより位相が$\pi/2$進んでいる」ということです。これは重要な結果です。

「実効値」は次のようになります。

電圧

$$\sqrt{\overline{v^2}} = \frac{v_0}{\sqrt{2}}$$

電流

$$\sqrt{\overline{i_C^2}} = \frac{\omega c v_0}{\sqrt{2}}$$

「インピーダンス」は次のようになります。

インピーダンス

$$\frac{\frac{v_0}{\sqrt{2}}}{\frac{\omega c v_0}{\sqrt{2}}}=\frac{1}{\omega c}$$

$\frac{1}{\omega c}$ → 容量リアクタンス

この値を通常、「容量リアクタンス」と呼んでいます。

➔ コイルLにつないだとき（L回路）にはどうなる？

下図のように交流電源と、コイルLをつなぎます。このときコイルに流れる電流を図のようにi_Lと仮定しましょう。

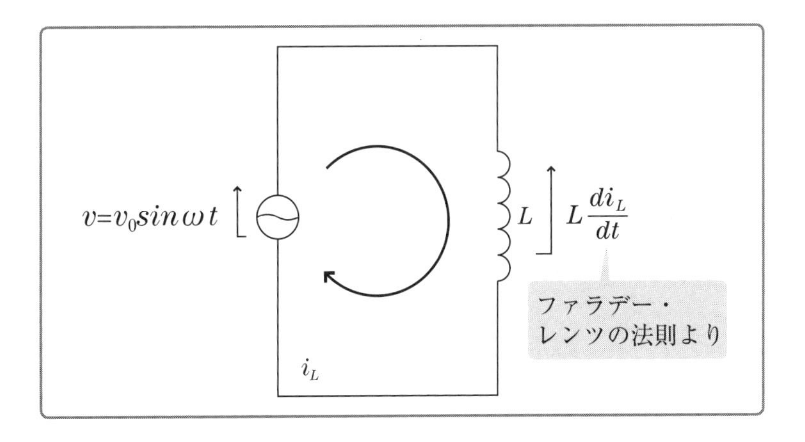

このときの回路方程式は次の式になります。

$$v_0 \sin \omega t = L\frac{di_L}{dt}$$

$v_0 \sin \omega t = L\frac{di_L}{dt}$ より

$$\frac{di_L}{dt} = \frac{v_0}{L}\sin \omega t$$

積分

$$i_L = \int \frac{v_0}{L}\sin \omega t \, dt$$

$$= -\frac{v_0}{\omega L}\cos \omega t$$

$-\cos\theta = \sin(\theta - \frac{\pi}{2})$

$$= \frac{v_0}{\omega L}\sin(\omega t - \frac{\pi}{2})$$

このことより「i_Lはvより位相が$\pi/2$遅れている」ということが理解できます。

「実効値」は次のようになります。

電圧

$$\sqrt{\overline{v^2}}=\frac{v_0}{\sqrt{2}}$$

電流

$$\sqrt{\overline{i_L^2}}=\frac{v_0}{\sqrt{2}\,\omega L}$$

「インピーダンス」は次のようになります。

インピーダンス

$$\frac{\dfrac{v_0}{\sqrt{2}}}{\dfrac{v_0}{\sqrt{2}\,\omega L}}=\underline{\omega L}$$

→ 誘導リアクタンス

この値を「誘導リアクタンス」と呼んでいます。

➔ 抵抗、コンデンサー、コイルについてまとめておこう

では、ここまでの内容を表にまとめましょう。

	インピーダンス	位相差
抵抗R	R	0
コンデンサーC	$\frac{1}{\omega C}$	i_Cが$\frac{\pi}{2}$進む
コイルL	ωL	i_Lが$\frac{\pi}{2}$遅れる

通常は、この結果を丸暗記する人も多いのですが、このように導出は可能なのです。

ただ、数学Ⅲでの微積分の素養が必要なので、ある程度数学を知らないと厳しいかもしれませんね。

➔ RLC直列回路ではどうなる？

最後に、交流回路の代表的な例として「RLC直列回路」についての考察をしてみましょう。

図のように、抵抗R、コンデンサーC、コイルLを交流電源に接続したとします。

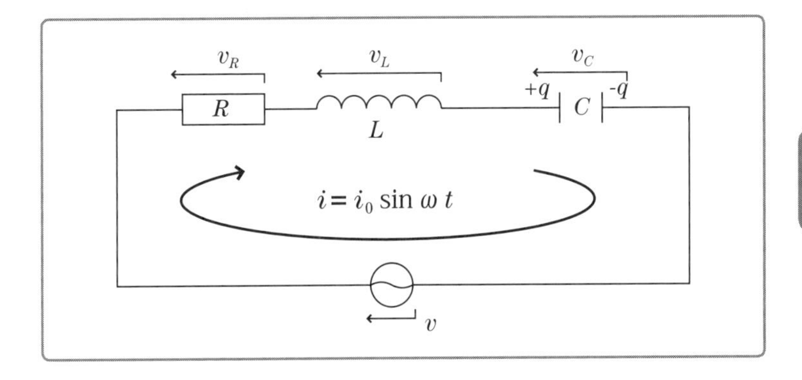

ここで、いままでとは逆に、流れる電流iが$i=i_0 \sin \omega t$だとわかっているとしましょう。このときの交流電圧vがいくらになるかを考えます。

抵抗、コンデンサー、コイルでの電圧降下は、次のように書けますね。

$$v_R = i \times R = i_0 R \sin \omega t$$

$$v_L = i \times \omega L = i_0 \omega L \sin\left(\omega t + \frac{\pi}{2}\right)$$

$$v_C = i \times \frac{1}{\omega C} = \frac{i_0}{\omega C} \sin\left(\omega t - \frac{\pi}{2}\right)$$

よって、回路方程式より次式が成り立つはずです。

$$v = v_R + v_L + v_C$$

$$= i_0 R \sin \omega t + i_0 \omega L \sin\left(\omega t + \frac{\pi}{2}\right) + \frac{i_0}{\omega C} \sin\left(\omega t - \frac{\pi}{2}\right)$$

ここで少し難しいのが、三角関数の合成です。しかし、三角関数の足し算は「ベクトル図」を用いると絵で見えます。

下図をご覧ください。$y_1 = a\sin\theta_1$と$y_2 = b\sin\theta_2$について、$y_1 + y_2$をベクトルで考えます。

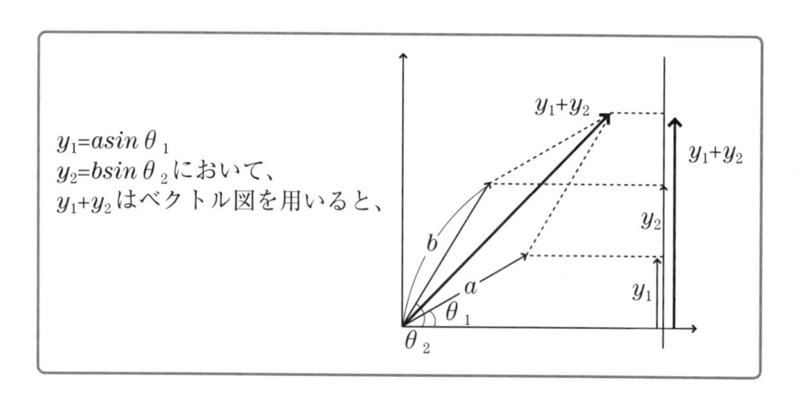

すると結局、$y_1 + y_2$は、ベクトルy_1とベクトルy_2の合成ベクトルになります。

このことを知っておくと、今回の$v_R + v_C + v_L$は、共通の電流iのベクトルも添えて次のようなベクトル図となります。もちろん位相差、つまりベクトルの向きをきちんと考慮してくださいね。

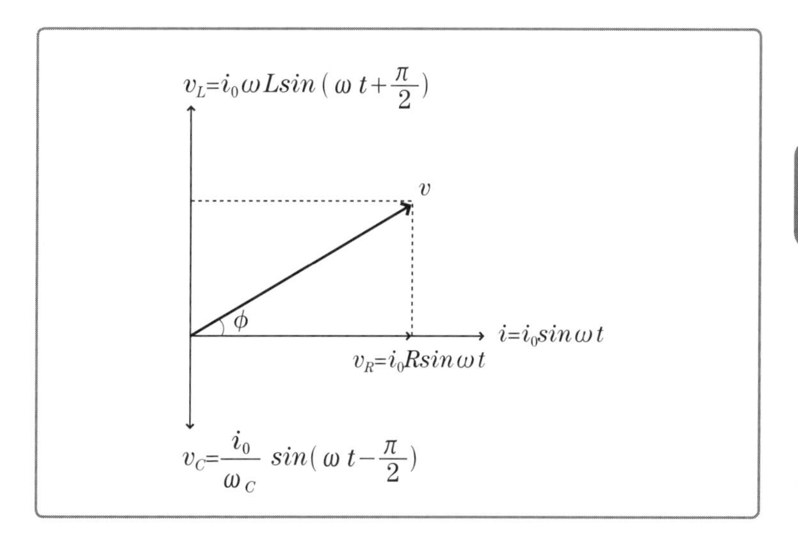

すると、三平方の定理を用いて、交流電源vは次式になります。

$$v=i_0\sqrt{R^2+\left(\omega L-\frac{1}{\omega C}\right)^2}\sin(\omega t+\phi)$$

$$\left(\text{このとき}\tan\phi=\frac{\omega L-\frac{1}{\omega C}}{R}\right)$$

ちなみに、このときの「回路のインピーダンス」は次式で計算できます。

回路のインピーダンス

$$v = \underbrace{i_0 \sqrt{R^2 + \left(\omega L - \frac{1}{\omega C}\right)^2}}_{v_0} \sin(\omega t + \phi) \text{より}$$

$$\frac{v_0}{i_0} = \sqrt{R^2 + \left(\omega L - \frac{1}{\omega C}\right)^2}$$

11 交流はどうやって作る？【電気振動】

➔ 自発的に交流を作る「LC回路」

では、交流のラストとして「電気振動回路」について考えてみましょう。これは、交流電源を用いずに交流を作る仕組みだと思っていてください。

この現象を4コマで捉えてみましょう。

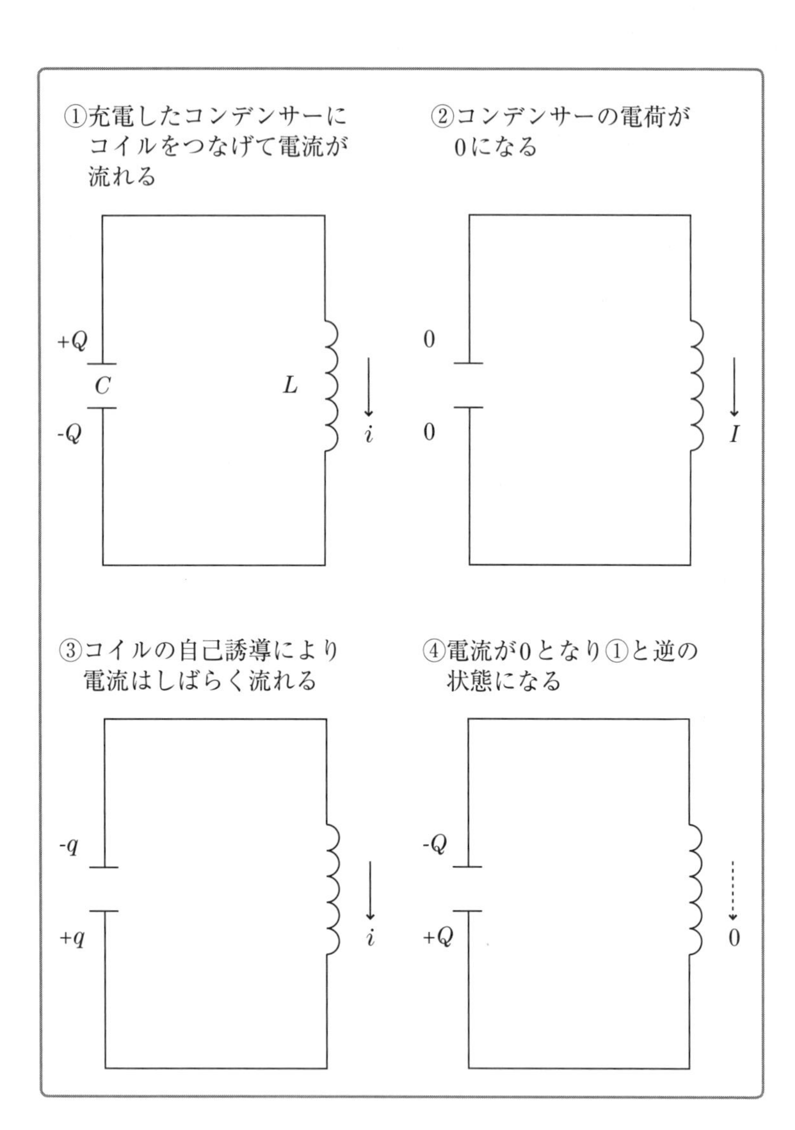
①充電したコンデンサーにコイルをつなげて電流が流れる
+Q
C
-Q
L
i
②コンデンサーの電荷が0になる
0
0
I
③コイルの自己誘導により電流はしばらく流れる
-q
+q
i
④電流が0となり①と逆の状態になる
-Q
+Q
0

④のあと、①と同じような現象が再び起きて、コイルに先ほどとは逆向きの電流が流れます。この電流が交互に流れていく現象が永続的に起きて、LC回路は交流を自発的に作り続けるのです。電圧・電流の単振動と解釈することもできますね。この回路を「電気振動回路」といいます。

➔ 交流の周期を求めてみよう

ちなみに、このときの振動の周期Tはいくらになるか考えてみましょう。

いま、図のLC回路は枝分かれなどがないので、電流は同じと考えることができます。よって、このときの回路方程式より周期Tを求められます。

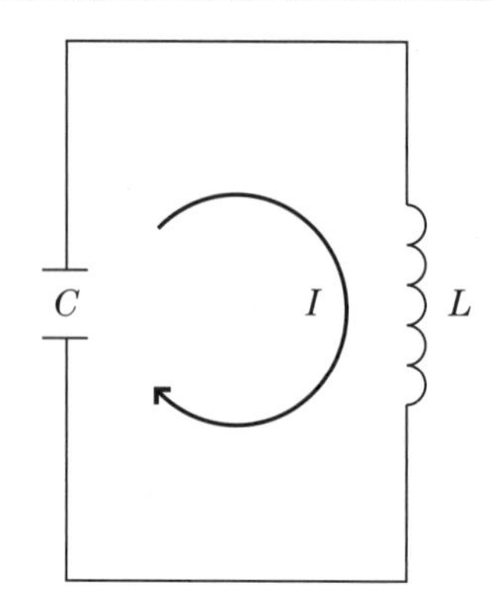

回路方程式より

$$\frac{1}{\omega C}I=\omega LI$$

$$\omega^2=\frac{1}{LC}$$

$$\therefore \omega=\frac{1}{\sqrt{LC}}$$

周期$T=\dfrac{2\pi}{\omega}$より

$$T=\frac{2\pi}{\frac{1}{\sqrt{LC}}}=2\pi\sqrt{LC}$$

第8教室
ミクロの世界ではこれまでの常識が通用しない？
【原子物理学】

では、ついに最終章の「原子物理学」の分野に入りましょう。実は、この高校物理の「原子物理学」という名付けは正確ではなく、「量子論」や「量子力学」「素粒子物理学」などがちょこちょこ入り混じった分野になっています。とにかくいえることは、「20世紀の新しい物理学」、つまり「現代物理学」ともいうべき分野であるということです。

結局、光の正体は何？
【粒子性と波動性】

➔古典物理学から現代物理学へ

ここまでに学習した「力学」や「電磁気学」などは、すべて「古典物理学」というものにカテゴリー分けされています。つまり、主に17〜19世紀にかけて作り上げられた物理学を学んできたことになります。

19世紀の終わりごろ、物理学という学問は、いったん完成を迎えようとしていました。19世紀を代表する大物理学者であるケルビン卿ですら、ある講演で「もう物理学で解けない問題はほとんどなくなった。あと2つの暗雲ともいうべき問題を解けば物理学は完成する」と述べていたほどです。

ところが、その2つの暗雲こそが、物理を一気に飛躍させるほどの大問題だったのです。その1つの問題は「量子論」へ、もう1つは「相対性理論」へとつながっていきます。

こうして、物理学は「古典物理学」の時代から、「現代物理学」の時代へと、移り変わったのです。

➔光は波の性質を持っている

なぜわざわざ新しい物理学に移行しなければならないかというと、当然、いままでの学問体系では説明できないものがあったから、ですよね。

物理学というのは、実証学問です。いくら「これが正しい！」と大声で主張しても、現実とあっていなかったら、それは正しいとはいえません。アイディアを考えるのは科学者1人1人の自由であるのですが、それが本当に使える理論かどうかは、実証によって現実世界と照らし合わせていく必要があるのです。

その最たる例が「光」です。

かつてニュートンなどは、すべての現象を「力学現象」として捉えようとしました。その流れで「光も粒である」とニュートンは思っていました。

ところが、「ヤングの実験」などの「干渉」の実験事実から、光は「波の性質」を持っていることがわかりました。この「波の性質」のことを、光の波動性といいます。

こうして、どうやら「光は波である」ということが真実だと、長い間、人々に信じられてきたのです。

➔光は粒だと考えないと説明が付かない現象が出てきた

ところが、ドイツの物理学者ハルヴァックスや、レーナルトによって「光電効果」という現象が見出されたことで、問題が発生しました。

「光電効果」については後ほど詳しく扱いますが、端的にいうと「金属の特定の光を当てると、金属から電子がポンッと飛び出してくる」という現象です。

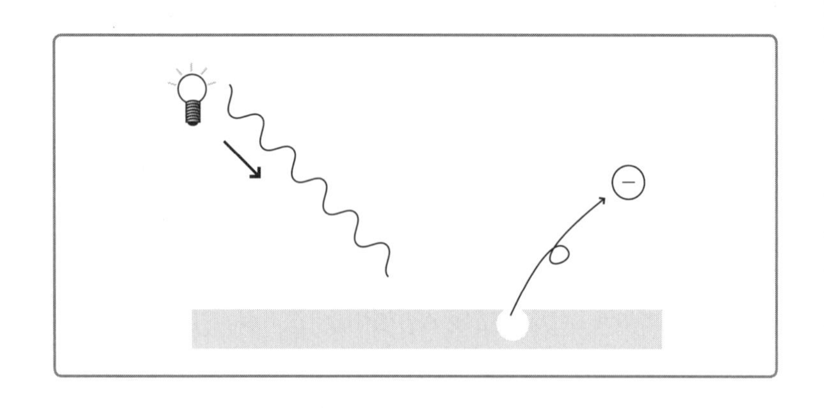

この現象は、いくら考えても「光の波動性」では説明できません。光が粒の性質(「粒子性」といいます)を持っていることを示しています。

つまり、「光は粒である」と考えざるを得なくなったのです。

➔光は、粒であり、波でもあった

ここで、人間は大きな壁にぶち当たります。

「光の波動性」という考えを捨て「光の粒子性」を真実と見るのか、と葛藤したのです。しかし、「粒子性」を真実とすると、今度は「干渉」などの説明できなくなります。

多くの科学者が悩み苦しむ中、ある科学者が次の主張をしました。

光は、粒でもあるし、波でもある。

こう主張したのは、あのアインシュタインです。この理論により、

「光は粒でもある」ということが徐々に認められていくようになります。

アインシュタインの主張で大事なところは、決して「光の波動性」を否定しなかったところです。「波動性」も認めつつ、さらに「粒子性」もあるんだと、おおらかに光を捉えたのです。

➔ 光が2つの顔を持つ、ということの意味

こうして、いま現在は、光は「波動性」「粒子性」どちらの性質も持っているということが正しいとされています。

この考えが生まれたときは、非常に物理学者の間でも混乱があったようです。結局、「光の姿」というものがよくわからなくなったのです。波動を「ウェーブ」、粒子を「パーティクル」というので、そのどちらの性質も持つ光を「ウェーブィクル」と呼んだ科学者もいました。

人々からは、「物理学者は、光を月・水・金曜日は波動として、火・木・土曜日は粒子として扱っている」などと冗談をいわれたりしたようです。

このように、光が波と粒子のどちらの性質も持っていることを、「光の2重性」といいます。「光の2重性」という言葉の持つ意味は、次のように考えた方がよいでしょう。

光とは、私たちが「ある手段」で観測したときのみ現れるものであり、「手段」によって2つの姿を私たちに見せてくれるものである。

つまり、光は私たちが「見たい！」と観測したから出現するものなんだと理解しましょう。

「量子論」などの現代物理学では、このように「ん？　よくわからんなー」と思われるような、ある意味哲学めいた内容も多くなります。

どうやら、身の回りのマクロ（巨視的）な世界と、いまから足を踏み込もうとするミクロ（微視的）な世界では、事情が全然違うようです。いままでの常識と異なるものも現れるのですが、おおらかに見ていきましょう。

2 金属に光を当てると何が起こる？【光電効果】

➔特定の振動数の光を当てると、電子が飛び出る

では、「光電効果」という現象について詳しくお話ししていきましょう。

「光電効果」とは、光を金属に照射させると電子が飛び出すという現象です。このとき飛び出した電子を「光電子」と呼びます。

この現象については、様々な科学者によって、次の実験事実が見出されました。

ある特定の振動数の光のときのみ、光電効果は起きる。

もっと詳しくいうと「振動数が大きい青や紫っぽい光」で「光電効果」は生じ、「振動数が小さい赤っぽい光」では電子は飛び出さなかったのです。

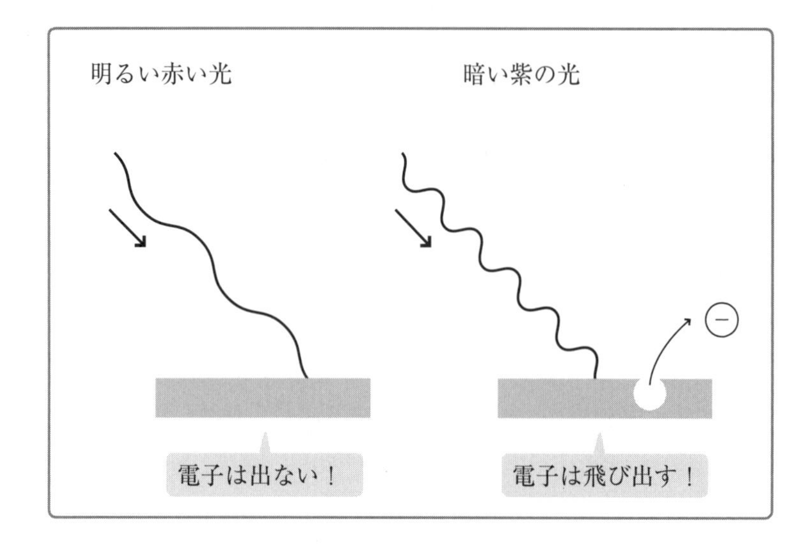

これは、光の強さ（明るさ）に関係ありませんでした。いくら明るい赤の光を当てても電子は出ないし、逆に暗い光でも紫色なら「光電効果」は起きたのです。

➔ エネルギーはとびとびの値をとる

この理由を説明をするには、2人の科学者が必要です。

その1人は「量子論の父」と呼ばれるマックス・プランクです。19世紀ももう終わるという1900年12月に、彼はある熱力学の問題（熱放射に関する問題）を解決するために、次のアイディアを講演で発表しました。

エネルギーは連続的ではなく、とびとびの値（離散的という）をとるものだ。

この内容は次の式で表現されました。

$$\boldsymbol{E}=\boldsymbol{h}\nu \quad (\boldsymbol{h}=6.63\times10^{-34}[\mathrm{J\cdot s}])$$

ここでν（ニュー）は光の振動数を表します。また、hはプランク定数と呼ばれるもので、現代物理学のもっとも重要な定数の1つです。

エネルギーEとはこう書けるものだ、とひとまずは紹介したプランクでしたが、何も好き好んでこの式を考えたわけではありませんでした。こう記述しないと、その熱力学の問題が説明できないから、仕方なく作った式だったのです。プランク自身、この式の重要性に最初は気づかなかったのですね。

ところが、だんだんと量子論的な考えが積み重なってきたころ、プランクは自分の子どもに「もしかしたら、パパはニュートンと同じくらいとんでもない大発見をしたかもしれないよ」と語ったといいます。プランクは1918年にノーベル物理学賞を受賞します。

ちなみに、この式を波長λを用いて書くと$E=hc/\lambda$となります。ここでcは光の速さ（光速）です。波の基本式「$v=f\lambda$」、つまり「$c=\nu\lambda$」からカンタンに導出できますね。

➔光電効果とプランクの式を結びつけたアインシュタインの功績

そして、このプランクの式を「本当にその通りなんだ！」と示す実験が「光電効果」であり、「光電効果」の謎を解き明かしたのが、あのアルベルト・アインシュタインなのです。

1905年、アインシュタインは、プランクの「エネルギーはとびとび値をとる」という主張は、きっと光にも当てはまるはずだと考えました。

そこで光を粒子と考え、その1粒1粒が$h\nu$というエネルギーを持っているとしたらどうなるのかなと疑問を持ったのです。この光の粒を「光量子」もしくは「光子（英語ではフォトン）」といいます（以下、本書では「光子」に統一します）。

すると、いままでの物理学で説明できなかった「明るくても赤い光では電子は出ない、暗くても紫なら電子は飛び出る」という内容が、次のように解明できたのです。

明るいということは「光子」の粒の個数が多いということだが、赤い光は振動数νが小さいので、結果、エネルギー$h\nu$は小さい。暗いということは「光子」の個数が少ないということだが、紫の光は振動数νが大きいので、結果、エネルギー$h\nu$は大きくなる。だから、エネルギーの大きい紫の光で「光電効果」が起きる。

この理論を「光量子仮説」といいます。

根拠のあるイメージを付け加えるなら、いくらBB弾を何万発壁にぶつけても壁は壊れないけど、大きい岩ならたとえ1個でも壁は壊れてしまう、みたいなことですね。

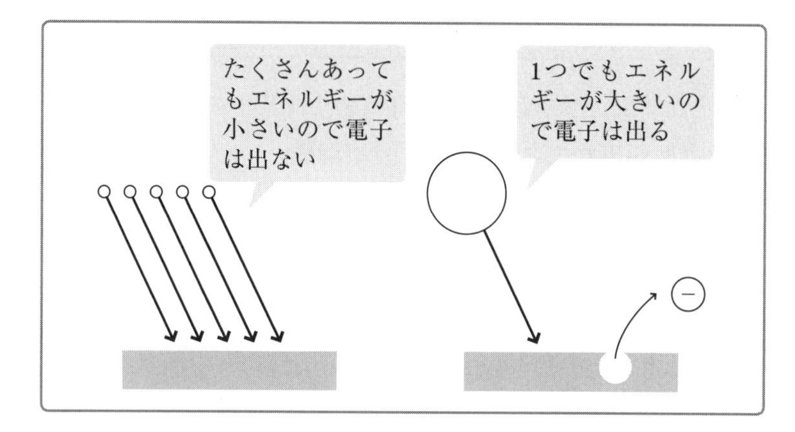

アインシュタインは1921年にノーベル賞を受賞しますが、そのノーベル賞は、この「光電効果の解明」について与えられたものです。決して有名な「相対性理論」で受賞したわけではないのですよ。

3 光電効果を起こすには どのくらいエネルギーが必要？【仕事関数】

➔最低限必要なエネルギーが「仕事関数」

では、「光電効果」現象を、さらに数式を使って確認しましょう。

どのような光のエネルギーなら「光電効果」が起きるのか、ということを考えましょう。

実験により、光子のエネルギー$h\nu$が少なくとも「ある値」以上じゃないと、「光電効果」は生じないことがわかりました。

そのある値を「仕事関数」といい、よくWで表します。カンタンにいうと、金属という国から出ていくのに最低限必要な航空チケット代だと考えてください。

とりあえず、金属に入っている電子に、航空チケット代分のエネルギーを、光子を通じてあげることができれば、電子は飛び出してくれるのです。

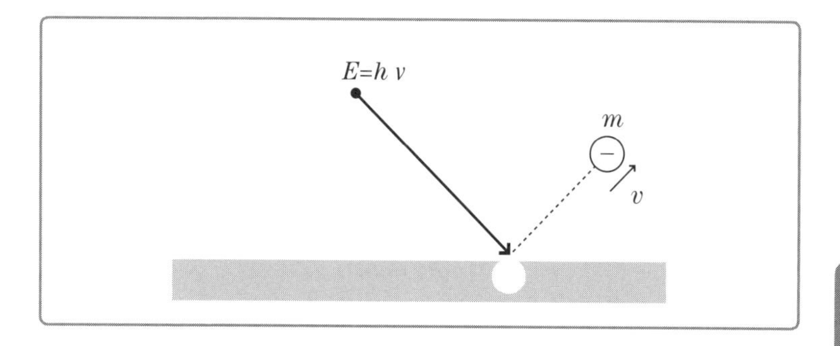

➔ 仕事関数を計算してみよう

さて、飛び出すということは、質量mの電子がある速さvを持っているということに他なりません。つまり、光子のエネルギーが$h\nu$、仕事関数がWとすると、次の式が成り立ちます。

$$\frac{1}{2}mv_{\mathrm{MAX}}^{2}=h\nu-W$$

この式を「光電方程式」などといいますが、この式の意味を考えてみましょう。

すごく単純です。これは「エネルギー保存則」を表現しているのです。

つまり、(電子の運動エネルギー)=(もらったエネルギー) − (金属から出るのに使うエネルギー) ということを示しているに過ぎません。

イメージでいうと、(飛び出したあとの残金)=(もらったお金) − (航空チケット代) という感じですね。

➔ 光電方程式にMAXが付く理由

ここで、光電方程式のv_{MAX}の「MAX」の意味を説明しておきましょう。

「仕事関数W」とは、最低限必要なエネルギーのことですよね。ですので、イメージでいうと飛行機の「エコノミークラス」だと考えられます。

しかし、金属内に存在するたくさんの電子の中には、「ビジネスクラスやファーストクラスじゃなきゃいや！」という電子もいるのです。

ここで、例えば「20万円もらった」とき、「エコノミークラス2万円の航空チケット」なら、飛び出したあと、現地で18万円使えます。しかし、「ファーストクラス15万円の航空チケット」なら、現地で5万円しか使えません。

だから、飛び出したあとの運動エネルギーの最大値という意味で、「MAX」という添え字が付いているのです。

➔ 光電効果が起きるのに最低必要な光の振動が「限界振動数」

この「光電方程式」をグラフにすると、下のようになります。

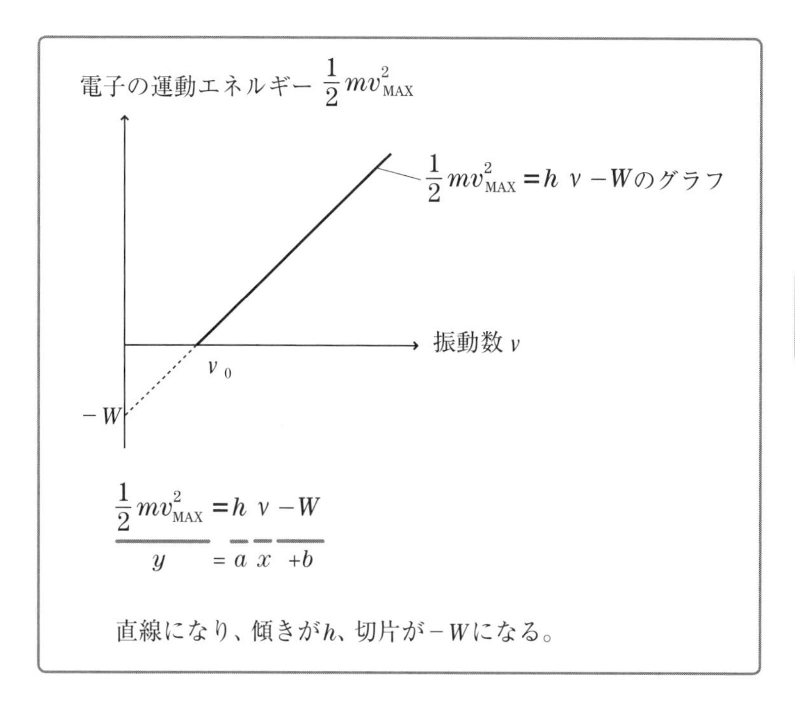

ちなみに、「光電効果」が起きるのに最低必要な光の振動を「限界振動数ν_0」といい、次式で与えられます。

$$\nu_0 = W/h$$

しかし、これは覚える必要はありません。「光電効果が起きる」→「とりあえず金属から脱出すればいい」→「航空チケット代だけ渡せばいい」→「仕事関数Wと同じだけのエネルギー$h\nu_0$を上げればいい」と考えれば、「$h\nu_0=W$」という式が作れて、上の式が求められますよね。

4 X線を物質に当てると何が起こる？【コンプトン効果】

➔ X線を物質に当てると、波長が長くなった

記念すべき第1回ノーベル物理学賞受賞者であるヴィルヘルム・レントゲンは、1895年に実験中、偶然にX線を発見しました。そのX線を用いて、アーサー・コンプトンという科学者がある実験を行います。その実験は、アインシュタインの「光量子仮説」が正しいと決定づけるものでした。それが「コンプトン効果」の実験です。

コンプトンは、X線をある物質に当てたとき、当てたあとに散乱されるX線には入射したX線よりも波長の長いものがあることを発見しました。その発見は「波動性」を用いては理由づけられなかったので、コンプトンは「粒子性」を用いて解明しようとします。

コンプトンは、「波長が長くなったということは、エネルギーが小さくなったということ。もしかしたらX線の光子が物質内の電子に衝突したときにいくらかエネルギーを受け渡してしまったのではないだろうか」と考えたのです。

➔ 光子の運動量を数式で表現しよう

そこで、コンプトンは、まず光子の運動量を次式になると考えました。

$$P=\frac{h\nu}{c}$$

この式は高校物理では証明できません。「特殊相対性理論」の素養が必要になるので、大学レベルになります。ここはとりあえず運動量をこう仮定したんだ、くらいの理解でけっこうです。

もちろん、運動量Pを波長λを用いて書くと、$P=h/\lambda$になることも確認しましょう。

➔ エネルギー保存則と運動量保存則を光の世界に持ち込んでみる

さて、コンプトンは、次の図のようなモデルでX線と電子の衝突現象を考えていきました。この散乱現象を、特に「コンプトン散乱」といいます。

まるでビリヤード台を上から見ているような図だと考えましょう。

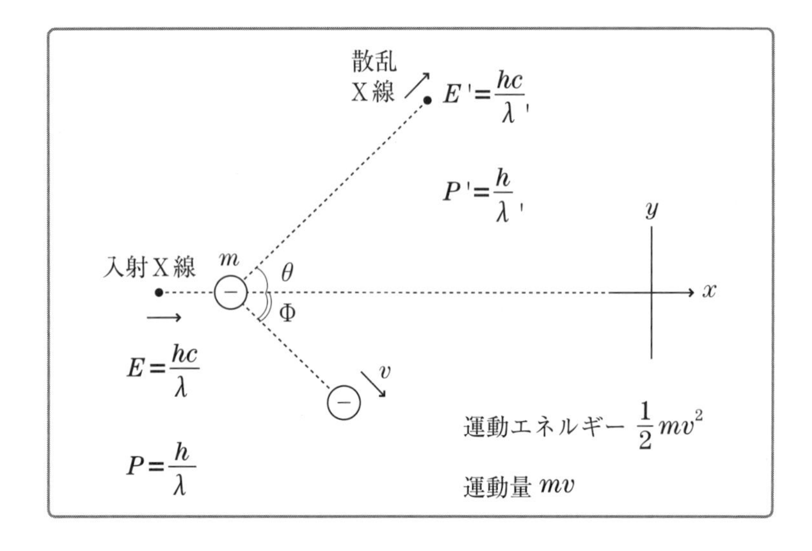

このとき、衝突なので「運動量保存則」が成り立ちます。さらに、微小な粒子同士の衝突では「エネルギー保存則」も成り立つと考えます。

すると、「運動量保存則」と「エネルギー保存則」は、それぞれ以下のようになります。運動量はベクトル量なのでx軸、y軸方向に分けて考えることに注意してください。

運動量保存則より

x 軸方向：
$$\frac{h}{\lambda}=\frac{h}{\lambda'}\cos\theta+mv\cos\phi \quad \cdots①$$

y 軸方向：
$$0=\frac{h}{\lambda'}\sin\theta+(-mv\sin\phi) \quad \cdots②$$

エネルギー保存則より

$$\frac{hc}{\lambda}=\frac{hc}{\lambda'}+\frac{1}{2}mv^2 \quad \cdots③$$

この①〜③を連立して、式を変形すると、次式が得られます。

①〜③より

$$\lambda'-\lambda=\frac{h}{mc}(1-\cos\theta)$$

そしてコンプトンは、この上の式と実験結果がうまく合うことを示しました。これにより「光の粒子性」の正当性はより強固になっていくのでした。

コンプトンはこの功績により、1927年ノーベル物理学賞を受賞しています。

5 電子だって波なのでは？【物質波】

➔光と同じように、電子にも波動性は存在するはず

前回の講でお話しした通り、光は「波動性」と「粒子性」の2つの性質を持っていることが、様々な実験事実からわかりました。

電磁気学のところでも紹介しましたが、科学者は「対称性」を好みます。この世界には秩序だった法則があり、その法則の特徴の1つに「対称性」があると思い込むことが多いのです。

フランスの物理学者のルイ・ド・ブロイもやはり同様に考え、1924年に次の仮説を発表しました。

光が2重性を持つならば、いままで粒子としてのみ扱ってきた電子にも波動性は存在するはずだ。

つまり、光は「波動性」と「粒子性」の2重性があるのに、電子は「粒子性」だけ、というのはおかしい、電子にも「波動性」はあってしかるべしと、ド・ブロイは考えたのです。

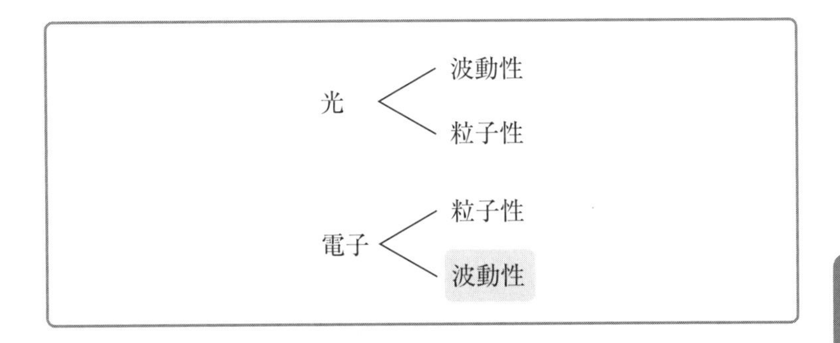

➔ 物質が持つ波を数式で表してみよう

そこでド・ブロイは、物質が波動性を示す物理量として「物質波」なるものを提起しました。

物質が持つ「波動」、その波長λを次式で表すことにしたのです。

$$\lambda = h/P = h/mv$$

これは「ド・ブロイの方程式」といいますが、わざわざ暗記する式ではありません。カンタンに導出できます。光子の運動量の式$P=h/\lambda$と、物体の運動量$P=mv$の連立で導くことができます。

ちなみにこの波長λを「ド・ブロイ波長」と呼んでいることも知っておくといいでしょう。

なお、ド・ブロイのこの仮説は、アメリカのクリントン・デイヴィソンやレスター・ジャマー、日本の菊池正士らによって実証され、正しいことがわかっています。

6 原子の形ってどんなもの？【原子モデル】

➔ぶどうパン、それとも土星？

19世紀後半、イギリスの物理学者J・J・トムソンが「電子」を発見しました。

その後、彼は、電子は原子の中から飛び出ているものだと考え、その原子の構造に着目しはじめました。

そして、「電子は負の電荷を持っている」→「でも原子は電気的に中性だ」→「じゃあ、原子の内部には、電子とはまた別の、正の電荷を持った何かがあるはず」と考え、原子とはまるで「正の電荷を持ったパン生地に、負電荷を持つ電子がレーズンのように入り込んでいる」ような、ぶどうパンみたいなもの、という「原子モデル（原子模型）」を作ったのです。これは1903年のことでした。

また、それとほぼ同時期、日本の長岡半太郎も原子モデルを考えました。長岡半太郎は、原子とはまるで「正の電荷を持った土星の周りに、負の電荷を持つ電子が土星の環のように回ってる」ような惑星みたいなもの、と想像しました。

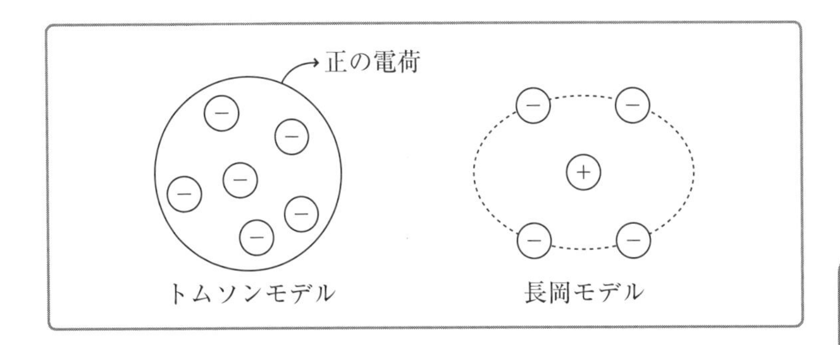

この2人の「原子モデル」は、まったく異なります。いったいどちらがより真実に近いのか、それはこれより10年ほど後に、アーネスト・ラザフォードが実験により示してくれました。

➔原子には、小さな芯があった

イギリスのアーネスト・ラザフォードは実験物理学者です。

当時ラザフォードは放射線の実験を行っていました。その実験で、原子に正の電荷を持った放射線を当ててみると、原子の中心部分に当たった放射線の一部が、そのまま通過することなく跳ね返ったりしたのです。

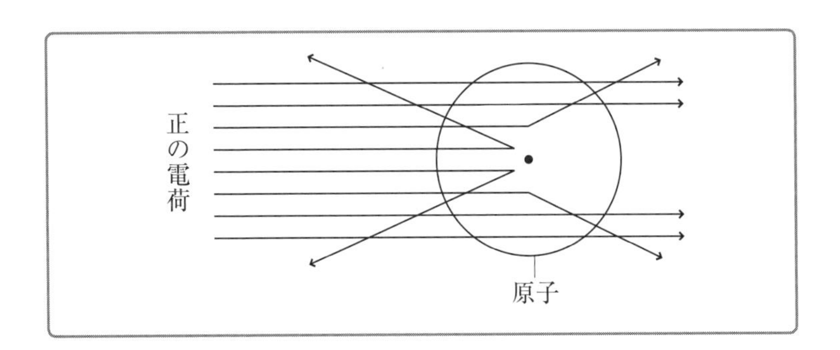

このことから「原子の中心のものすごく狭い部分に、正の電荷を持った芯のようなものがある」ことがわかりました。ラザフォードはこの「芯」を「原子核」と名付けています。

この結果を見ると、モデルとしては「長岡モデル」が近いように見えますね。でも、「トムソンモデル」も「長岡モデル」も、正の電荷がかなり大きいものとして設定していた点が間違いでした。

「原子核」は、原子全体から見ると、その大きさの1万～10万分の1くらいのスケールなのです。

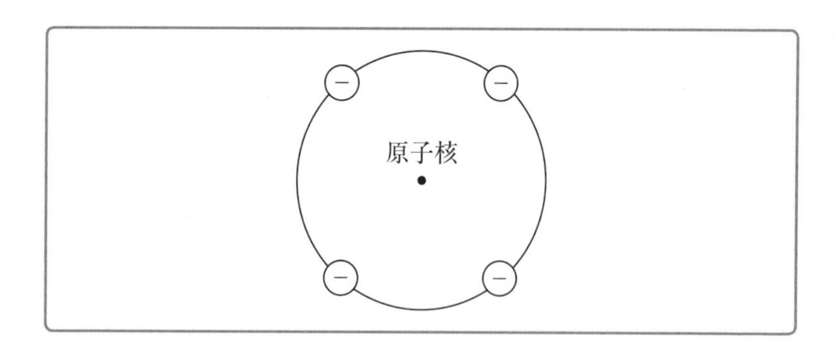

これより、ラザフォードは、原子は次の性質を持つと主張しました。

- **原子核は原子の中心の狭い範囲に存在する**
- **電子はその原子核の周りをぐるぐる回ってる**

中学理科では、このラザフォードの結論が原子の姿だと教わっているはずです。

➔ラザフォードのモデルにも問題があった

しかし、これにもまだ問題点がありました。

電子というのは、回りながらエネルギー（電磁波）を放出するはずです。

すると、このラザフォードのモデルが正しい場合、電子は回っているうちにどんどんエネルギーが減って、排水溝に吸い込まれる水のように、瞬時に原子核に取り込まれることになってしまうのです。

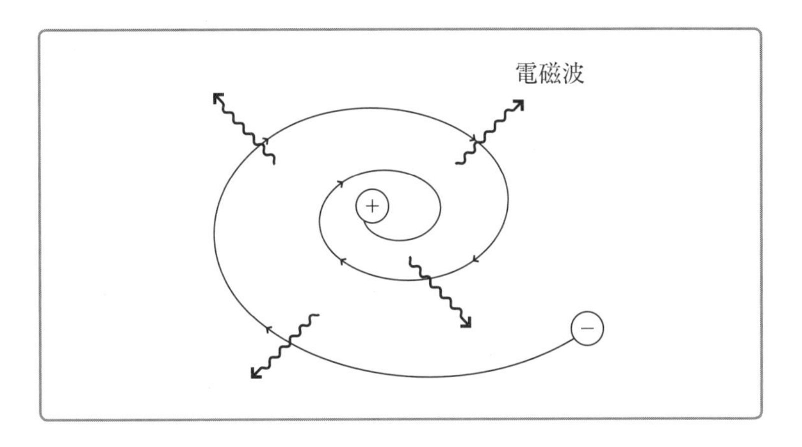

この問題点を解決し、最終的に原子とはこうであると結論付けてくれた人が、ニールス・ボーアです。

7 電子はぐるぐる回っていなかった？【ボーアの水素原子モデル】

➔特定の元素から出る光の波長を数式で表してみよう

さて、ここでボーアの水素原子モデルを説明する前に、その説明に必要な「リュードベリの公式」について触れておきましょう。

光を波長によって区別したものを「スペクトル」といいます。

白熱球や太陽光などの高温物体から出る光は、プリズムを通すと、途切れることのない虹色の光が見られます。これを「連続スペクトル」といいます。

それに対して、ナトリウムランプのように特定の元素から出る光は、とぎれとぎれに光って見えます。これを「輝線スペクトル」といいます（単に「線スペクトル」ともいいます）。

この線スペクトルの実験により、1884年にヨハン・ヤーコブ・バルマーは、まるで暗号解読をするかのように、水素原子から出るスペクトルの波長に関して次の式を作りました。

$$\frac{1}{\lambda}=R\left(\frac{1}{2^2}-\frac{1}{n^2}\right)\quad(n=3,4,5\cdots)$$

R…リュードベリ定数

さらに、この式は1890年にヨハネス・リュードベリによって実験式として公式化され、バルマーの式は次式で示す「リュードベリの公式」の特別な場合であることがわかりました。

$$\frac{1}{\lambda}=R\left(\frac{1}{m^2}-\frac{1}{n^2}\right)$$

$(m = 1, 2, 3 \cdots)$

$(n = m+1, m+2, m+3 \cdots)$

この「リュードベリの公式」が、これから説明するボーアの水素原子モデルが正しいことの証拠となります。

それでは、いよいよボーアの水素原子モデルについて紹介しましょう。

➔ 電子は特定のとびとびの軌道しかとれない

ボーアは、師匠でもあるラザフォードの原子モデルの問題点を解決しようと、ひとまず問題なくうまく説明できる次の仮説を作りました。

- **電子は特定のとびとびの軌道しかとれない（その軌道上にいるときを定常状態という）**
- **電子が定常状態にいるときは電磁波を放出しない**

まぁ、とても都合のいい理屈なのですが、科学とは得てしてそういうもので、とりあえずウソでも方便でもいいから仮説を作り、それと実験結果などと照らし合わせていくのです。

事実、この「ボーアの仮説」と「ド・ブロイの物質波の理論」の合わせ技によって、水素原子のモデルが正しい形で見えるようになったという歴史があります。その歴史を追っていきましょう。

➔電子の円運動を数式で表してみよう

いま、電子が原子核に取り込まれることなく、安定的に半径rの軌道上を円運動しているとしましょう。円運動しているわけですから、当然、向心力が存在します。今回の向心力は、原子核にある正電荷と、電子の持つ負電荷に働く、クーロン力ですね。その電気量をそれぞれ$+e$、$-e$とします(eを電気素量といいます)。

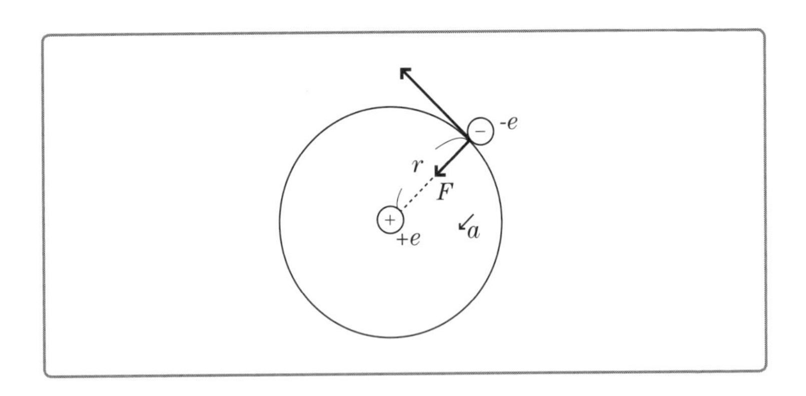

すると、円運動の「向心運動方程式」は次のようになります。「向心運動方程式」などを忘れてしまった人は、力学の円運動を復習し

てみましょう。

$$m\frac{v^2}{r} = \underbrace{k\frac{e^2}{r^2}}_{\text{クーロン力}} \quad \cdots①$$

➔電子が波だとしたらどうなる？

ボーアは「もしかしたら電子は粒子としてではなく、波として原子核の周りに存在しているのかも」と考えました。

すると必然的に、「電子は原子核の周りに波として存在」→「波の形として1周したときにピッタリ同じ点でつながらないといけない」ということになります。

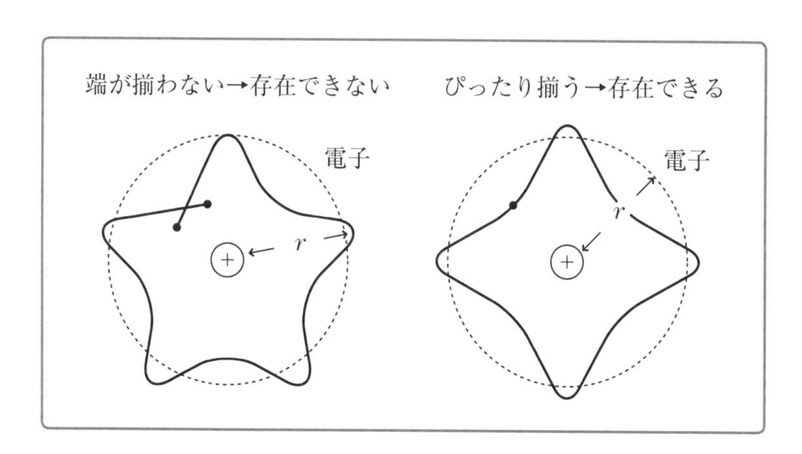

つまり、「円周が波長の整数倍になる」ということです。

これを式にすると次式になります。

$$2\pi r = n\lambda \quad (n=1, 2, 3\cdots)$$

ここで、「ド・ブロイの方程式」より、λに代入すると、次のようになります。

$$2\pi r = nh/mv \quad \cdots② \quad (n=1, 2, 3\cdots)$$

この②式を「ボーアの量子条件」といいます。ちなみにnのことを「量子数」といいます。

さらに、①、②式から軌道半径rについての式が導出できますね。

①、②より

$$r = \frac{h^2}{4\pi^2 mke^2} \cdot n^2$$

➔電子が別の軌道に移る際のエネルギーを計算してみよう

さて、ボーアは電子が定常状態にあるときは、電磁波（エネルギー）を放出しないと考えました。これは逆にいえば軌道が別の軌道に移る際に、エネルギーのやりとりが行われるということを意味しています。

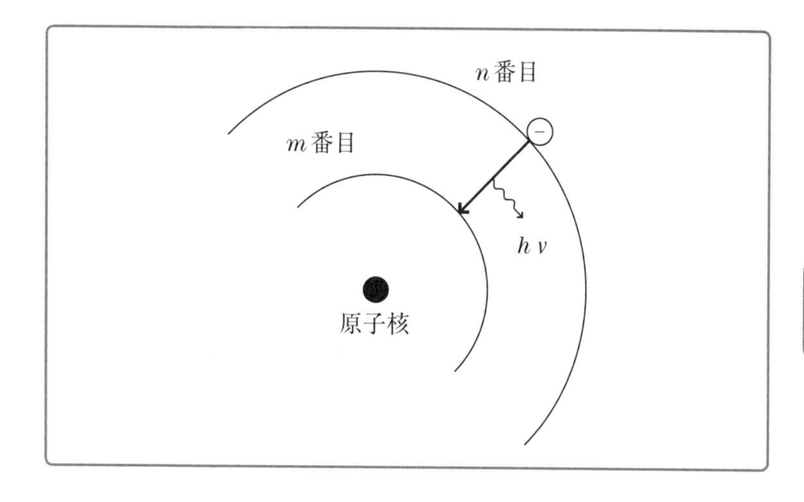

そこで、電子が軌道が移り変わる際に変化するエネルギーと、そのときの光子1個のエネルギーの式を、次のように表現します。

$$h\nu = E_n - E_m$$

nとmは量子数の意味であり、E_nは量子数nのときのエネルギーを意味しています。いまは、$n>m$として考えましょう。このE_nやE_mを、その量子数の「エネルギー準位」といいます。

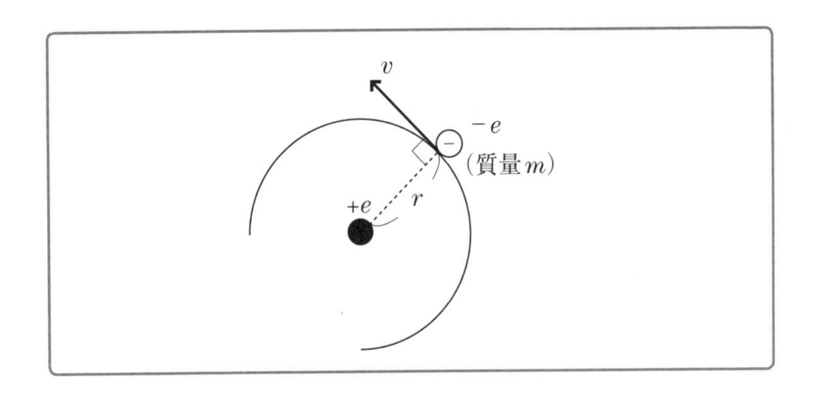

ここで、量子数nのときの電子のエネルギーは、「運動エネルギー」と「クーロン力による位置エネルギー（静電エネルギー）」の和になるので、E_nは次式になります。

$$E_n = \frac{1}{2} m v^2 + \left(-k \frac{e^2}{r} \right)$$

$m \cdot \dfrac{v^2}{r} = k \dfrac{e^2}{r^2}$ より

$m v^2 = k \dfrac{e^2}{r}$

$$= \frac{1}{2} \cdot \frac{k e^2}{r} - k \frac{e^2}{r}$$

$$= -\frac{k e^2}{2r}$$

$r = \dfrac{h^2}{4 \pi^2 k m e^2} \cdot n^2$

$$= -\frac{2 \pi^2 k^2 m e^4}{h^2} \cdot \frac{1}{n^2}$$

同様に量子数mの場合、E_mは次式になります。

$$E_m = -\frac{2\pi^2 k^2 m e^4}{h^2} \cdot \frac{1}{m^2}$$

よって、$h\nu = E_n - E_m$ にそれぞれ代入すると、次になります。

$$h\nu = E_n - E_m$$

$$h\nu = \frac{2\pi^2 k^2 m e^4}{h^2}\left(\frac{1}{m^2} - \frac{1}{n^2}\right)$$

$$\nu = \frac{2\pi^2 k^2 m e^4}{h^3}\left(\frac{1}{m^2} - \frac{1}{n^2}\right)$$

$\nu = \frac{c}{\lambda}$ より

$$\frac{c}{\lambda} = \frac{2\pi^2 k^2 m e^4}{h^3}\left(\frac{1}{m^2} - \frac{1}{n^2}\right)$$

よって $\frac{1}{\lambda} = \frac{2\pi^2 k^2 m e^4}{h^3 c}\left(\frac{1}{m^2} - \frac{1}{n^2}\right)$

ここで $\frac{2\pi^2 k^2 m e^4}{h^3 c} = R$ とすると

$$\frac{1}{\lambda} = R\left(\frac{1}{m^2} - \frac{1}{n^2}\right)$$

すると、最終的に作った式は、リュードベリが実験的に見つけた

「リュードベリの公式」と同じものになりました。理論的に導いたものが、実験的に出したものと一致したのです。これにより、ボーアの仮説が正しいことが示されたのでした。

原子とは、電子が原子核の周りを波として存在していたものだったのです。

8 原子核の中には何がある？【原子核の構造】

➔原子核の中には、陽子と中性子があった

原子の構造は、前回の講で明らかになりましたね。

さて、原子の構造を明らかにした物理学者たちの興味は、さらに原子核の内部に移っていきます。

そして1932年、ジェームズ・チャドウィックによって「中性子」が発見されました。原子核には、正の電荷を持つ陽子と、電荷を帯びていない中性子があることがわかったのです。

「陽子」と「中性子」をまとめて「核子」といいます。下図はHe原子のモデル図です。

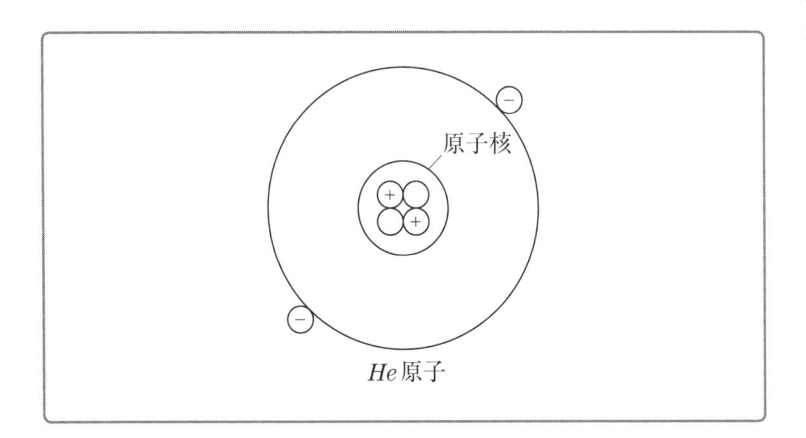

「陽子」と「中性子」は、ほぼ同じ質量を持っています（やや中性子の方が大きい）。また、電子は、「陽子」に比べると質量が1840分の1くらいで、はるかに小さい存在です。

「陽子」「中性子」と「電子」を表にまとめてみると、以下になります。

	記号	電荷	質量
⊕ 陽子（proton）	$^{1}_{1}\mathrm{P}$	$+e$	m_Pとする
◯ 中性子（neutron）	$^{1}_{0}\mathrm{n}$	0	$\fallingdotseq m_P$
⊖ 電子（electron）	$^{0}_{-1}\mathrm{e}$	$-e$	$\fallingdotseq 0$

➔ 原子核の表記の仕方を覚えよう

原子核の表記は、原子の種類を表す元素記号の左上に質量の数、つまり「陽子と中性子の合計」を、左下に「陽子の数」を書くことになっています。

「陽子の数」を「原子番号」といいます。つまり、「原子番号」とは、電気量が$+e$［C］の何倍かという解釈もできますね。すると次のことがわかります。

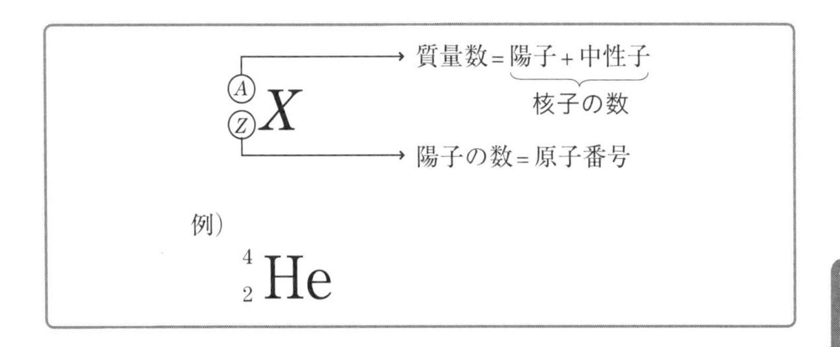

なお、特に「Z（原子番号）が同じで、A（質量数）が異なる」原子を、互いに「同位体」といいます。原子番号（陽子数）が等しいのであれば、質量数は「陽子＋中性子」なので、結局は、中性子が異なるものと理解できますね。同位体は「アイソトープ」とも呼ばれます。

➔ 中性子は、陽子を結ぶ接着剤

He原子核内の陽子は、互いに正の電荷を持つので、「クーロン力」によって反発し、離れようとします。

それにも関わらず、その陽子がかたまって1つの場所に存在できるのは、「中性子」の存在のおかげです。陽子と中性子、つまり核子の間には、とても大きな力が働いており、その力で結びついているのです。

その力を「核力」といいます。つまり、「中性子」は、陽子を離れないようにする接着剤の役割を果たしているといえます。

ちなみに、この力には「π中間子」という素粒子が関係していると考えられ、その存在を予言した物理学者の湯川秀樹は、1949年に日本人初のノーベル物理学賞を受賞しました。

9 質量はエネルギーに変えられる？【質量とエネルギーの等価】

➔落ちこぼれだったアインシュタインの大発見

アルベルト・アインシュタインは、1879年、ユダヤ系ドイツ人の電気屋の長男として生まれました。少年時代の彼は、小学校や中学校での押しつけ的、丸暗記的な勉強に嫌気が差していたようです。しかし、父からもらった方位磁針をいじりながら、自然界への興味や好奇心は薄れずに持ち続けていたといいます。

アインシュタインは、20世紀最大の物理学者と呼ばれていますが、実は一度大学受験に失敗しています。さらに大学では教授に「才能がない」と評価され、大学に助手として残ることも許されませんでした。その後、家庭教師のアルバイトなどでどうにか食いつなぎ、友人のつてで特許庁に就職しています。

しかし、アインシュタインは、大学に残れなかったからといって、「物理学」をあきらめるということはしませんでした。特許庁に勤めていた1905年、彼は「光量子仮説」「ブラウン運動」「特殊相対性理論」に関する論文を発表しました。そのため、この年は「奇跡の年」とも呼ばれます。

➔質量とエネルギーは同じものだった

今回学ぶお話は、その中の「特殊相対性理論」から出てくる、ある式に注目したものです。

それは、「質量とエネルギーの等価」を示す次の式です。

$$E=mc^2$$

（E：エネルギー　m：質量　c：光速3×10^8[m/s]）

おそらく、物理に出てくる式で、もっとも有名な式でしょう。

光速度はどんな場合でも変わることのない定数（普遍定数といいます）ですから、この式は「質量とエネルギーは同じもの。この2つは互いに関係しあっている。質量からエネルギーは作れるし、エネルギーは質量になりうる」と主張しています。

エネルギーは様々な形に変形できます。熱エネルギー、電気エネルギー、音エネルギー、位置エネルギー、運動エネルギーなど、ここまでにも様々なエネルギーが登場しましたね。アインシュタインは、質量もまた、エネルギーが変形できる1つの形態だと考えたのです。

つまり、この式は、それまでの「質量とエネルギーは別個のもの」という概念を大きく変える、まさに革命的ともいえる内容なのです。そのため、この式は最初は評価されなかったのですが、マックス・プランクが支持したことから、徐々に有名になっていきました。

➔原子をバラバラにしたら質量が変わった

それでは、なぜアインシュタインは、こんな式を考えたのでしょうか？

実は、下図のように中性子2個、陽子2個からなるHeと、それをバラバラにした中性子、陽子2個ずつを天秤にかけると、なんとバラバラの方が少し質量が多いことがわかったのです。

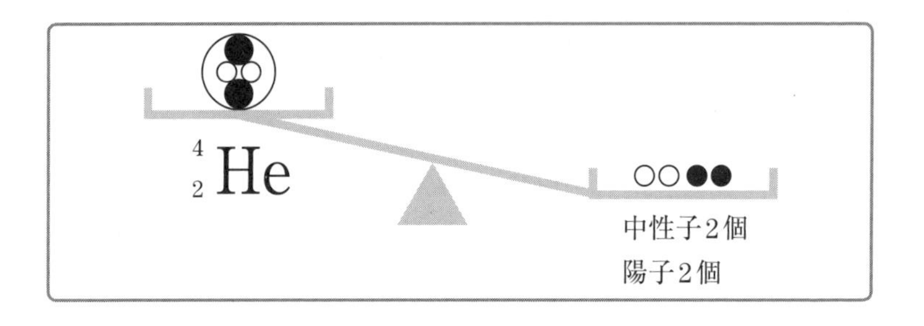

これは「質量保存則」という、いままでの常識を破っています。

そこでアインシュタインは、「この質量の差は、エネルギーに変化した」と考えました。つまり、ぐっと安定した原子核から、バラバラの状態にするには、エネルギーが必要であり、そのエネルギーは質量から生まれたと思考したのです。

この質量の差を「質量欠損」といい、バラバラの状態に持っていくためのエネルギーを「結合エネルギー」といいます。

➔質量1[g]が原子爆弾と同じ

この式の威力を歴史上もっとも身近に感じたのは、日本人でしょう。なぜなら、この式は原子爆弾にも関与しているからです。

この式を用いると、たった1[g]の質量が、広島に落とされた原爆に相当するくらいのエネルギーを持つことがわかります。

ユダヤ人という理由でヒットラー政権に追放されたアインシュタインは、アメリカに亡命します。そこでアインシュタインは当時のアメリカ大統領ルーズベルトに「ドイツが原子爆弾を作ろうとしている。なんとしてもアメリカが先に原子爆弾を作る必要がある」と手紙を送っています。そうしてアメリカが作った原爆が、日本に落とされたのでした。

晩年、アメリカに来ていた湯川秀樹に会ったアインシュタインは、「原爆で罪のない日本の人々を傷つけてしまって申し訳ない」と語ったといいます。親日家でもあるアインシュタインは第2次大戦以降、平和活動家として活躍し、1955年にその生涯を終えました。

10 放射能って何？【放射性崩壊】

→「放射能が漏れる」はおかしい

ここでは、よくニュースでも聞く「放射能」の話題について扱っていきましょう。

まずは「言葉」の確認を行います。

そもそも、放射能って何でしょうか？

自然界に存在するウランやラジウムなどの原子核は、不安定なため、余分なエネルギーを粒子や電磁波の形で放出して、別の原子核になることがあります。この現象を「放射性崩壊」といいます。これは、ラザフォードやベクレル、キュリー夫妻といった物理学者によって、徐々に明らかになっていったものです。

そして、このとき放出されるものを総称して「放射線」と呼びます。

ここで注意してほしいのですが、放出されるのは「放射線」であって、「放射能」ではありませんよ！

よく「放射性物質」「放射線」「放射能」という言葉をごちゃごちゃに混同して使っている人がいますね。これらを以下にまとめてみましょう。

・放射性物質…自然に放射線を出す不安定な物質
・放射線………高エネルギーの粒子や電磁波（α線、β線、γ線など）
・放射能………放射線を出す性質、能力のこと

よく「放射能漏れが～」とニュースでも聞くかもしれませんが、これは厳密には間違いで、正しくは「放射性物質の漏れが～」といいかえるべきです。「放射能とは、放射線を出す能力のこと」を指すので、それ自体が漏れるということはないのです。

「香水」に例えると、「香水→放射性物質」で、「香水の匂い→放射線」で、「香水が香りを出す能力→放射能」のようなものです。

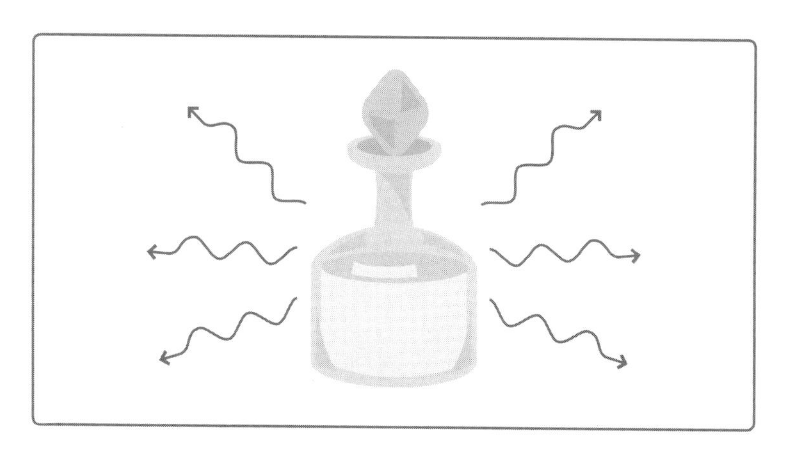

➔身をけずって、He原子核をぽいっと出す「α崩壊」

さて、それでは放射線について、より詳しく見ていきましょう。

1898年ごろ、物理学者のラザフォードは、天然のウランやトリウムなどから、放射線が少なくとも2つ出ていることを発見しました。そして、その1つを「α線」、もう1つを「β線」と名付けました。

その後、様々な実験から「α線」の正体が、$^{4}_{2}$Heの原子核であることが判明します。つまり、不安定な原子核は、自分の原子核からぶちっと身をけずって、$^{4}_{2}$Heの原子核のカタマリをごっそり飛ばしていたのです。この現象を「α崩壊」といいます。

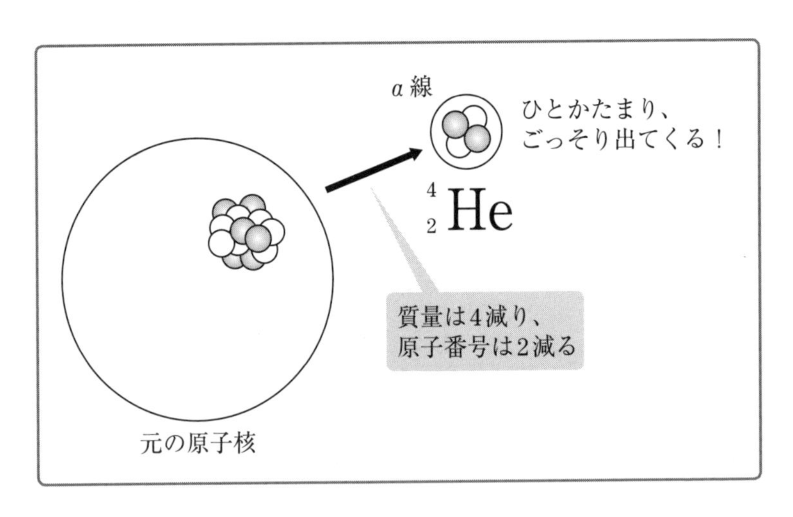

なお、$^{4}_{2}$Heの原子核が出ていくということは、反応式は次のようになります。質量数が4減り、原子番号も2減ります。

$$ {}^{A}_{Z}X \longrightarrow {}^{A-4}_{Z-2}Y + {}^{4}_{2}\mathrm{He} $$

例）

$$ {}^{232}_{90}\mathrm{Th} \longrightarrow {}^{228}_{88}\mathrm{Ra} + {}^{4}_{2}\mathrm{He} $$

（トリウム）　（ラジウム）　（α線）

➔電子を出して、中性子が陽子に変身する「β崩壊」

一方、「β線」の正体は、物理学者のベクレルが発見しました。

原子核中の中性子1つが、陽子に変化する際に、電子も出す。この電子が「β線」であることを突き止めたのです。

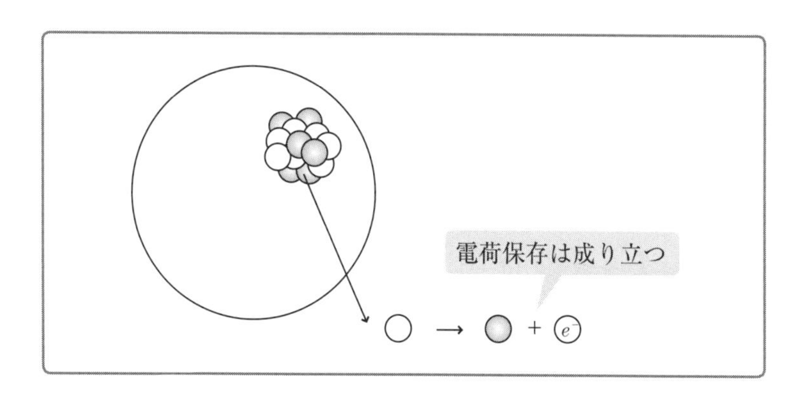

なぜ中性子が陽子になると、電子も一緒に出てくるのかは「電荷保存則」で解明できます。

中性子はもともと電荷を帯びていませんね。それがいきなり陽子になると、正の電荷になるので、電荷保存則に反します。よって電子も一緒に出すことで、電気的にプラスマイナス0にするのです。

反応式にすると次のようになります。電子は軽いので質量はほとんど変わりませんが、陽子は1つ増えます。

$$ {}^{A}_{Z}X \longrightarrow {}^{A}_{Z+1}W + {}^{0}_{-1}e $$

陽子が1つ増える（中性子は1つ減る）

例）

$$ {}^{206}_{81}\mathrm{Tl} \longrightarrow {}^{206}_{82}\mathrm{Pb} + {}^{0}_{-1}e $$

（タリウム）　（鉛）　（β線）

ちなみにこのとき、本当はさらにニュートリノという粒子も出ていますが、高校物理では細かくは扱いません。

➔原子核がくしゃみをする「γ崩壊」

1900年、物理学者のポールヴィラールによって、電荷を持たない放射線が観測されました。その後、1903年にラザフォードによって、それは「γ線」と名付けられました。

「γ線」とは、α線やβ線と異なり、粒子の形ではなく、電磁波という形の放射線です。

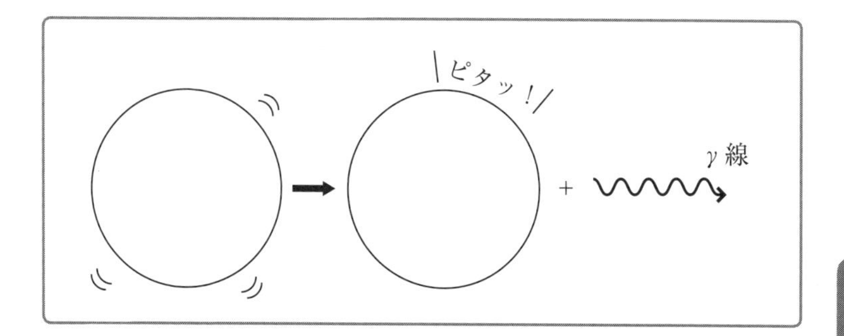

これは、不安定な原子核が励起状態から、安定した状態に移るときに出ていくものだとわかりました。この現象を「γ崩壊」といいます。まるで風邪をひいてブルブル震えた原子核から、くしゃみが出てていくような感じですね。

電磁波が出るだけなので、反応式は次のようになります。

$$ {}^{A}_{Z}X \longrightarrow {}^{A}_{Z}X + \gamma $$

（AもZも不変）

最後に、この3つの放射線の「透過力」と「電離作用」について表でまとめておきます。なお、電離作用とは、電子をはぎ取ってイオンにする能力のことです。

	透過力	電離作用
α線	小	大
β線	中	中
γ線	大	小

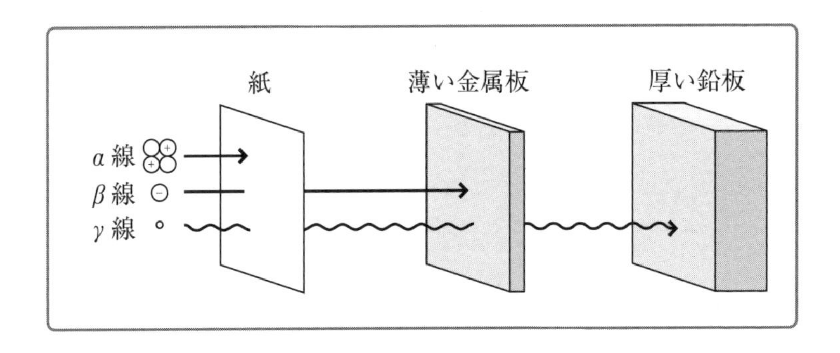

11 遺跡の年代測定ってどうやるの？【半減期】

➔ 原子核の寿命は「数が半分になる時間」で表す

不安定な原子核は、別の原子核へと崩壊してしまうと前回述べましたが、実は自然な崩壊には時間がかかります。ある意味、原子核の「寿命」といったところでしょうか。

例えば、ラジウムの寿命は1600年です。どうです、時間がかかるでしょう（笑）。

ただし、これはラジウムすべてが1600年で崩壊することを意味してはいません。もしかしたら、いまこの瞬間に崩壊しているものもあれば、2000年経って崩壊するものもあるのです。つまり、原子核の崩壊は「確率的」にしか語ることはできません。

この「寿命1600年」というのは、例えばラジウムを1000個持ってきて、1600年経つとそのうち半分の500個が崩壊してる、という意味なのです。

数が半分になる時間なので、この寿命のことを「半減期」といいます。

➔原子核の崩壊は倍々ゲームならぬ、半々ゲーム

この半減期の意味を曲解している人がいるので、イメージを付け加えておきましょう。半減期が1600年なら、3200年経ったら全部崩壊するじゃないか、と思う人がいますが、そういうことではないのです。

半減期とは「いま存在する原子核」の半分が崩壊する時間なのです。

例えば、毎日3時のおやつに「いまあるポテチの半分を食べる」という少年がいるとしましょう。では、この子の食べる量はどうなっていくでしょうか？

最初に100枚のポテチがあるとします。すると「今日はいまある100枚の半分の50枚」「明日はいまある50枚の半分の25枚」「明後日はいまある25枚の半分の12枚半」……となりますね。決して2日で食べ終わるわけではありません。重要なのは「いまある量の半分」ということなのです。

したがって、この半減期は次の式で表現できます。この式は、数学の微分方程式から導出できるのですが、高校物理では割愛しております。大事なのは、指数関数的に変化するということと、式のNは「残っている個数」であるということです。

$$N = N_0\left(\frac{1}{2}\right)^{\frac{t}{T}}$$

➔ 半減期がわかれば、遺跡などの年代測定ができる

なお、半減期は、遺跡などの年代測定にも用いられます。

よく使われるのは安定な^{12}Cと不安定な^{14}Cです。これらは互いに同位体ですね。この2つは数年間、大気中での割合が一定であることがわかっていて、それを利用して年代測定を行います。

例えば、ある遺跡から木片が発見されたとしましょう。この木が伐採されず生きていたころは、大気から炭素を吸収していたはずなので、体内中の同位体の比は、いまの大気中の比と同じはずです。しかし、この木が伐採され死んでしまうと、炭素を吸収しなくなるので、不安定な^{14}Cは減っていきます。そこで、木片中の炭素Cの同位体の比を調べると、それが何年前のものなのかがわかるという仕組みです。

具体例として次の設定で考察してみましょう。

「ある遺跡で木片が発見された。それを調べると^{12}Cに対する^{14}Cの割合は、現在の1/8であった。^{14}Cの半減期を5730年とすると、この木片は何年前のものだろうか？」

これは次のようにして求めることができます。

求める時間をt、^{14}Cの元の個数をN_0個とする。

半減期の式より

$$\frac{N_0}{8}=N_0\left(\frac{1}{2}\right)^{\frac{t}{T}}$$

$\div N_0$

$$\frac{1}{8}=\left(\frac{1}{2}\right)^{\frac{t}{T}}$$

$$\left(\frac{1}{2}\right)^{3}=\left(\frac{1}{2}\right)^{\frac{t}{T}}$$

よって

$$3=\frac{t}{T}$$

$$t=3\times T$$

$$=3\times 5730=17190$$

これより、17190年前のものとわかるのです。

ちなみに、この測定方法を「C14年代測定法」や、「炭素年代測定」などといいます。

用語索引

【た行】

【な・は行】

【ま・や・ら行】

おわりに

本書を読んでくださり、ありがとうございました！

この本では、できるだけいままでの教科書とは違ったアプローチでの展開で、高校物理を紹介してきました。

ある作家の方が「高校で勉強することは、誰が教えても、結果的に生徒の知識に入るのは同じもの。ただ、教えるアプローチの仕方で、スッと身につくかどうかが分かれる」とおっしゃっていました。

確かに、高校物理には、文科省が定めた指導要領があるので、どの高校や予備校でも教える「もの」自体に大差はないでしょう。しかし、教える「道筋」は無限にあるのです。

*　　　　*　　　　*

少し僕自身の経験をお話ししたいと思います。

僕が通っていた高校では、2年のときに物理の授業がはじまりました。

初回の授業は、いまでも覚えています。理由は自分でもわからないのですが、直感で「物理ってかっこいい！　得意になれたらいいな！」と思ったのです。物理担当の先生もすごく親身になってくれる方だったので、余計にそう思ったのかもしれません。

しかし、その思いとは裏腹に、なかなか実力は伸びませんでした。

そして、とうとう3年生になり、受験の天王山ともいわれる夏が終わるころに、「やばい！」という危機感を抱き、はじめて予備校に通いはじめたのです。

そこで「あぁ、こういう見方で物理に触れれば、スッと頭に入ってくるんだ！」という授業を受けました。まさに「別のアプローチ」に出会えた瞬間であり、将来目指すべき職業の1つが見えた瞬間だったのです。

＊　　＊　　＊

学ぶ道筋はいくらでもあります。

この本では「物理の1つの学ぶ道」を提示しました。

ほんの少しでも「へ～、物理ってこういうもんなんだ」とか、「とっつきにくい物理の印象がちょっと変わったかも」と思っていただけたら嬉しいです。

そして、ぜひ、この本以外にも高校物理に関する本や、さらに理解を深めたい人は専門書や一般書などを読んで、様々な「アプローチ」で物理に関わってほしいと思います。

「物理は一生お付き合いできる趣味」です。80歳くらいになって「趣味は何ですか？」と問われたときに、「物理学かな」っていえるおじいさんやおばあさんって、かっこよくありませんか？

＊　　＊　　＊

最後になりましたが、この本を書くにあたって担当編集者さんには、予備校業務などを優先するあまり、原稿の執筆が遅れてしまい、ご迷惑をおかけしました。執筆へのサポートや鼓舞をしていただき、誠に感謝しております。

そして、いままで授業を受けてくれたすべての生徒に感謝し、筆を擱かせていただきます。

2016年4月

池末　翔太

■著者プロフィール

池末　翔太（いけすえ・しょうた）

◎受験モチベーター。学参作家。予備校講師。オンライン予備校「学びエイド」認定鉄人講師。MENSA(メンサ)会員。1989年福岡県生まれ。大学入学後、4つの塾で講師経験を積み、そのうち2つの塾では主任講師を務めた。大学生のときに著書『中高生の勉強あるある、解決します。』を出版。現在は予備校で物理・数学を教えるほか、高校への出張授業や講演も行う。「答えは1つじゃない」という考えで、勉強の悩みには様々な解決策があることをわかりやすく伝える。決して押し付けないその伝え方は、中高生に「こんなこと考えていいんだ！」「悩みがスッキリ解決した！」「私にもできそうな気がしてきた！」と評判。

◎著書は累計13万部以上。台湾・韓国・シンガポールなど海外でも広く翻訳出版されている。
『中高生の勉強あるある、解決します。』(Discover21)
『使い道がわかる微分積分 〜物理屋が贈る数学講義〜』(技術評論社)
『勉強のやる気が持続できる　モチメンの教科書』(高陵社書店)
『やさしくまるごと中学理科』(学研プラス)
『中高生の受験スイッチをｏｎ！にする魔法のコトバ。』(エール出版社)
『中高生の勉強まだまだあるある、解決します。』(Discover21)

◎近年は、NHK　Eテレ『テストの花道ニューベンゼミ』への出演や監修を担当するなど活躍の場を広げている。その他のメディア出演に「朝日新聞」、「リクルート　キャリアガイダンス」「学研　ガクセイト」などがある。

公式を暗記したくない人のための高校物理がスッキリわかる本

発行日　2016年 6月10日　第1版第1刷
　　　　2019年 9月10日　第1版第5刷

著　者　池末　翔太

発行者　斉藤　和邦
発行所　株式会社　秀和システム
〒104-0045
東京都中央区築地2丁目1−17　陽光築地ビル4階
Tel 03-6264-3105（販売）Fax 03-6264-3094
印刷所　三松堂印刷株式会社　Printed in Japan

ISBN978-4-7980-4616-7 C0042

定価はカバーに表示してあります。
乱丁本・落丁本はお取りかえいたします。
本書に関するご質問については、ご質問の内容と住所、氏名、電話番号を明記のうえ、当社編集部宛FAXまたは書面にてお送りください。お電話によるご質問は受け付けておりませんのであらかじめご了承ください。